博碩文化

未來工廠超進化！

工業4.0的 物聯網智慧工廠 應用與實作

王進德 著

使用
Arduino
Node-RED
Python
Grafana

引導你進入物聯網與工業 4.0 的世界，掌握轉型關鍵

- ☑ 透過本書充分理解頗受矚目的「工業4.0」、「物聯網」、「智慧工廠」的精髓
- ☑ 使用Arduino × Node-RED × Python互動串聯，建立工業4.0的物聯網世界
- ☑ 內容編排由淺入深，著重實作過程，共有44個實作單元

未來工廠超進化！工業 4.0 的物聯網智慧工廠應用與實作

使用 Arduino．Node-RED．Python．Grafana

作　　者：王進德
責任編輯：曾婉玲

董 事 長：曾梓翔
總 編 輯：陳錦輝

出　　版：博碩文化股份有限公司
地　　址：221 新北市汐止區新台五路一段 112 號 10 樓 A 棟
電話 (02) 2696-2869　傳真 (02) 2696-2867

郵撥帳號：17484299　戶名：博碩文化股份有限公司
博碩網站：http://www.drmaster.com.tw
讀者服務信箱：dr26962869@gmail.com
讀者服務專線：(02) 2696-2869 分機 238、519
（週一至週五 09:30 ～ 12:00；13:30 ～ 17:00）

版　　次：2024 年 5 月初版

建議零售價：新台幣 690 元
I S B N：978-626-333-838-8（平裝）
律師顧問：鳴權法律事務所 陳曉鳴 律師

國家圖書館出版品預行編目資料

未來工廠超進化！工業 4.0 的物聯網智慧工廠應用與實作：使用 Arduino.Node-RED.Python.Grafana/ 王進德著 . -- 初版 . -- 新北市：博碩文化股份有限公司，2024.05
面；　公分

ISBN 978-626-333-838-8(平裝)

1.CST: 物聯網 2.CST: 人工智慧 3.CST: 生產自動化 4.CST: 電腦程式設計

312.2　　113005057

Printed in Taiwan

序言

物聯網與工業4.0是近幾年很重要的研究課題。物聯網技術的快速發展，在各行各業帶來了新的樣貌及不同的影響，而工業4.0的重點是智慧製造，希望可以打造虛實整合的製造產業。工業4.0的主要載體是智慧工廠，物聯網在智慧工廠的應用，給傳統產業帶來全新的變革，有望產生大的商業價值，引領我們進入第四次工業革命。

目前坊間有關物聯網的書很多，但物聯網在智慧工廠的應用並不多見，所以在本書中筆者針對物聯網智慧工廠的幾個重要主題，以深入淺出的方式進行探討，希望讀者在讀完本書後，可以對此課題有更深一層的認識。

本書內容的安排由淺入深，說明了物聯網智慧工廠的幾個重要主題，如RS485、Modbus協定、CAN Bus協定、OPC UA協定、MQTT協定、REST API設計理念、InfluxDB時序資料庫、Prometheus及Grafana等指標監控技術。爲了讓讀者可以更好地理解這些主題，書中安排了44個實習，並以市面上常見的Arduino UNO R4 WiFi開發板作爲實習設備，以Node-RED及Grafana作爲後端平台，讓讀者在不用花大錢購買工業實習設備的情形下，也可以經由實作過程中進入物聯網與工業4.0的世界。

本書得以順利的完成，要感謝博碩文化全體編輯同仁的全力幫助，使本書可以在最短時間內出版，在此謹致上我最誠摯的謝意，同時我也要將完成此書的喜悅，獻給我最親愛的家人—我最心愛的老婆以及我最疼愛的兩個小兒。

雖然筆者懷抱著要以最佳的書獻給讀者的心情來編寫此書，但若在閱讀本書時，有發現任疏漏之處，還要麻煩您多加批評指正，筆者將不勝感激！

王進德 謹識

Email : jdwang66@gmail.com

目錄

01 CHAPTER 工業 4.0

02 CHAPTER 智慧工廠

03 CHAPTER 工業物聯網

04 CHAPTER Arduino 基本操作

05 CHAPTER RS-232 與 RS-485

Modbus 通訊協定

07 CHAPTER CAN Bus 通訊協定

08 CHAPTER Node-RED

09 CHAPTER Node-RED 儀表板

10 CHAPTER OPC UA

11 CHAPTER MQTT 協定

12 CHAPTER Arduino MQTT 應用

13 CHAPTER

REST API

14 CHAPTER Node-RED 與 MySQL

15 CHAPTER

WebSocket 上的 MQTT

16 CHAPTER InfluxDB 時序型資料庫

17 CHAPTER Prometheus 監控系統

18 CHAPTER Grafana 資料分析與視覺化平台

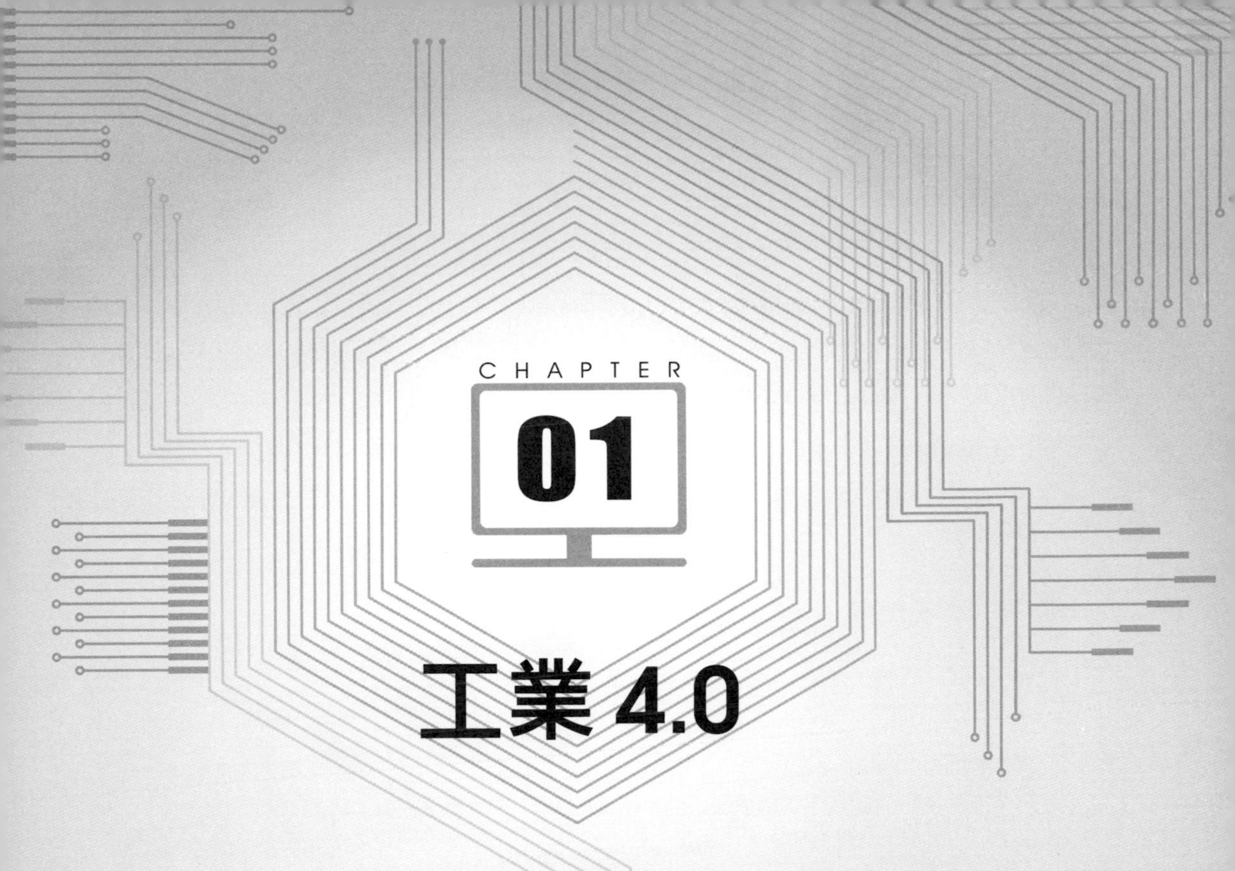

工業 4.0

1.1 本章提要

工業 4.0 的英文是「Industry 4.0」，意思是第四次工業革命。工業 4.0 的重點是「智慧製造」，智慧製造結合了物聯網通訊技術、智慧工廠、雲端服務，希望可以打造一個虛實整合的製造產業。

工業 4.0 的另一個重點是資料的收集與分析，經由大數據分析優化製造與服務流程，以提升企業的競爭力。在本章中，我們將對工業 4.0 的含義與相關技術進行簡單的介紹。

1.2 工業 4.0 演進

工業革命歷經工業 1.0、工業 2.0、工業 3.0，目前已來到工業 4.0 的時代，如圖 1-1 所示。

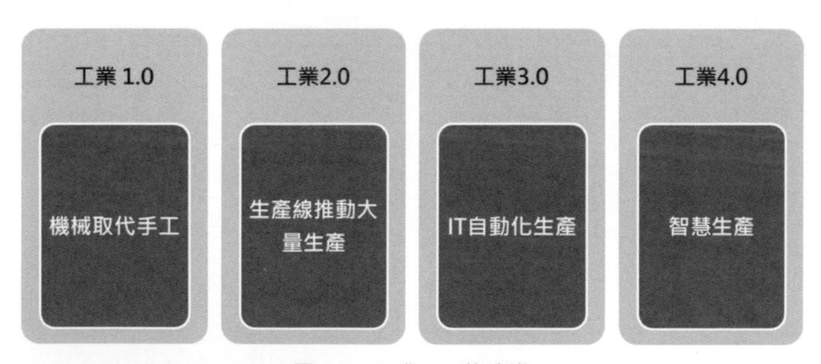

圖 1-1　工業 4.0 的演進

每一次的工業革命都帶給人們新的改變，說明如下：

工業 1.0

工業 1.0 是機械製造時代，時間大約是從 18 世紀 60 年代至 19 世紀中期。在此期間，瓦特改良蒸汽機，以機器力替代人力，經濟社會從農業、手工業轉型到以機械製造來帶動經濟發展的新模式。

工業 2.0

工業 2.0 是電氣化與自動化時代，時間大約是 19 世紀後半期至 20 世紀初。在此期間，電力取代蒸汽機，美國福特發明流水線的生產線，人們開始有大規模生產的能力。

工業 3.0

工業 3.0 是電子資訊化時代，時間大約是從 20 世紀 70 年代至現在。在此期間，可程式邏輯控制器（PLC）導入工廠，利用資訊力達成製程自動化。

工業 4.0

工業 4.0 是實體物理世界與虛擬網路世界融合的時代。此概念是德國於 2012 年提出，簡單來說，工業 4.0 就是大量運用自動化機器人、感測器物聯網、供應鏈互聯網、銷售及生產大數據分析，以人機協作的方式來提升全製造價值鏈之生產力及品質。

1.3 為何會有工業 4.0

我們發現每一次的工業革命都是來自於人類需求的改變、技術的提升，以及生產模式出現變化。工業 4.0 也是一樣，這次的技術提升來自於物聯網 IoT、人工智慧、大數據分析等技術，而人類需求的改變，則來自於網際網路時代下消費者習慣的改變，如圖 1-2 所示。

過去廠商透過大量生產的模式，壓低製造成本，人們也習慣於忽視自身的需求，選購市場上既定規格的商品。在網際網路的時代，消費與生產已經沒有距離，若是消費者購買時，廠商提供個性化、客製化的商品，讓消費者可以快速便利地在網路上買到自己喜愛的規格和樣式，將會帶來不少的商機，所以「少量多樣」的生產模式將是未來製造業必備的生存條件。

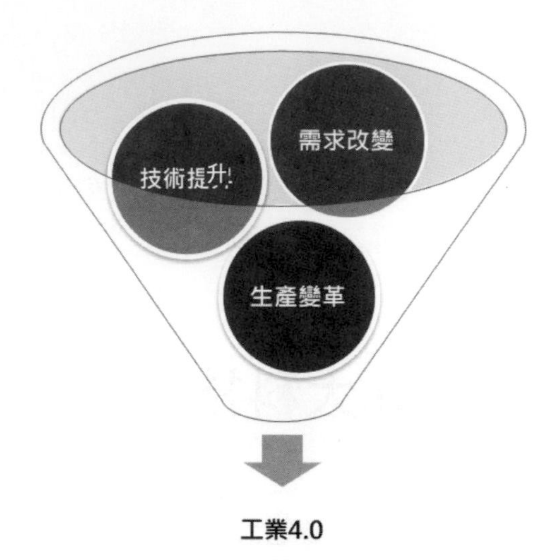

圖 1-2　為何會有工業 4.0

舉例來說，當我們去購買西裝，若我們到一般賣場去買，看到的都是大量生產的規格，若是你覺得不合適，我們只有兩種選擇：購買後拿去修改，或是定製一套西裝。

「定製」與「規模生產」是一個互相矛盾的概念。在歐美一些國家中，定製西服是身分及地位的象徵，因爲在定製過程中，從量體、打版到剪裁、縫製、熨燙皆需要手工製作，不只製作時間長，且人工成本高，所以要客製化一套西服，在傳統的觀念中並不是一件容易的事。

但是，如果有一家企業可以提供定製西服的服務，卻只要我們付出與購買規模生產西服一樣的價格，是不是會讓我們很心動呢？未來的世界就是這樣，若我們可以將原本有困難、無法做到的事情做到了，且提供更便宜的價格給客戶，那麼就會創造出不少的商機。

如何做到便宜的西服客製化呢？我們需要將原本手工製作的流程改爲電腦自動化生產模式才行，流程如下：

- 透過大數據的收集，如收集大量的客戶量體數據，即可建立可規模生產的資料模型。
- 透過人工智慧的分析，只要輸入新客戶的量體數據，即可找到最適合客戶的版型。
- 將版型數據傳輸到生產部門，進行智慧化生產及品質檢驗。

- 最後再將製作好的西服交給客戶，若有不合適的地方，再去修改智慧分析的規則，藉由不停學習與改變大數據資料庫，讓整套客製化的流程更加完美，建構出企業專屬的創新營運模式。

工業 4.0 的出現，讓以往客戶下訂單，業者大量製造的生產模式日漸式微。有了工業 4.0，廠商可以進行智慧生產，讓生產流程最佳化，且讓生產更有效率。

1.4 工業 4.0 九大科技

工業 4.0 的革命來自於新技術的提升。波士頓顧問團隊提出有九種科技驅動著製造業轉型爲工業 4.0，這九種科技如圖 1-3 所示。

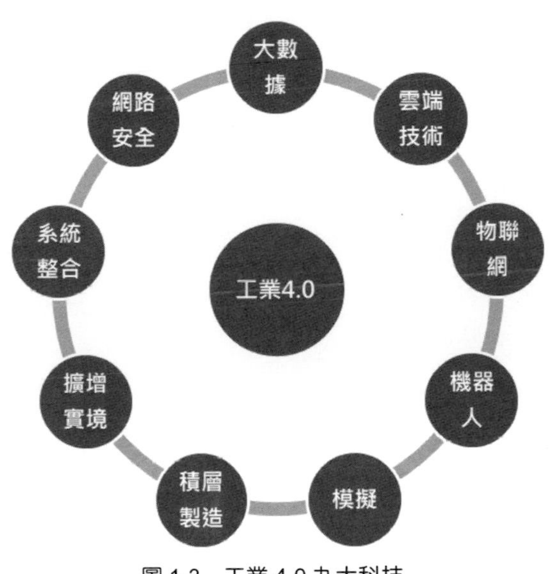

圖 1-3　工業 4.0 九大科技

大數據

從不同的資料來源（如設備、系統及企業）進行資料的收集與分析，協助生產流程的故障預判來提高生產品質，並可讓企業進行即時的決策。

雲端技術

雲端指的是網際網路、雲端運算，在網際網路上進行運算。我們可以利用雲端服務傳遞各種資訊，也可以在雲端進行資訊的存取及運算。

雲端運算是一種可以隨時隨地配置資源的公共空間，能夠以最低成本進行管理與使用，雲端運算大致分爲三類：「公共雲」、「私有雲」及「混合雲」。

使用雲端平台的好處是，我們不需要投資龐大的金錢在軟硬體設備上，也不用花費大量的時間及精力來維護伺服器、機房等硬體設施。

物聯網

「物聯網」(Internet of Things，IoT) 是近年來資訊產業中一個很熱門的議題。物聯網將物品加上各種感測器，如 RFID、環境感測器、GPS 等，透過網際網路結合起來，形成一個巨大的網路系統。IoT 技術讓各種實體物件、自動化裝置彼此溝通和交換資訊，並可由雲端技術及大數據分析進行集中控制。互聯設備能進行自動分析和決策，且可對環境變化進行即時反應。

機器人

目前已有很多產業採用機器人進行生產。未來自動機器人將更具智慧，可以彼此進行溝通互動，並具有學習新技能的能力。人機協作也是未來的一種生產趨勢。

模擬

採用 3D 模擬技術來設計產品的結構。未來我們可以用即時資料來模擬物理世界，將新產品放入虛擬的生產環境中，進行測試與優化，讓設備裝配調試的時間減少，並可提高產品的品質。

積層製造

未來的 3D 列印技術將廣泛應用在小批量生產及大規模定製的領域，大大降低企業的庫存成本。

擴增實境

「擴增實境」一般稱爲「AR」，利用影像分析技術及攝影機，讓螢幕的畫面與現實結合。5G時代的來臨，AR技術可提供視覺化設備的資料，讓我們不需往返螢幕與儀器間，即可即時觀看設備的資訊，或是即時在工作現場中，與同事一同模擬實際的工作環境。

系統整合

整合公司的資訊系統，並整合公司、供應商和客戶的各項資訊，讓公司可以更有效率地執行各項業務，且可利用完整的資料進行更有效的分析。

網路安全

在工業4.0時代，設備之間互相連接，工業系統與生產線連成一體，此時網路安全將變得很重要，我們需要安全可靠的網路通訊，登入系統時需進行身分識別，並防範各種網路的攻擊。

1.5 產品全生命週期管理

「產品的全生命週期管理」（Product lifecycle management，PLM）是指產品從需求、規劃、設計、生產、銷售、服務的全生命週期中的資訊和過程。它是一門技術，也是一種製造的理念。

工業4.0是全生命週期的管理與服務，是從市場到研發生產、銷售服務的整個環節整合。一切商業活動的開端始於買方，我們可以將全生命週期的管理與服務分爲六個階段，如圖1-4所示。

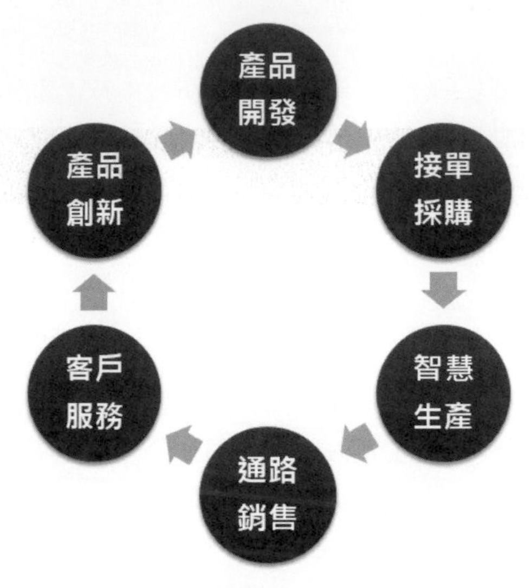

圖 1-4　全生命週期管理與服務

產品開發

我們希望可以讓客戶參與設計，並進行設計鏈的管理，如縮短開發、測試時間與成本，或是透過網路進行協同式研發。

接單採購

我們希望可以進行智慧化的供應鏈管理，如縮短進料、接單到生產時間，並且可以減少庫存，甚至達到零庫存的目標。

智慧生產

我們希望可以大量客製化，少量多樣。透過生產資料的收集，可以進行機器狀態監控、預防性維護，並且可以進行生產線最佳化自動調整。

在此階段，我們會建置智慧工廠，以邊緣運算、人工智慧、資料分析、感測系統等技術，讓製造流程最優化，達到「批量一件也可以做」的高度客製化需求。

通路銷售

在物流配送階段，我們希望可以高效協作，進行智慧物流的管理。智慧物流的管理是以資訊技術爲基礎，將物流過程中的運輸、倉儲、包裝、搬運、加工及配送等環節，建立感測系統，整合物流資訊，並可分析資訊，進行即時的調整，讓物流成本降低，且可達到提高環保效益與配送效率的效果。

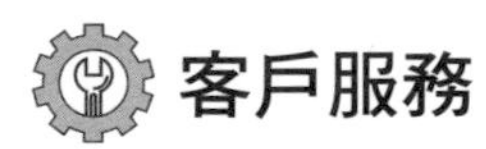

客戶服務

我們希望讓消費者可以獲得個人化產品，拉近企業與消費者的互動。透過客戶機台的資料收集與分析，我們希望可以進行客戶機器狀態的監控、預防性維護，以及客戶機器遠端的維修。

產品創新

產品送到客戶的手中，我們希望客戶可以給予回饋，讓我們可以進行產品改良。在服務中了解客戶及產品，且可得到市場方向是否正確的反饋，進而進行新產品的設計開發，驅動商業模式創新，開發新事業。

1.6 工業 4.0 核心精神

在工業 3.0 時代，我們廣泛應用電子及資訊技術，讓製造過程自動化。由於產品的設計、製造、組裝及分析，可在電腦系統中完成，所以大幅提高研發效率，降低了生產的成本。

工業 4.0 以工業 3.0 的電子及資訊技術爲基礎，帶來了全生命週期的管理與服務。工業 4.0 的精神是「連結與優化」，連結製造相關元素進行優化，以增進企業競爭力與獲利。

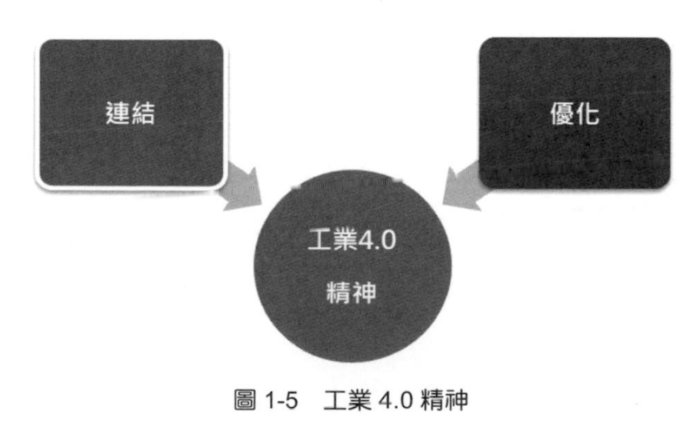

圖 1-5　工業 4.0 精神

優化的目標

企業可優化的事項很多，舉例如下：

事項	可優化目標
資源耗用大	節能。
產品線多樣、庫存成本高	減少庫存。
製程方面	以感測器監測生產線加工狀況，即時線上修正，或回饋到工程設計修正，以提高產品良率。
資產使用效率方面	透過遠距監測、資料分析、預知保養等方式，達到設備使用效率的極大化。
人力資源方面	藉由「擴增實境」協助人工作業，使用人機協作機械手臂，提高人力資源運用效率。
人工成本高	以機械手臂替換人工操作，將多個製程連結起來，以導入自動化。
庫存方面	連結上下游廠商，以達到即時供應鏈優化及批量優化。
品質方面	經由統計分析與製程控制，提高產品品質。
供需匹配方面	透過資料分析，進行需求預測或價值導向之設計，以優化供需匹配。
上市時間方面	連結顧客及夥伴，以協同創作、開放式創新、同步工程、快速試製與模擬等方式，縮短上市時間。
售後服務	透過預知保養、遠距維修、虛擬引導自助式服務等方式，提高客戶滿意度。

企業可以依據本身的需求，連結製造相關元素，擬定優化的目標，以循序漸近的方式，讓企業往工業 4.0 進行轉型。

1.7 工業 4.0 成熟度

在循序漸近優化的過程中，如何評估工業 4.0 的成熟度呢？香港生產力促進局與德國 Frauhofer IPT 研究所合作訂定了「工業 4.0 成熟度」模型，可以讓我們依照企業本身的需求，來制定一套工業 4.0 的發展策略及目標，如圖 1-6 所示。

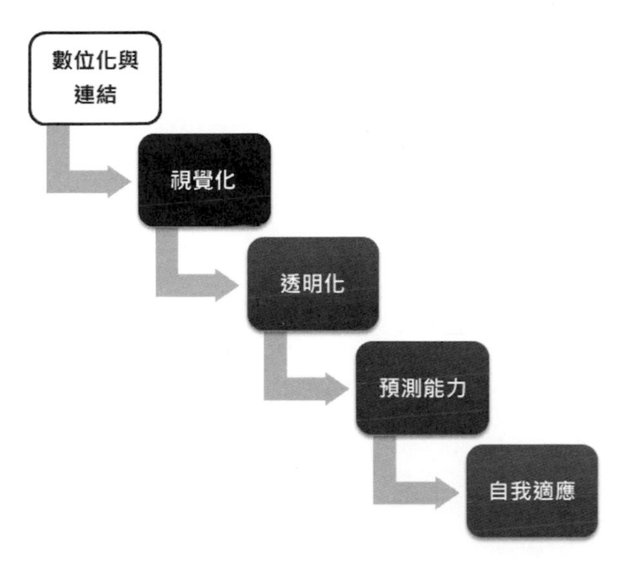

圖 1-6　工業 4.0 成熟度

工業 4.0 成熟度的每一階段皆會爲企業帶來一些影響，說明如下：

成熟度階段	內容	影響
1	數位化與連接	進入工業 4.0 基本功。
2	視覺化	增強資料可用性。
3	透明化	加強資料的可解釋性。
4	預測能力	透過既定模式和現實模型來改進可預測性。
5	自我適應	基於智慧資料的決策。

工業 4.0 成熟度越高，表示企業可以更快速有效運用收集來的即時資料，進行分析並做出更優化的決策。其中，「數位化與連接」是進入工業 4.0 的基礎，廠商需要運用資訊科技，將廠內各個資訊系統連結起來，讓營運流程更順暢。

例如：工程部門在完成產品設計後，產品設計的工程數據可以直接傳送至生產線的機器及品質測試設備，讓生產線在收集生產的即時資料時，即可進行品質測試，並進一步將品質測試數據作爲生產流程的改進。

工業 4.0 只是一套工具，推動業務的發展才是目標。企業在運用工業 4.0 工具時，需要依據客戶的要求、本身業務的策略，來決定採用哪一個階段的工業 4.0 成熟度，以創造最大的成本效益。

CHAPTER

02

智慧工廠

2.1 本章提要

「智慧工廠」是工業 4.0 的重點項目之一。智慧工廠的主要工作是以網路連結生產設備，並配合人工智慧、邊緣運算及資料分析，讓製造流程最優化，將傳統工廠從自動化中進行數位轉型。在本章中，我們將對工廠生產流程、生產支援系統及智慧工廠相關技術進行簡單的介紹。

2.2 工業程序

所謂的「工業程序」，可以定義爲一種以預定目標來將原物料轉換爲商品的過程，工業程序的轉換過程會包含「能源」、「機器」、「工具」及「人員」等要素，如圖 2-1 所示。工業程序是一個順序程序，可以將其分解爲一組生產流程，將原物料一路轉換爲所需狀態。

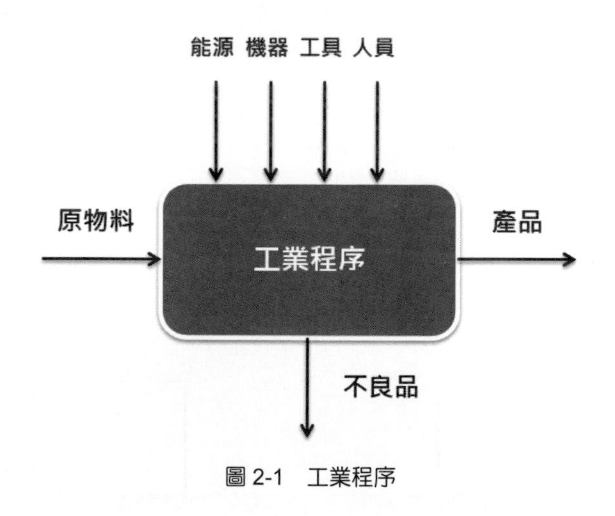

圖 2-1　工業程序

每個生產程序包含下列的操作：

- **製作**：經由能源消耗改變材料的屬性。
- **組裝**：組合一個或多個零件，以建構一個新實體。
- **運輸及儲存**：移動及儲存零件、半成品及成品。

- **測試**：檢查產品，確認功能是否符合設計需求。
- **協調和控制**：在生產程序中，協調和控制各種操作步驟。

2.3 工業程序自動化

「工業程序自動化」是一種方法和技術，在實現生產程序時，我們希望可以控制所需要的能源、材料及資料流，並希望達成下列的目的：

- 提高產品的品質。
- 使用相同生產系統，用於生產不同的產品，以提高工廠的靈活性。
- 縮短生產時間。
- 減少零件、半成品、成品的庫存量。
- 大幅減少加工廢料。
- 降低生產成本。

控制量測系統

在工業程序的自動化過程中，我們加入了控制系統，並且讓工業程序可量測與可致動，如圖 2-2 所示。

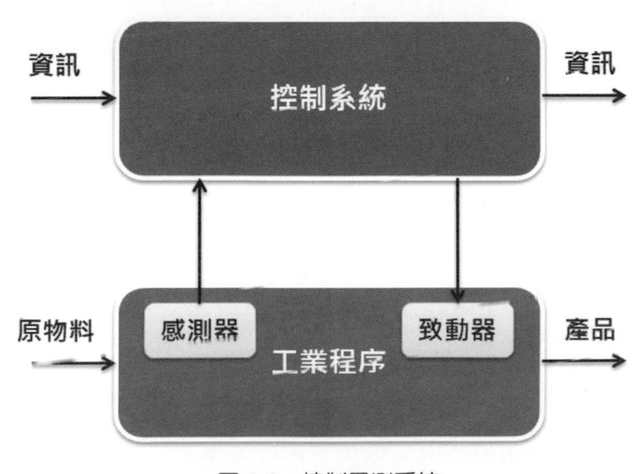

圖 2-2　控制量測系統

在圖 2-2 中，我們引入了控制系統，進行生產程序的監控。在實際的生產過程中，會加入感測器及致動器，控制系統從感測器接收生產程序的狀態資料，並根據演算法進行處理，再對致動器發送所需控制的動作資訊。

控制系統不是一個封閉的系統，它也可以接收來自外部的資訊，經處理後，向外部提供有關自身狀態和控制程序的資訊。

目前 PLC（可程式邏輯控制器）、DCS（分散控制系統）和電腦常作為現代的控制和測量系統，一般而言，PLC 和 DCS 直接連接感測器及致動器，而電腦則經由通訊網路，與其他裝置進行資訊的交換。

2.4 生產支援系統

工業程序自動化的過程中，會產生許多的資訊流。而生產支援系統可用來管理與生產相關的資訊流。

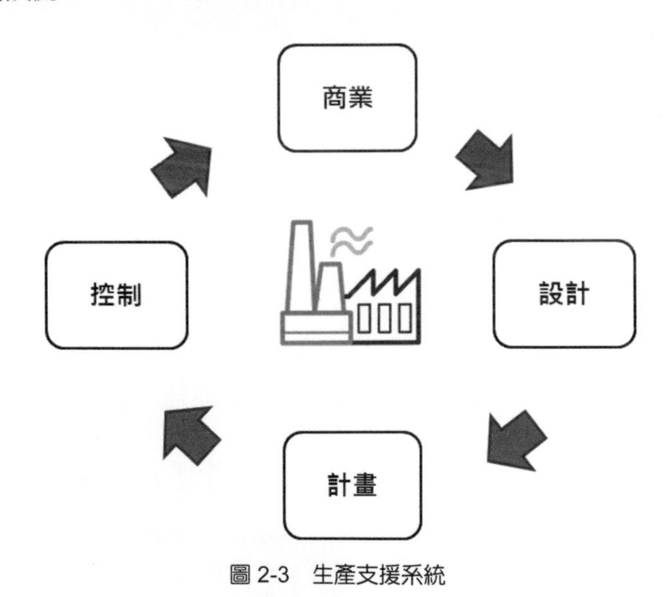

圖 2-3　生產支援系統

如圖 2-3 所示，生產支援系統包括以下資訊流的管理：

- **商業**：包括訂單管理、市場營運、銷售及預算規劃。
- **設計**：根據客戶的需求來設計產品。

❑ **計畫**：根據產品設計功能，規劃工作順序、時序、庫存及供應鏈。

❑ **控制**：監督及管理產品的生產流程，並檢查產品的品質。

目前市面上已有一些軟體應用程式，可用來建置生產支援系統：

❑ **ERP**：用來管理特定任務，如物流、生產管理、會計、人員、採購、倉儲、銷售管理。

❑ **電腦輔助設計（CAD）及電腦輔助工程（CAE）**：一種軟體工具，可依產品需求及規格，進行產品的設計、測試及驗證。

❑ **電腦輔助製程規劃（CAPP）及 MES**：一種軟體應用程式，可用來自動化及優化產品生產的計畫程序。

雖然市面上已有許多的軟體可用來建置生產支援系統，但若是獨立採購而未進行整合，會形成所謂的「自動化孤島」。爲了避免這種情形，而有了生產系統 CIM 模型的出現。

2.5 CIM 模型

CIM 是電腦整合製造（Computer integrated manufacturing）的簡稱，它是 1990 年代發展的生產系統模型，可用於企業整合生產程序、自動化系統及資訊系統。CIM 不應該被視爲一種建構自動化工廠的設計技術，而應該將其視爲一種模型，用來在不同系統及子系統之間收集、協調、共享資訊。

圖 2-4 爲 CIM 的模型圖，其中我們在原本的自動化工業程序中，加入了生產支援系統，形成 CIM 模型的層次結構。在 CIM 模型的層次結構中，有幾點需要特別注意的地方：

❑ 支援生產的級別高於實際生產的級別。

❑ 在支援生產級別中，會存在階層級別。

❑ 在實際生產級別中，也會存在階層級別，其中生產步驟自動化的級別低於整個機台的自動化級別。

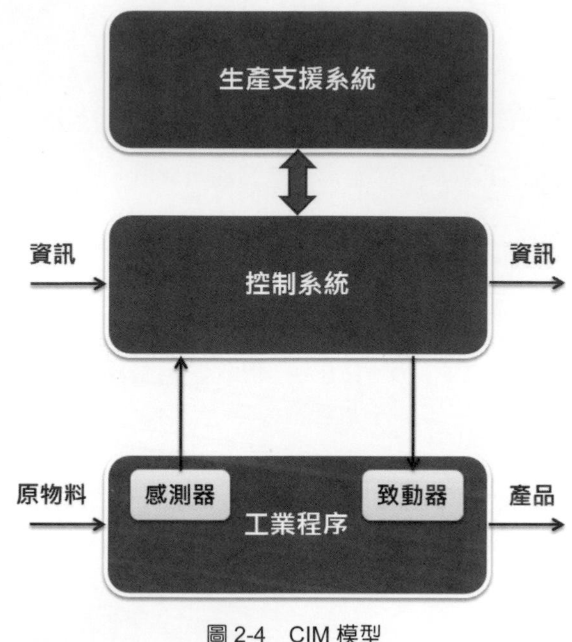

圖 2-4　CIM 模型

CIM 金字塔

爲了讓我們可以更容易理解 CIM 模型，我們可以將 CIM 模型描述成由六個功能級別組成的金字塔，如圖 2-5 所示。

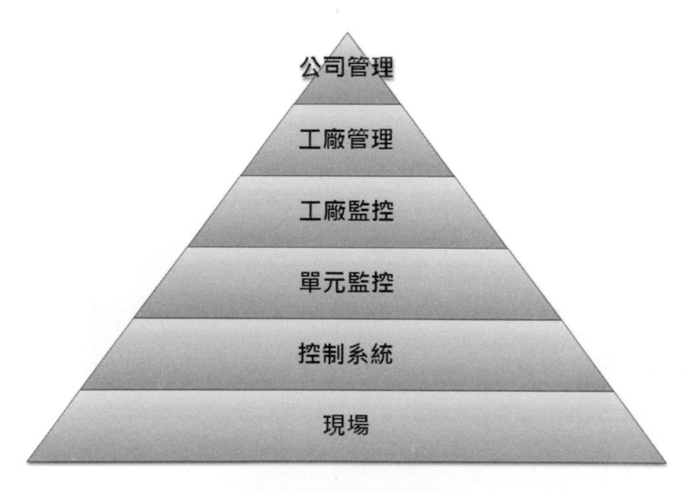

圖 2-5　CIM 金字塔

級別①：現場

包含與生產有關的所有裝置，如感測器及致動器。

級別②：控制系統

包含與感測器及致動器互動的設備，如 PLC、微控制器、PID 控制器、機器人控制器以及電腦數值控制器（CNC）。

級別③：單元監控

經由不同裝置及控制器的協調運作，完成一個完整的生產程序。主要功能為：

- 接收上一級指令，轉為下一級裝置的動作及命令。
- 收集下一級裝置傳來的資訊，傳送至上一級。

級別④：工廠監控

建置生產資料庫，收集及儲存生產程序的主要參數，協調各個生產單元，完成整個生產程序。

級別⑤：工廠管理

建置生產支援系統，整合級別①～④的功能。

級別⑥：公司管理

通常一家公司會有多家工廠，所以須收集來自下一級的工廠管理資訊，進行決策支援系統，以幫助管理人員改進、維護物料及財務流程，進行生產過程的優化。

2.6 CIM 金字塔架構

CIM 金字塔結構是工廠自動化的一種邏輯描述，所以可以合併為較少級別的更簡單結構。從營運的角度來看，我們將 CIM 金字塔簡化為五個級別，五個級別及其對應的裝置與應用程式，如圖 2-6 所示。

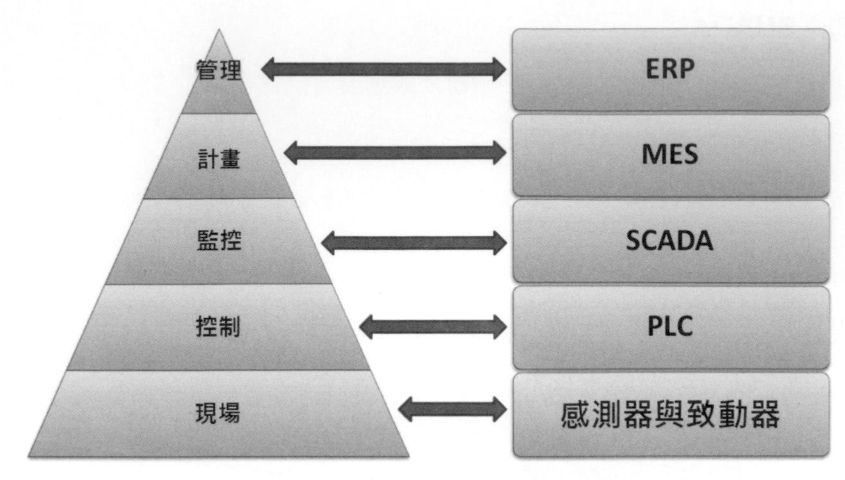

圖 2-6　CIM 對應的裝置及應用程式

 簡化 CIM 金字塔

級別①：感測器與致動器

感測器是用於偵測環境中的物理訊息，並將訊息轉換爲電腦可以處理的訊號。致動器則與感測器剛好相反，可將電腦訊號轉換爲機械動能，用來驅動機械進行各種預定的動作。

級別②：PLC

PLC（Programmable Logic Controller）是可程式邏輯控制器的簡稱，是專門用於工業程序控制的工業控制器。PLC 以循環方式執行程式，可處理來自感測器的輸入信號，並將輸出值發送至致動器，以控制設備。

除了 PLC 之外，級別②也包含了機器人控制器及下列裝置：

- **RTU**：RTU（Remote Terminal Unit，遠程終端裝置）是一種微處理器控制的電子設備，可以作爲感測器及致動器的介面。RTU 的主要功能是用來減少感測器及致動器的佈線，並集中來自感測器及致動器的輸入及輸出訊號。
- **CNC**：CNC（Computer Numerical Control，電腦數值控制）主要是指透過事先編輯的精確指令，進行自動加工的工具機。

級別③：SCADA

SCADA（Supervisory Control And Data Acquisition）是一套具有監控程式及資料收集能力的控制系統，可以遠程、即時地控制工業機械和流程。SCADA 的主要功能如下：

- ❑ 收集來自 PLC 或感測器傳來的訊息。
- ❑ 處理收集的訊息，儲存最相關的資料。
- ❑ 偵測流程是否異常，觸發警報，並將警報上報給操作人員。
- ❑ 透過人機介面（HMI）向操作人員顯示訊息。
- ❑ 操作人員可以在 SCADA 程式中監控工廠的資料，向 PLC 發送命令，進行機台控制。

級別④：MES

MES（Manufacturing Execution System）是製造執行系統的簡稱。MES 是位於 ERP 和 SCADA 或 PLC 之間的軟體系統，可以有效管理公司的生產流程。MES 的主要功能是同步商業管理及生產系統，並優化生產流程及資源。MES 的主要特徵爲：

- ❑ 訂單管理及生產計畫。
- ❑ 原材料及半成品的進貨管理。
- ❑ 資產管理及監控。
- ❑ 生產追蹤。
- ❑ 維修管理。
- ❑ 品質檢查。

級別⑤：ERP

ERP（Enterprise Resources Planning）是企業資源規劃的簡稱。ERP 包含公司用於管理商業活動的系統及軟體套件，這些商業活動如會計、採購、專案管理及生產。ERP 系統結合並定義了一套商業流程，可收集並分享來自公司不同部門的交易資料，並確保資料的完整性。

2.7 智慧工廠

2013年德國提出工業4.0計畫，希望可以打造一個智慧製造生產系統。所謂的「智慧製造」，是以工業程序自動化為基礎，轉型為資訊自感知、自決策及自執行的先進製造程序，它是新一代結合物聯網、大數據、雲端計算及人工智慧的智慧製造生產系統。

智慧製造有以下四個特徵：

- 以智慧工廠為載體。
- 以生產流程智慧化為核心。
- 以端到端的資訊流為基礎。
- 以網路通訊互聯為支撐。

智慧工廠

智慧工廠是智慧製造的主要內容之一。所謂「智慧工廠」，可以簡述如下：

「將工廠內的各式設備連結在一起，鋪設智慧網路，即時收集工廠內所有資料，實現工廠活動的視覺化，讓所有活動透明可見。透過資料的智慧分析，可提供工廠設備的故障預判，並可提供管理者即時的智慧決策。」

所以，一個智慧工廠至少會包含下列三個元素：

- **感知**：將工廠內的各種設備連結成網路，以管理的角度出發，收集並整合工廠內各種機台設備的資料。
- **互聯**：設備與設備之間彼此互聯，公司部門與部門之間的資訊可互相分享，並可進行資料的交換。
- **智慧**：可將工廠內部的活動資訊視覺化，將資訊與資訊間的因果關係明確化，並可經由智慧資料分析，執行最佳化預測與決策。

2.8 智慧工廠關鍵技術

建構智慧工廠的最終目標是實現智慧製造，其中有五個驅動和實現智慧工廠的關鍵技術，如圖 2-7 所示。

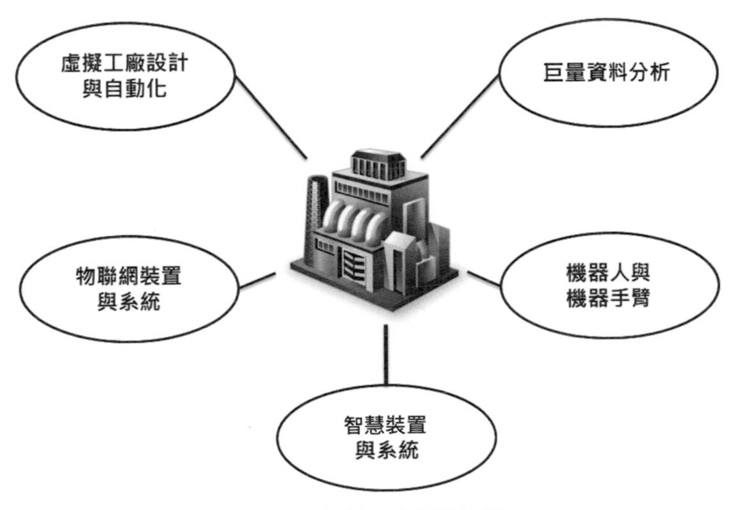

圖 2-7　智慧工廠關鍵技術

虛擬工廠設計與自動化

在建置工廠與實體生產線之前，先在電腦的虛擬系統中，進行生產線及工廠的設計，讓我們可以在電腦內的虛擬空間中模擬生產現場，進行自動化系統的整合規劃。採用虛擬工廠設計，可大幅減少實體建設與整合所需要的資金與時間，讓產品可以更快速地進入市場。

物聯網裝置與系統

將工廠內的生產機台加裝感測器，利用物聯網技術來讓機器互相連網，以形成機聯網，並透過有線、無線、行動、衛星等多種通訊網路，收集機台的感測資料及生產資料，將其傳送至雲端進行分析及儲存。

智慧裝置與系統

機台需裝感測器，讓生產機台具有感知能力。例如：生產機台加裝位置感測器、速度感測器及震動感測器等，智慧機台的控制器可以接收感測器傳回的角度、震動等資訊，將感測器資料及機台狀態傳送至雲端資料庫。雲端進行分析後，會將分析結果回傳給智慧機台，讓智慧機台進行自我管理，提升生產效能。

機器人與機器手臂

工業機器人是一種自動化設備，其形式有很多種，其中的一種形式即爲機械手臂。機器手臂是一種機械設備，可以是自動的或是人爲的控制。

我們可以採用工業機器人與機器手臂取代人力，執行高重複性、高負重度、高疲勞度、高傷害性、高危險度、高污染性等作業，進而提高生產線的產能及效率。

巨量資料分析

收集生產機台設備傳來的即時資料，運用雲端運算技術，對這些巨量資料進行篩選及分析，找出生產機台可能發生故障的原因及生產瑕疵發生的原因，進而改良產品的生產良率及提高生產機台的使用率。

2.9 智慧工廠特徵

智慧工廠是一種在工業 4.0 的輔助下，透過資訊技術的提升，建構了一個新的工業生產模式。一般而言，智慧工廠會具備下列四個顯著的特徵：

以感測器構成感官網路

感測器是智慧工廠的關鍵元件，感應器會裝設在工廠內所有設備、物料、半成品、及成品中。

感測器可以傳送資訊給資料收集及監控系統，讓我們可收集生產流程的資料，如設備的狀態、生產完工的訊息、品質檢查訊息，並透過無線射頻技術和條碼，實現生產過程的可追溯。除此之外，也可協助進行資產追蹤及確保人員的安全。

以物聯網構成神經系統

物聯網技術，尤其是工業物聯網技術，讓機台與機台互聯，讓我們可以收集感測器及機台傳來的訊息，並透過機器學習與大數據分析等技術，優化整個生產流程。

善用機器人與機器手臂

工業 4.0 的核心精神是連結與優化。若優化的目標是減少人力，則使用機器人提高工廠的自動化，即爲一種不錯的選擇。

在智慧工廠中，強調的是能結合機器人的智慧生產。例如：將機器人的建置與生產線相結合，並連結多個生產程序來形成智慧生產，提供更靈活及彈性的生產。

機器人也可以開發成智慧型機器人，結合機器視覺，依照作業需求及環境變異，自動判別物件，並自動調整工作路徑及方位。

另一種機器人的發展趨勢是人機互動安全機器人，機器人結合觸覺感測器，讓人機協同操作時，有更安全的保障。

AIoT 成為智慧工廠的大腦

IoT（物聯網）與 AI（人工智慧）好比我們的感官與大腦，AI 若沒有物聯網，就好比大腦沒有感官來收集周圍環境的資訊；反之，物聯網如果沒有搭配 AI 應用，就像是只有感官卻沒有大腦來做出反應。因此，IoT 與 AI 的結合，才能極大化效能與最佳化效益。人工智慧物聯網（AIoT）是智慧工廠不可或缺的技術，有助企業減少成本、提升效率、發掘新的商機，進而發展出新的營運模式。

經由物聯網所收集的大量資料，若能經由人工智慧進行大數據分析，將可爲企業創造出前所未有的價值。在智慧工廠中，我們希望可以藉由大量資料的收集與分析，得到有價值的訊息。這些有用的訊息包含下列的應用：

- **診斷**：了解故障或問題的原因。
- **維護**：預測和調整維護間隔時間。
- **效率**：提高生產性能或資源的利用。
- **預後**：提供見解，以避免故障或保持效率。
- **物流和供應鏈**：監控及優化配送。

從技術角度來看，大數據分析技術可分爲兩大類：

- ❑ 基於數學公式或專家知識來建構模型。
- ❑ 基於過去的資料來建構模型。

目前的發展目標是將人工智慧及深度學習技術擴展應用於智慧工廠，結合大數據分析技術來建構可靠的模型，以提高資料分析的速度和準確性。

CHAPTER

03

工業物聯網

3.1 本章提要

物聯網技術的快速發展，在各個行業帶來了新的樣貌及不同的影響。物聯網進入了工業領域，即稱為「工業物聯網」（IIoT），它給傳統自動化設備帶來全新的變革，同時也為設備廠商創造了更多的加值機會。

IIoT 專注在機器對機器（M2M）之間的通訊、大數據分析及機器學習（Machine learning，ML），讓工業運作有更高的效率和可靠性。在本章中，我們將對工業物聯網進行簡單的介紹。

3.2 何謂 IIoT

工業物聯網（IIoT）是指物聯網（IoT，Internet of Thing）在工業應用的擴展，如圖 3-1 所示。IIoT 是 IT 與 OT 的整合，讓工業可以有更好的系統整合。IT 指的是資訊技術，而 OT 指的是營運流程及工業控制系統的網路，並包含下列設備與系統：

- ❑ 人機介面（HMI）。
- ❑ 監控及資料收集（SCADA）系統。
- ❑ 分散式控制系統（DCS）。
- ❑ 可程式控制器（PLC）。

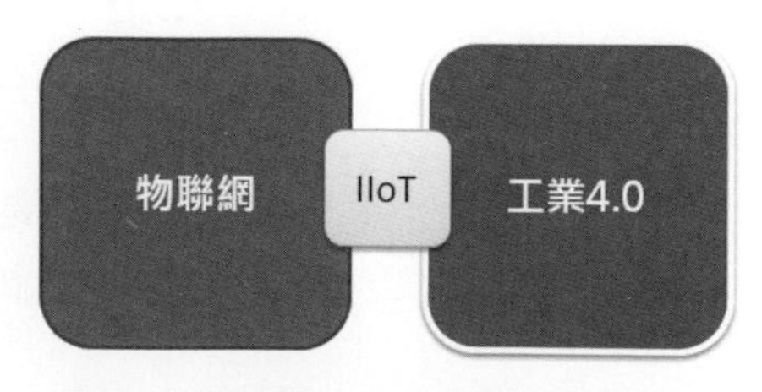

圖 3-1　IIoT 是 IoT 在工業應用的擴展

工業物聯網帶來的好處之一是「預測性維護」，新型的物聯網機台會收集大量的生產資料，再透過機器學習與人工智慧分析，讓管理者可以更佳理解生產系統的工作方式，並了解如何進行維護。

與物聯網一樣，我們正處於 IIoT 之旅的開端。IIoT 有望產生大的商業價值，並對人類社會產生深遠的影響，引領我們進入第四次工業革命。

3.3 IoT 與 IIoT 的比較

IIoT 與 IoT 有許多相似的地方，但因為 IIoT 與工業有密切的關係，所以具有一些特殊的特徵，說明如下：

- 網路安全是任何數位解決方案的關鍵主題，但其在工業領域中需要特別關注此議題。因為工業中的系統和設備具有更長的生命週期，且傳統的工業控制系統和設備並不是用來連接網際網路，它們通常位於一個孤立的區域網路中，所以在進行網路連接時，需要特別注意網路安全的問題。
- 必須確保工業數位設備保持運行，因為任何暫時的中斷都可能意味著巨大的經濟損失。
- IIoT 解決方案必須在傳統操作技術的環境中共存，如與傳統的 SCADA、PLC、DCS、ERP 共存，它們通常具有各種通訊協定，需要了解這些通訊協定後，才能提出好的 IIoT 解決方案。
- 工業網路是專門的網路，通常支援許多的控制器、機器人和機器，因此部署到這些網路中的 IIoT 解決方案，必須無縫擴充這些感測器、設備和控制器。
- 與一般的網際網路相比，工業領域中要處理的物件更複雜，且具有更廣泛的類型。
- 在工業領域中，我們需要穩健性、彈性和可用性。使用者體驗並不像消費者領域那樣重要。
- 在工業領域中，我們經常會重新程式設計或配置 PLC、機器設備等系統，以支援新的生產程序，所以 IIoT 解決方案必須支援這些操作，並提供生產程序的靈活性和適應性。
- 知識產權是工業界敏感而重要的話題，例如：新機器的設計、新產品的配方等。知識產權不能丟失或被入侵，因為它是公司在市場上的區別，是公司的商業祕密。

3.4 IIoT 資料流

從工廠的感測器至雲端處理會產生許多的資料流，如圖 3-2 所示。我們將這些資料流概分爲三種：

❑ 工廠間的資料流。

❑ 工廠與雲端間的資料流。

❑ 雲端資料流。

其中，工廠與雲端間的資料流可以直接透過 REST API 將資料送至雲端，也可以透過邊緣運算設備來傳送資料。

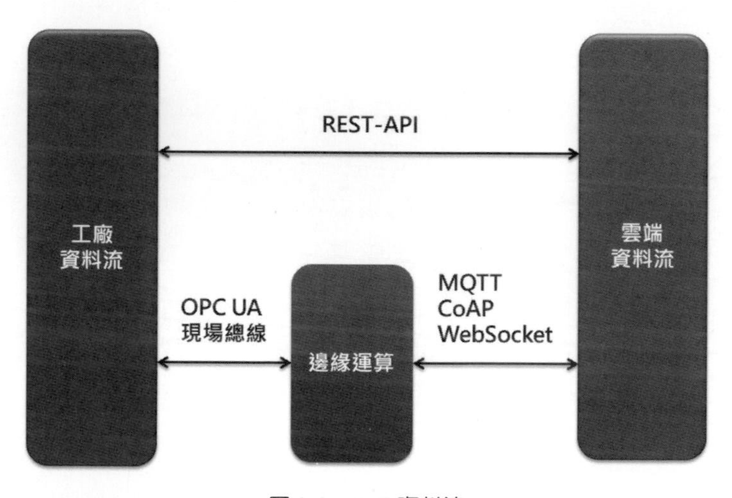

圖 3-2　IIoT 資料流

工廠間的資料流

在工廠中，感測器訊號傳至雲端，會有許多的資料流，而這就是本章的重點，我們將在下面的內容中說明。

邊緣運算設備

邊緣運算設備是工廠中的一個設備，用來處理工廠與雲端間的資料流。邊緣運算設備會經由 OPC UA 伺服器，或是經由現場總線收集到工廠中的資料，並經由邊緣閘道器連接到雲端。一般而言，邊緣運算設備具有以下功能：

- ❑ 實現 OPC 客戶端介面，收集來自工廠的資料，包含 PLC、DCS、SCADA 和歷史資料庫的資料。
- ❑ 實現與雲端的通訊，具備常見 Internet 協定（如 MQTT、AMQP、HTTPS 協定），可以經由雲端的 IoT Hub（物聯網中心），將資料傳送至雲端，並可經由 IoT Hub 接收雲端命令進行配置。
- ❑ 實現儲存及轉送功能，以確保在通道通訊不良的情況下可以傳送資料。
- ❑ 可公開從雲端收到功能命令，如配置及監控設備、更新資料、收集參數、軟體更新及升級。
- ❑ 具多平台應用功能，至少可適用於 Windows 及 Linux 作業系統。
- ❑ 具靈活性及可擴展性，以支援不同的資料收集及傳輸需求。

若有可能，邊緣運算設備還可以具備下列功能：

- ❑ 以高頻速度收集、儲存資料。
- ❑ 實現常見的現場總線驅動程式（如 Profinet、Ethernet、Modbus）。
- ❑ 實現異常檢測。
- ❑ 實現高階程序控制，可分析程序並進行自動優化，並向控制器發送輸出訊號命令。
- ❑ 實現信賴平台模組，改善網路安全。

雲端資料流

工廠與雲端間有許多的資料流，通常雲端運算會有一些模組來管理這些資料流，常見模組如下：

- ❑ **IoT Hub**：物聯網中心，具資料的派送及設備的管理功能，可檢查資料的安全性，並派送至正確的資料處理器。IoT Hub 同時也是一種支援多種通訊協定（如 AMQP、HTTPS、MQTTS）的閘道器，也具備 MQTT 伺服器的功能。
- ❑ **時間序列資料庫**：是一種集中式資料庫，儲存從感測器傳來的時間資料。
- ❑ **分析模組**：用來處理資料，獲取異常資訊、機台健康狀態、效能，或是計算 KPI（關鍵績效指標）。
- ❑ **資產註冊模組**：用來收集機台型號及操作屬性等靜態資訊，操作屬性如機台使用的燃料、程序步驟及機台狀態。

- **大數據庫**：支援大文件、圖像和日誌文件的儲存。
- **大數據分析**：可使用大量資料進行業務的分析。

3.5 工廠資料流

工廠間的資料流來自許多種的設備，如圖 3-3 所示。若以資料收集的角度來看，配合對 CIM 金字塔模型的理解，我們可將工廠間的資料來源歸類於以下的設備：

- **感測器、致動器**：CIM 金字塔的第 1 級設備。
- **控制器、CNC、PLC、RTU**：CIM 金字塔的第 2 級設備。
- **SCADA、歷史資料庫（Historian）、OPC 伺服器**：CIM 金字塔的第 3 級設備。
- **MES**：為 CIM 金字塔的第 4 級的設備。
- **ERP**：為 CIM 金字塔的第 5 級設備。

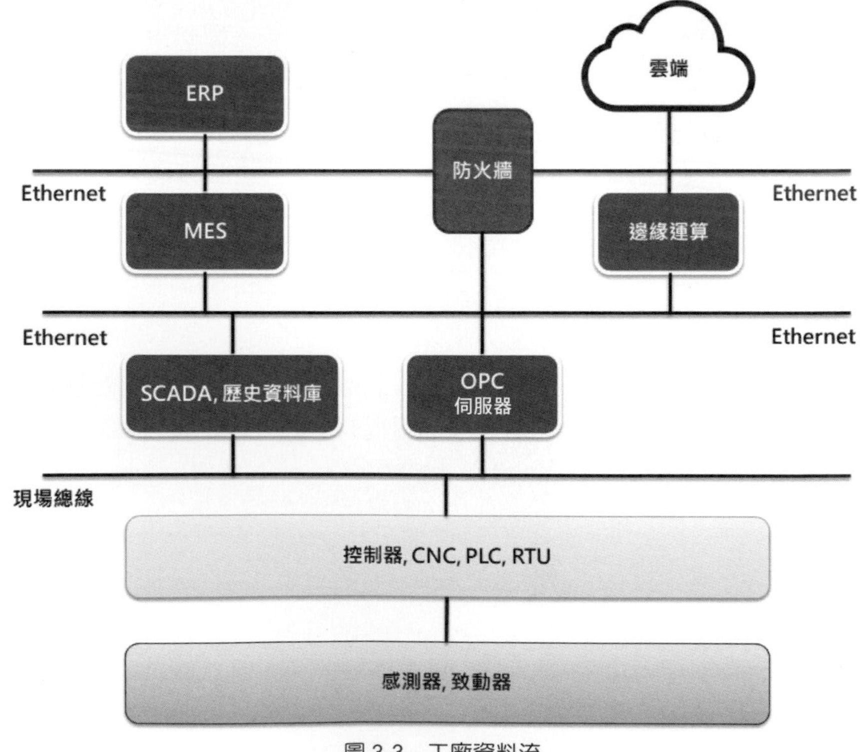

圖 3-3　工廠資料流

現場總線

工廠間的資料流，第1級與第2級的裝置會直接連接，而第2級與第3級的裝置與設備，會透過「現場總線」相連接。「現場總線」是專用的工業網路協定，發送的訊息不是很複雜，但是傳輸必須在確定的時間間隔中，以較高的頻率進行。

資訊網路

工廠間的資料流，第3級與第4、5級的設備會透過 Ethernet 相連接，稱為「資訊網路」，資訊網路必須確保機台設備與公司的應用程式之間的通訊，它是一個可處理複雜資訊的網路。它的資料交換頻率不高，且無須確保在一定的時間間隔中完成訊息的傳遞。

3.6 ISO/OSI 模型

OSI（Open Systems Interconnection）模型是電腦網路的參考模型，中文稱為「開放系統互聯」模型，用來規範不同電腦系統進行通訊的原則。

在 OSI 模型中，網路的每個節點可以分為七層，每一層分別負責特定的功能，且每一層只能跟上下兩層進行通訊，如圖 3-4 所示。

圖 3-4　ISO/OSI 模型

實體層

「實體層」定義網路裝置之間的位元資料傳輸，將傳輸的資料轉換成傳輸媒介所能負載傳輸的訊號。

網路線、網路卡與集線器（Hub），都是平常容易接觸到的實體層設備。網路線包括辦公室及機房內常見的 RJ-45 UTP 雙絞線、有線電視使用的同軸電纜，以及應用在骨幹網路的光纖纜線等。不過，對無線網路而言，只要可以傳輸電波的介質，都屬於它的傳輸媒介。

資料連結層

「資料連結層」負責流量控制、錯誤偵測及更正。資料連結層將實體層的數位訊號封裝成一組符合邏輯傳輸資料，這組訊號稱為「資料訊框」（Data Frame）。訊框內包含媒體存取控制（Media Access Control，MAC）位址，而資料在傳輸時，MAC 位址資訊可讓對方主機辨識資料的來源。網路設備交換器（Switch Hub）、橋接器，即屬於這一層的設備。

網路層

「網路層」決定封包傳送的最佳傳輸路徑，包含 IP 定址與路徑選擇、網路管理、資料分割重組等。

網路設備路由器即屬於這一層的設備。我們日常所看到的設備（如 IP 分享器）以及俗稱小烏龜的 ADSL 用戶終端設備（ADSL Terminal Unit-Remote，ATU-R），也同時包含有網路層功能。

傳輸層

「傳輸層」確保所有的資料單元正確無誤地抵達另一端，例如：網路協定 TCP 協定、UDP 協定即屬於這一層的通訊協定。

會議層

「會議層」建立、管理連線的傳輸方式、安全機制，例如：可利用全雙工、半雙工或單工方式建立雙向連線，維護與終止兩台電腦或多個系統間的交談；或者當我們使用 Windows 系統時，開啟網路上的芳鄰；或是用到「檔案及列印分享」時，通常會看到群組及電腦名稱，這些 NetBIOS 電腦名稱即屬於這一層。

表示層

「表示層」負責處理資料的轉換、資料壓縮及加密，例如：將 ASCII 編碼轉成應用層可以使用的資料，或是處理圖片及其他多媒體檔案。

應用層

「應用層」提供應用程式和網路之間溝通的介面，例如：瀏覽器、FTP 客戶端、各式網路應用軟體等。

3.7 現場總線

「現場總線」是用於連接控制設備（例如：PLC）和現場設備（例如：感測器或致動器）的電腦網路。現場總線具有如下的特色：

- 它們有非常短的訊息，經常交換。
- 它們在短暫且確定的時間間隔內傳遞訊息。
- 它們同時向多個節點發送訊息。

一般現場總線只定義了 OSI 模型的 1、2 和 7 級，中間級別為空，這種簡化的 OSI 模型模型稱為「增強性能架構（EPA）模型」，如圖 3-5 所示。

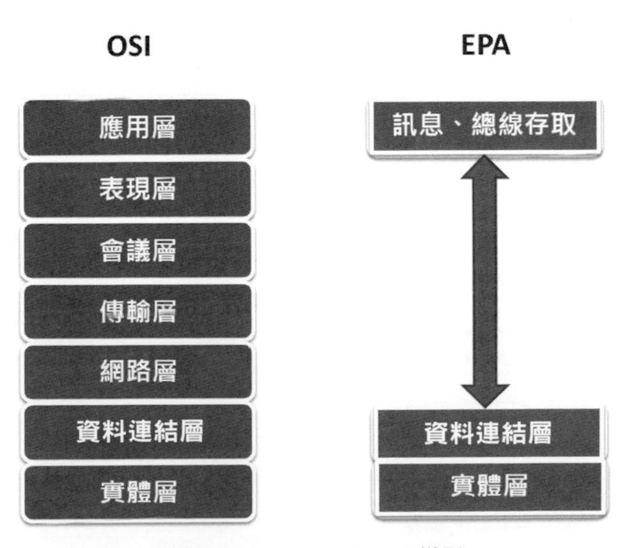

圖 3-5　ISO/OSI 及 EPA 模型

EPA 模型具有以下優點：

- ❑ 簡化的模型，具擴展性及靈活性。
- ❑ 接線少，可減少安裝和維護成本。
- ❑ 可以在本地進行訊號處理，處理更複雜的雙向訊息。
- ❑ 可以透過軟體，對感測器和致動器進行校準。
- ❑ 可以提供強健的傳輸，具識別及糾正傳輸錯誤的技術。

3.8 現場總線類型

由於位於 CIM 底層的設備需要執行不同的功能，所以存在以下四種不同的現場總線網路：

感測器總線

感測器總線通常只實現 OSI 模型的實體層及資料連結層，主要目的是減少佈線，一條訊息的典型長度是一個 Byte。常見的感測器總線爲：

- ❑ CAN。
- ❑ LonWorks。

裝置總線

可傳輸 16 至 32 Bytes 的訊息，實現了 OSI 的實體層、資料連結層、應用層的部分功能，可允許我們發送簡單的診斷訊息。常見的裝置總線爲：

- ❑ CANopen。
- ❑ Profibus DP。
- ❑ Modbus。

控制總線

允許字元組（Word）級通訊，實現了 OSI 的實體層、資料連結層、應用層，以及一個所謂的使用者層級。設備需要內建演算法，才可連接至控制總線，且需包含一個即時的內部快取（Cache），可連續檢查及更新所有資料，提供給網路上其他設備使用。常見的控制總線爲：

- ControlNet。
- Profibus。
- Modbus Plus。

資訊與控制網路

可經由乙太網路或工業乙太網路進行資料的傳輸。常見的資訊與控制網路爲：

- Ethernet/IP。
- Profinet。
- Modubs TCP。

3.9 常見現場總線簡介

CAN

CAN 是 Controller Area Network 的縮寫，稱爲「控制區域網」。CAN 是德國 Bosch 公司在 1986 年時，爲了解決現代汽車中眾多測量與控制模組間的資料交換，而開發的一種串列資料通訊總線。雖然該技術最初是服務於汽車工業，但由於其在技術與性價比方面的優勢，在眾多領域得到認同與應用。

CAN 總線的特點是網路上不需要主機控制通訊，允許網路上的多個微控制器或設備直接進行通訊，由於 CAN 總線具備了偵錯及優先權判別的機制，所以讓網路訊息的傳輸變得更爲可靠且有效率。CAN 總線在實作時採用雙線溝通方式，線路簡單具高擴充性及低成本的特性，如圖 3-6 所示。

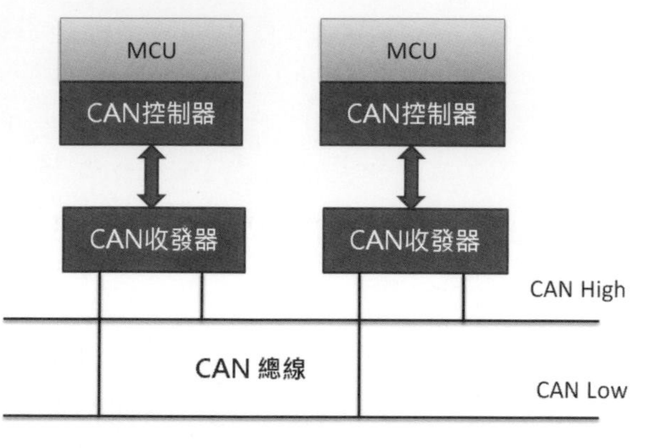

圖 3-6　CAN 總線

 Modbus

Modbus 是目前流行的現場總線，已成為工業領域通訊協定的標準之一。Modbus 協定目前存在用於序列埠及乙太網路的版本，以序列埠版本來說，Modbus 是一種 master/slave（主 / 從）架構的協定，透過 RS-485 通訊，允許多個裝置連接在同一個網路上進行通訊。在 SCADA 中，Modbus 通常用來連接監控電腦及遠端終端控制系統 RTU。Modbus 的協定簡單且實作容易，在本書中，我們會以專章來進行說明。

 Profibus

Profibus 是 Process Fieldbus 的縮寫，中文為「過程現場總線」。此總線由 Simens 公司提出並極力倡導，是一種開放且獨立的總線標準，在製造業自動化、流程工業自動化、大樓自動化、交通監控、電力自動化等領域廣泛應用。

Profibus 的家族包含 Profibus-DP、Profibus-FMS 及 Profibus-PA：

OSI 層級	FMS	DP	PA
使用者	FMS Profiles	DP Profiles	PA Profiles
7	FMS	DP-V0	DP 擴充
3-6	不使用	不使用	不使用
2	FDL	FDL	MBP 介面
1	RS-485/ 光纖	RS-485/ 光纖	MBP

Profibus-DP 與 Profibus-PA 是目前最常用的兩種現場總線，說明如下：

- **Profibus-DP**：DP 是分散式周邊（Decentralized Peripherals）的縮寫，是一種高速低成本的通訊，用於自動化系統中單元級控制設備與分散式 IO 的通訊。Profibus-DP 是一種主 / 從架構通訊，使用 RS-485 的傳輸技術，可以由控制器監控許多的感測器及致動器。
- **Profibus-PA**：PA 爲程序自動化（Process Automation）的縮寫，應用在程序自動化系統中，現場感測器與致動器間的低速資料傳輸。Profibus-PA 使用擴充的 Profibus-DP 協定，原本的設計是用來取代傳統的 4-20mA 及 HART 總線，讓程序控制系統可以監控量測裝置。Probus-PA 使用的通訊協定與 Profibus-DP 相同，但 Profibus-PA 採用 MBP 傳輸技術，不同於 Profibus-DP 的 RS-485 傳輸技術，所以需要一個轉換裝置，才可和 Profibus-DP 網路相連接，讓傳輸速率較快的 Profibus-DP 作爲網路主幹，將訊息傳送給控制器。

3.10 乙太網路

TCP/IP 協定

TCP/IP 的英文是「Transmission Control Protocol / Internet Protocol」，中文爲「傳輸控制協定 / 網際網路協定」。TCP/IP 將 OSI 層的應用、表現、會議整合成一個應用層，並在應用層上實作了 HTTP、SMTP、DNS 等程式協定。

圖 3-7　TCP/IP 協定

TCP/IP 的傳輸層有 TCP 及 UDP 協定：

- **TCP 協定**：在傳送前需先與接收端設備建立連線，待連線建立後，才可進行資料的傳送。傳送過程中，如果發生錯誤，會要求重新進行傳送，以確保資料能夠準確傳送至目的地。
- **UDP 協定**：在傳送資料前，不需建立連線，只負責把資料傳送出去，不會檢查資料是否正確無誤地送到目的地。

TCP/IP 的網路層有 IP 及 ICMP 協定：

- **IP 協定**：負責在封包上加上 IP 表頭，表頭內含位址資訊，以便將封包傳送到目的地位址。
- **ICMP 協定**：用來互相交換網路目前的狀況訊息，如主機不存在、網路斷線等狀況。

乙太網路

乙太網路（Ethernet）是目前區域網路的主流技術，在 OSI 層協定中，乙太網路只定義了實體層及資料連結層，但作爲一個完整的通訊系統，需要更高層協定的支援才行，所以乙太網路通常與 TCP/IP 協定結合使用。

乙太網路採用廣播機制，讓所有連線上網路的電腦都可以看到網路上所傳遞的資料，並採用 CSMA/CD（載波感應多重存取 / 碰撞偵測）機制，讓任何工作站皆可在任何時間存取網路。

CSMA/CD 機制

在乙太網路上，當有資料要發送之前，電腦必須先偵測網路是否空閒。若網路目前沒有任何資料在傳送，則電腦便將要發送的訊息放到網路上，否則必須再等待下一次出現空閒時，才能進行資料的傳輸。

電腦在傳輸資料的過程中，也會偵測傳輸媒介上的訊號，若發生碰撞，則立即停止傳輸，並發送通知給每台電腦目前發生碰撞的壅塞訊號，讓有需要傳送訊息的電腦等待一段隨機時間後，再重新嘗試傳送資料。

CSMA/CD 採用「二元指數後退演算法」來產生隨機延遲時間，當網路的負載很高，該次傳送資料已連續碰撞多次了，等待的隨機時間就必須久一點；反之，則隨機延遲時間就可以短一點。

3.11 工業乙太網路

所謂的「工業乙太網路」，一般來說是指技術上與乙太網路相容，但在產品的設計、傳輸材質的選用、產品的強度、適用性及即時性、抗干擾性、網路安全性等方面，要滿足工業現場的需求。底下我們針對幾種常用的工業乙太網路進行說明。

Ethernet/IP

Ethernet/IP 是由 ODVA 協會管理的工業乙太網路通訊協定，其名稱中的 IP 是 Industrial Protocol 的縮寫，即工業協定的意思。

Ethernet/IP 採用了一般的乙太網路通訊晶片及傳輸線，但在 TCP/IP 協定上附加了 CIP（Common Industrial Protocol）即時擴充功能。Ethernet/IP 採用 IEEE 1588 精確時間同步協定，並制定了 CIPsync 標準，所以可以在應用層進行即時資料的交換。

Ethernet/IP 的通訊模式，採用「生產 / 消費」模式，允許網路上的節點同時存取同一個資料源。在生產 / 消費模式中，資料被分配一個唯一的標識，每一個資料源會一次性將資料發送到網路上，讓網路上的節點選擇性讀取這些資料，從而提高了系統的通訊效率。

CIP 封包定義了兩種：

- **隱性封包**：用於即時 I/O 的控制，採用 UDP 協定。
- **顯性封包**：用於訊息交換，採用 TCP 協定。

ProfiNet

ProfiNet 由 Profibus 國際組織推出，是新一代基於工業乙太網路技術的自動化總線標準。ProfiNet 為自動化通訊領域提供了一個完整的網路解決方案，其功能包含八個模組：

- 即時通訊。
- 分散式現場設備。
- 運動控制。
- 分散式智慧。

- ❑ 網路安裝。
- ❑ 資訊標準和網路安全。
- ❑ 故障安全和程序自動化。

ProfiNet 採用「提供者 / 消費者」通訊方式。資料提供者（如感測器）將訊號傳送給消費者（如 PLC），消費者依據控制程序對資料進行處理後，再傳送給現場其他消費者（如致動器）。

由於 ProfiNet 開發人員認爲，TCP/IP 協定無法滿足程式資料更新時間小於 10ms 的要求，所以在 ProfiNet 乙太網路中提供了一個即時通道 IRT，採用專用晶片來實現即時通訊及運動控制。

ProfiNet 主要有三種通訊方式：

- ❑ **使用標準乙太網路及 TCP/IP**：大多數的 Profinet 通訊使用這種方式來完成，所以可以將辦公網路的應用集成到 Profinet 網路中。
- ❑ **使用 RT 通訊**：此通訊帶有優先級的乙太網路封包，優化了 TCP/IP 協定，所以縮短了封包的處理時間，提高了即時的性能。
- ❑ **使用 IRT 通訊**：此通訊方式可以滿足最高的即時要求，適用於時間同步的應用。IRT 使用乙太網路的擴充協定，可以同步所有的通訊裝置，並使用調度機制。

Arduino 基本操作

4.1 本章提要

Arduino 是一款經常用來作爲物聯網節點的開發板。在本書中的大部分實習，也會以此開發板作爲實習材料，所以在本章中，我們將介紹 Arduino 的基本操作，如「數位輸入與輸出」、「類比輸入與輸出」。

4.2 Arduino 開發板

Arduino 是由義大利米蘭互動設計學院所創造出來的電子開發平台，包含了硬體與軟體。

- ❑ **硬體**：以一塊微控制器開發板爲核心，可以讓我們連接各種電子元件、感測器、馬達、燈光等，來建構自己的作品。
- ❑ **軟體**：包含容易上手的程式語言及方便好用的核心函式庫，讓我們可以輕鬆撰寫程式碼，來操控整個系統。

Arduino 是一塊軟硬體都開放原始碼（open-source）的微控制器板。也就是說，Arduino 的硬體電路設計圖都公諸於世，且軟體開發環境的原始碼也開放共享。我們可以參考其電路圖，研究修改軟體的原始碼，來打造屬於自己的 Arduino 控制板。

Arduino 原始設計目的，就是希望可以讓我們透過 Arduino 板來快速、簡單地使用這項技術，設計出與眞實世界互動的應用產品。而在本書中，我們會以此開發板作爲物聯網的資料收集節點。

Arduino UNO R4 WiFi

在學習 Arduino 時，一般都會先以 Arduino UNO 板爲主。Arduino UNO R4 WiFi 微控制板的外觀圖，如圖 4-1 所示。

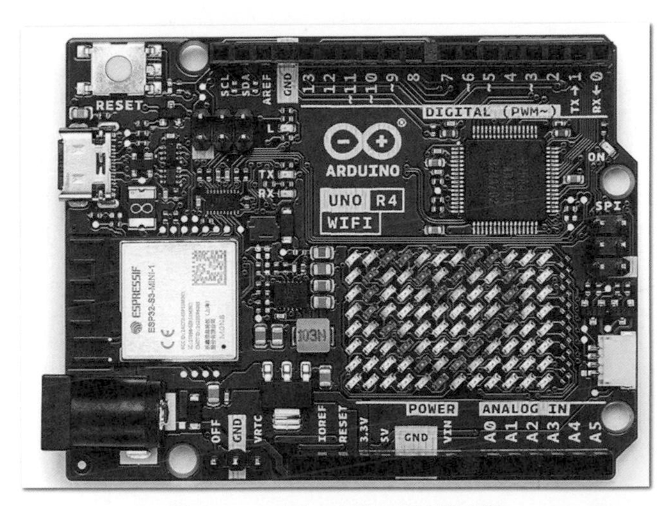

圖 4-1　Arduino UNO R4 WiFi 板

Arduino UNO R4 WiFi 板將瑞薩電子的 RA4M1 微處理器（Arm Cortex-M4）及樂鑫的 ESP32-S3 相結合，內建 WiFi 和藍牙功能，是一款具有增強處理能力及新型周邊裝置的一體化控制板，讓我們有探索無限創意的可能性。Arduino UNO R4 WiFi 板的規格如下：

規格	說明
48 MHz Arm Cortex-M4 微處理器	具浮點單元（FPU）。
記憶體	• RAM：32KB。 • Flash：256KB。 • EEPROM：8KB。
數位輸入 / 輸出接腳	14 支腳位，其中有 6 個接腳可作 PWM 輸出。
類比輸入（ADC）接腳	6 支腳位（A0-A5），提供 14 位元的解析度。其中： • A1, A2, A3：可作為 OPAMP。 • A0：可作為最高 12 位元數位轉類比（DAC）。
串列埠	2 組： • 1 組串列埠以 USB-C 作為原生 USB，用來連接主機電腦。 • 1 組串列埠腳位為 D0：RX、D1：TX。
SPI	1 組： • D10：CS。 • D11：COPI。 • D12：COPO。 • D13：SCK。

規格	說明
I2C	1 組： • D14：SDA。 • D15：SCL。
CAN	1 組，需要外部收發器： • D10：CANRX。 • D13：CANTX。
Wi-Fi	開發板上的 ESP32 具有 Wi-Fi 功能。Wi-Fi 模組的位元率高達 150 Mbps。ESP32 模組具有內建追蹤天線，所以我們無需外部天線即可使用該開發板的連接功能。但是，此追蹤天線與藍牙模組共享，所以無法同時使用藍牙和 Wi-Fi。
Bluetooth	開發板上的 ESP32 模組，具有藍牙 LE 和藍牙 5 功能，速度高達 2Mbps。
內建 HID	透過 USB 連接到電腦時，可以模擬滑鼠或鍵盤，可將鍵盤的按鍵及滑鼠移動座標傳送至主機電腦。
內建 12×8 紅色 LED 矩陣	非常適合帶有動畫或繪製感測器資料的創意項目。
內建 RTC	可用於測量時間，適合時間追蹤的應用。
操作電壓	5V。
建議輸入電壓	6~24V。
長	68.8mm。
寬	53.34mm。

4.3 Arduino IDE

要撰寫 Arduino 程式，我們需要在電腦上安裝 Arduino 的開發環境（IDE）。Arduino 開發軟體支援 Windows、Mac OS X 和 Linux 等作業系統，而且完全免費，也可以隨時到官方網站下載更新。Arduino IDE 的下載網址：URL https://www.arduino.cc/en/software。

在本章中，我們下載的版本為 Arduino IDE 2.2.1。下載及安裝 Arduino IDE 軟體後，執行 Arduino IDE，會出現如圖 4-2 所示的畫面。

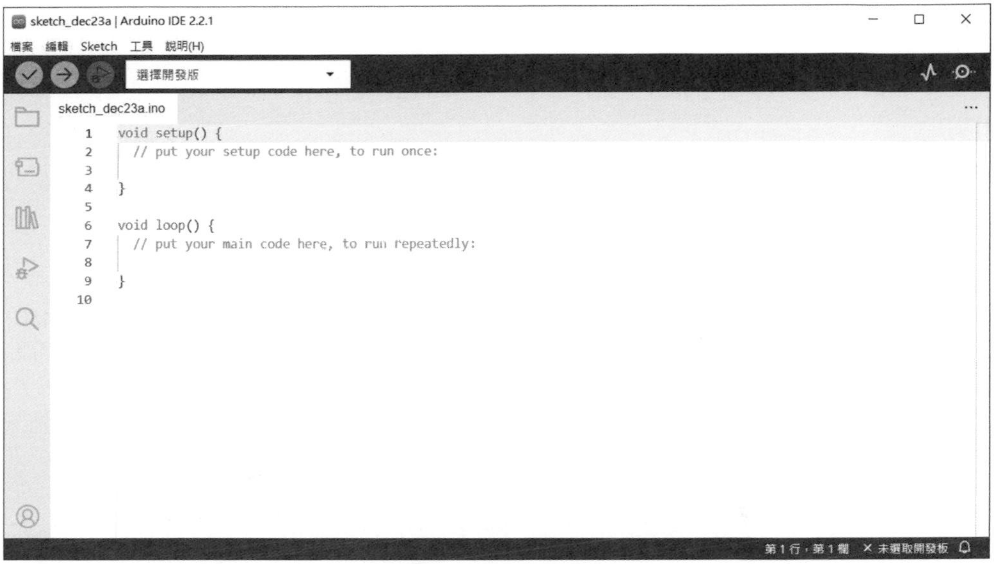

圖 4-2　Arduino IDE

Arduino IDE 需要安裝 Arduino UNO R4 WiFi 核心程式，才能編譯及上傳我們撰寫的 Arduino 程式。安裝核心程式的步驟如下：

STEP 01 點選功能表中的「工具→開發板→開發板管理員」。

STEP 02 出現圖 4-3 的畫面，搜尋「Arduino UNO R4」，可看到 Arduino UNO R4 Boards 套件，請按下「安裝」按鈕來進行安裝。

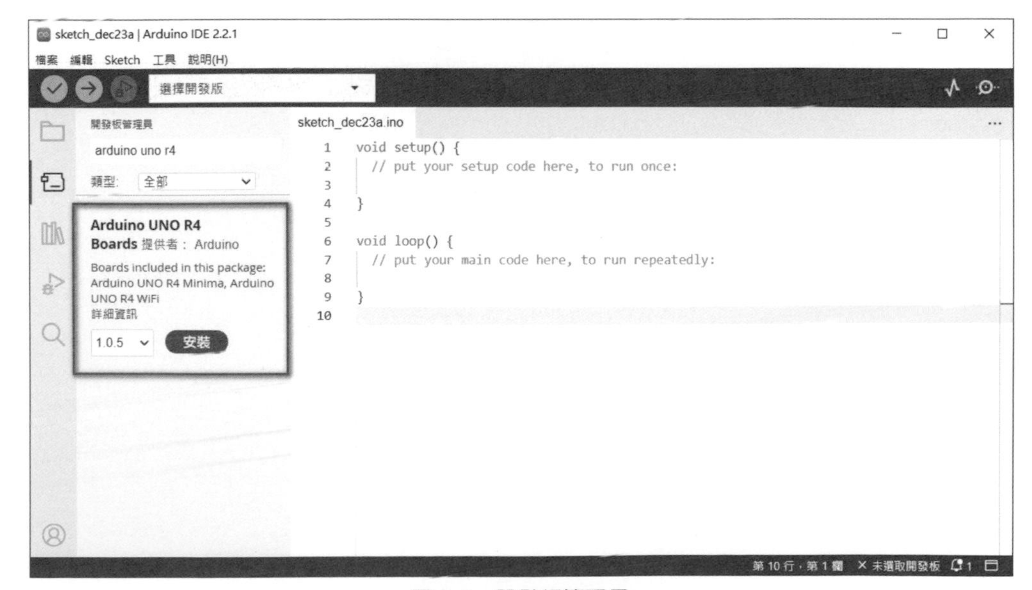

圖 4-3　開發板管理員

STEP 03 安裝完成的畫面，如圖 4-4 所示。

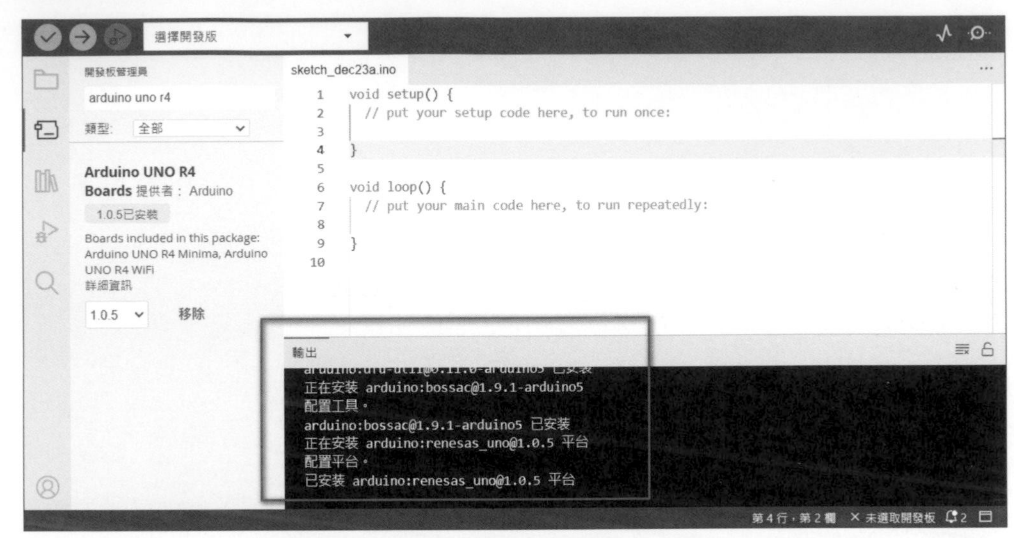

圖 4-4　安裝完成核心程式

4.4 開啟範例程式

在 Arduino IDE 中，包含了許多範例程式，我們可以依功能表中的「檔案→範例」，來查看這些範例程式。在圖 4-5 中，我們開啓了「01.Basics→Blink」範例程式。

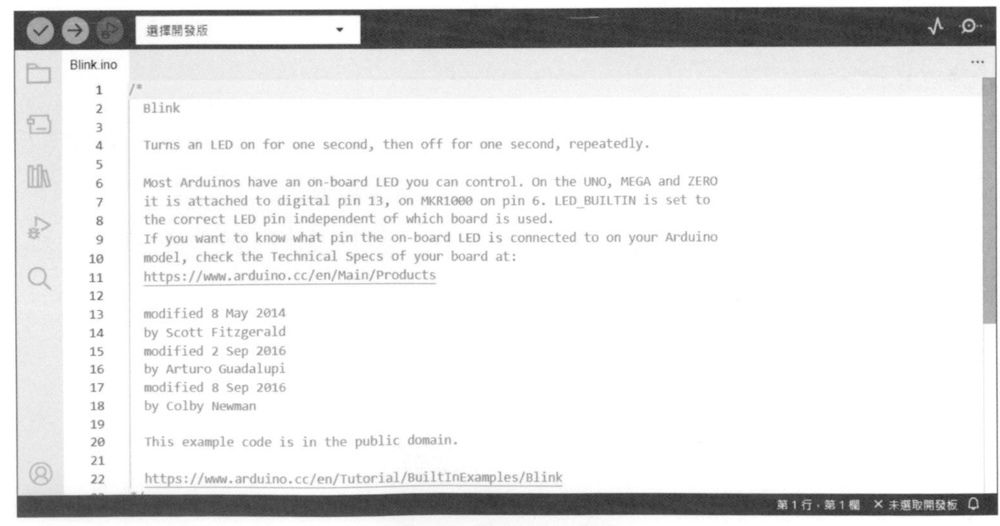

圖 4-5　開啟 Blink 範例

Blink 程式

Blink 是可以讓 Arduino UNO R4 WiFi 板子上的 LED 閃爍的程式，程式內容如下：

```
/*
  Blink
*/

void setup() {
  // initialize digital pin LED_BUILTIN as an output.
  pinMode(LED_BUILTIN, OUTPUT);
}

// the loop function runs over and over again forever
void loop() {
  digitalWrite(LED_BUILTIN, HIGH); // turn the LED on (HIGH is the voltage
level)
  delay(1000);                     // wait for a second
  digitalWrite(LED_BUILTIN, LOW);  // turn the LED off by making the voltage
LOW
  delay(1000);                     // wait for a second
}
```


Blink 程式說明如下：

- **註解**：Blink 程式的最上頭是「註解」，程式的註解是對程式碼的解釋和說明，有助於程式設計師或其他人了解程式的功能。Arduino 處理器在對程式碼進行編譯時，會忽略註解的部分。Arduino 語言中的註解有兩種方式：
  - // 單行註解
  - /* 多行註解 */
- **分號 (;)**：Arduino 語言的每一行指令必須以分號做結尾。
- **語法大小寫有別**：Arduino 程式語言大小寫是不同的，例如：變數 abc 與變數 Abc 是不同的兩個變數。
- **程式基本架構**：Blink 程式中，展示了 Arduino 語法中最重要、也最基本的兩個控制結構：setup() 函式及 loop() 函式，說明如下：

```
void setup() {
    // 放置初始化程式，只執行一次
}
```

```
void loop() {
    // 放置Arduino腳本，這部分的程式會一直重複被執行
}
```

❏ **pinMode()**：程式中有一行指令：

```
pinMode(LED_BUILTIN, OUTPUT);
```

此指令用來將 Arduino 的腳位 LED_BUILTIN（腳位 D13），設定爲輸出模式。

❏ **LED 閃爍**：Blink 程式的 loop() 函式中，有下列指令：

```
digitalWrite(LED_BUILTIN, HIGH);
delay(1000);
digitalWrite(LED_BUILTIN, LOW);
delay(1000);
```

說明

➥ digitalWrite(LED_BUILTIN, HIGH)：用來點亮 LED。

➥ delay(1000)：表示程式暫停 1000 毫秒，即 1 秒。

➥ digitalWrite(LED_BUILTIN, LOW)：用來關閉 LED。

由於 loop() 函式重複地執行，所以我們最後可以看到 Arduino 腳位 13 的 LED 會亮 1 秒、滅 1 秒，一直地閃爍。

上傳範例程式

了解 Blink 範例程式後，接著我們練習將 Blink 程式上傳至 Arduino UNO R4 WiFi 板，步驟如下：

STEP 01 將 Arduino UNO R4 WiFi 板與電腦透過 USB 線連接，可看到 Arduino 板子上 on 指示燈亮起。

STEP 02 查看 Arduino UNO R4 WiFi 板，在 Windows 作業系統中模擬出的序列埠編號，以本章為例，為 COM12。

STEP 03 點選「工具」，選擇 Arduino 開發板為「Arduino UNO R4 WiFi」及其連接的序列埠為「COM12」，如圖 4-6 所示。

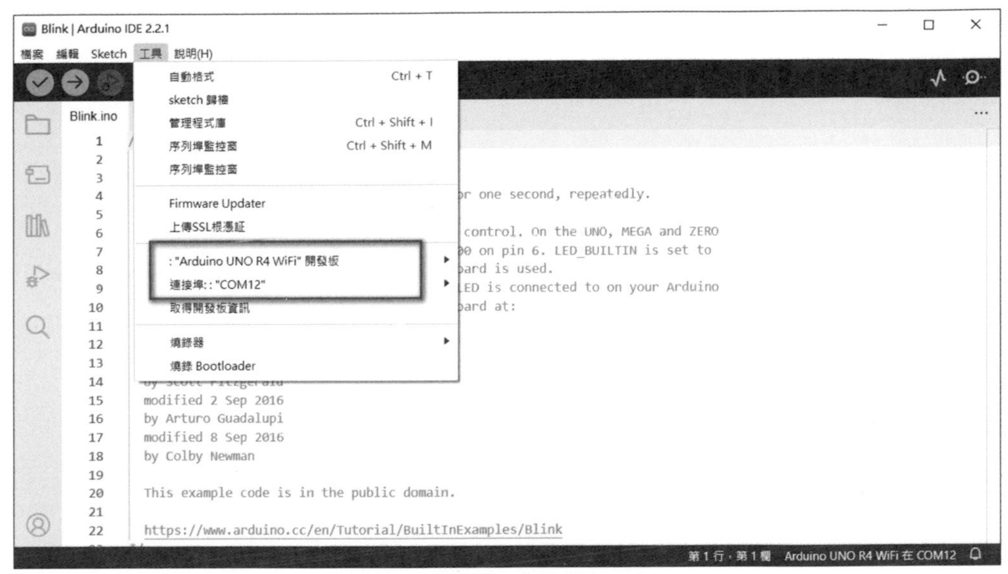

圖 4-6　設定開發板及序列埠

STEP 04 點選工具列的「上傳」按鈕，開始將 IDE 中的程式進行編譯，並燒錄至 Arduino 開發板中。燒錄時，Arduino 的 RX、TX 燈會閃爍。

STEP 05 檢查是否燒錄成功，成功後可以看到板子上的 LED 閃爍。

了解 Arduino 燒錄程式的步驟後，在以下的小節中，我們會以五個實習來介紹 Arduino 的「基本數位輸入 / 輸出」以及「類比輸入 / 輸出」功能。

4.5　實習①：控制 LED 閃爍速度

實習目的

- ❑ 了解 Arduino 的數位輸出功能。
- ❑ 練習以 for 迴圈指令控制 Arduino 板子上 LED 燈的閃爍速度。

實習材料

- ❑ Ardunio UNO R4 WiFi 板 ×1。

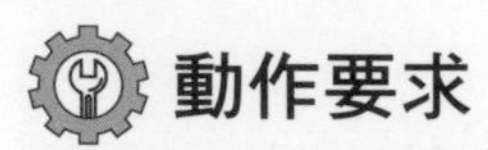

動作要求

- ❑ Arduino UNO R4 WiFi 板上的 LED，預設會接至接腳 13。
- ❑ 設定接腳 13 為輸出模式。
- ❑ 控制 LED 閃爍，閃爍速度由快漸慢，再由慢漸快。

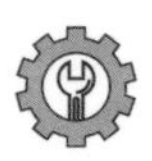

Arduino 程式

```
const  int  LED=13;

void  setup() {
  pinMode(LED, OUTPUT);
}

void  loop() {
  for (int i=0; i<=20; i+=2){
    digitalWrite(LED, HIGH);  // LED亮
    delay(i*10);              // 延遲由0秒至2秒
    digitalWrite(LED, LOW);   // LED暗
    delay(i*10);              // 延遲由0秒至2秒
  }

  for (int i=20; i>=0; i-=2){
    digitalWrite(LED, HIGH);  // LED亮
    delay(i*10);              // 延遲由2秒至0秒
    digitalWrite(LED, LOW);   // LED暗
    delay(i*10);              // 延遲由2秒至0秒
  }
}
```

執行結果

- ❑ 將程式燒錄至 Arduino 開發板。
- ❑ 程式執行時，Arduino 內建 LED 會閃爍，閃爍速度由快漸慢，再由慢漸快。

4.6 實習②：按鈕開關控制 LED 亮滅

實習目的

- ❑ 了解 Arduino 的數位輸入功能。
- ❑ 練習撰寫 if-else 敘述，以按鈕開關來控制 LED 的亮暗。

實習材料

- ❑ Arduino UNO R4 WiFi 板 ×1。
- ❑ 電阻 10KΩ ×1。
- ❑ 按鈕開關 ×1。

按鍵接法

一般來說，使用按鍵來控制 Arduino 的輸入腳位有兩種方式，一種是正向邏輯，另一種爲反向邏輯。

正向邏輯電路接法，如圖 4-7 所示。當按鍵按下，電路導通，Arduino 輸入腳位可以偵測到 HIGH；反之，Arduino 輸入腳位爲 LOW。

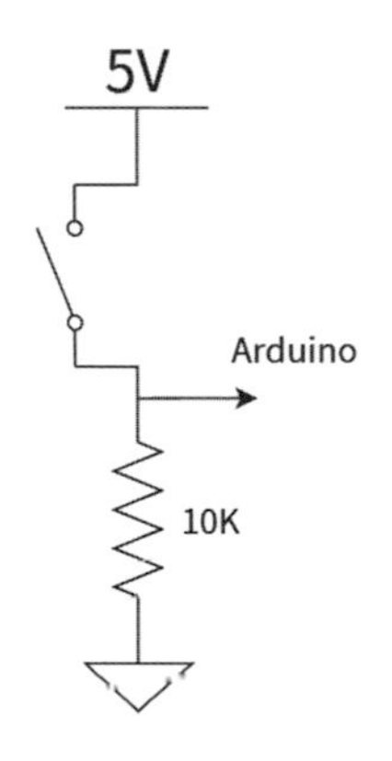

圖 4-7　正向邏輯

反向邏輯電路接法，如圖 4-8 所示。當按鍵按下時，電路導通，Arduino 輸入腳位可以偵測到 LOW；反之，Arduino 輸入腳位偵測到 HIGH。

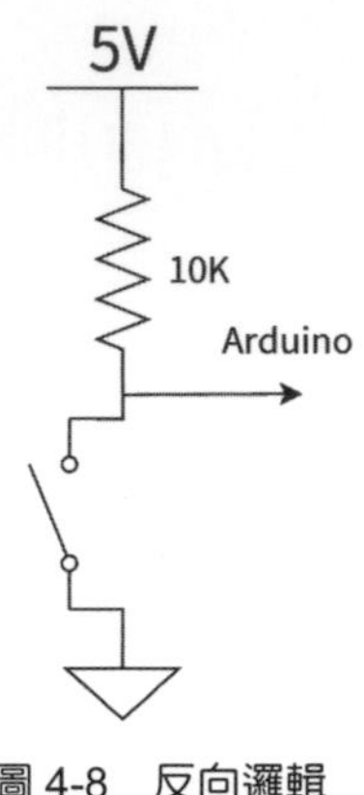

圖 4-8　反向邏輯

機械彈跳

機械式開關在切換的過程中，電子訊號並非立即從 LOW 變爲 HIGH（或是從 HIGH 變爲 LOW），而會經過短暫的忽高忽低的變化，此現象我們稱之爲「彈跳現象」。一般機械彈跳的時間約在 10ms~20ms 之間，雖然彈跳的時間非常短暫，但 Arduino 微處理機仍會讀到連續變化的開關訊號，導致程式誤動作。

爲了避免這種狀況，我們需要在程式中加入所謂的「清除彈跳」（de-bouncing）處理機制。最簡單的作法就是在發現輸入訊號變化時，先暫停 20~50 毫秒的時間，再重讀一次輸入訊號，以便確定輸入值。

在本實習中，我們會撰寫一個副函式 deboune 來處理機械彈跳的問題，函式內容如下：

```
boolean  debounce(boolean last) {
    // 清除機械彈跳
    boolean  current = digitalRead(Button);  // 讀取目前輸入訊號
    if  (last != current) {                  // 若輸入訊號產生變化
        delay(50);                           // 延遲 50 毫秒
        current = digitalRead(Button);       // 再讀取一次輸入訊號
    }
    return current;
}
```

動作要求

- ❑ 按鈕開關採正向邏輯，接至 Arduino 接腳 7。
- ❑ LED 可以使用 Arduino 內建 LED，也可以自行在接腳 13 接一顆 LED。
- ❑ 設定 Arduino 第 13 腳為輸出模式，接腳 7 為輸入模式。
- ❑ 按一下按鈕，LED 亮，再按一下，LED 暗，重複此步驟。
- ❑ 程式需具清除彈跳功能。

麵包板接線圖

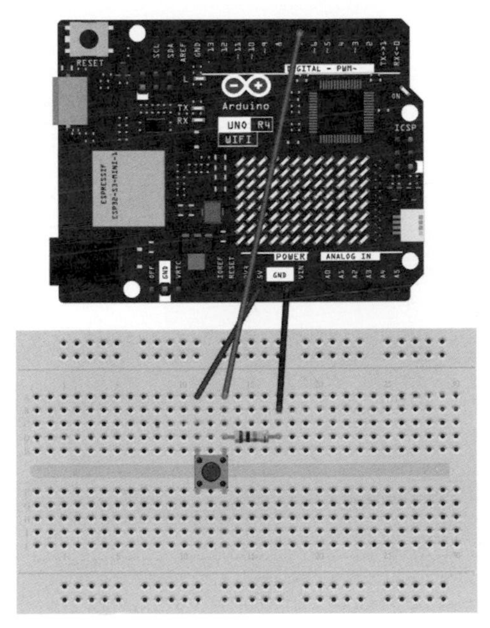

圖 4-9　實習②：麵包板接線圖

Arduino 程式

```
const  int  LED=13;
const  int  Button=7;
boolean  lastButton=LOW;       // 前一次按鈕狀態
boolean  currentButton=LOW;    // 目前按鈕狀態
boolean  ledOn=false;          // LED 狀態

boolean  debounce(boolean last) {
```

```
    // 清除機械彈跳
    boolean  current = digitalRead(Button); // 讀取目前輸入訊號
    if  (last != current) {                 // 若輸入訊號產生變化
        delay(50);                          // 延遲 50 毫秒
        current = digitalRead(Button);      // 再讀取一次輸入訊號
    }
    return current;
}

void  setup() {
    pinMode(LED, OUTPUT);
    pinMode(Button, INPUT);
}

void  loop() {
    currentButton = debounce(lastButton);
    // 開關按下時，輸入訊號會由 LOW 變為 HIGH
    if (lastButton == LOW && currentButton == HIGH)
        ledOn = !ledOn;                     // LED 狀態反相
    lastButton = currentButton;             // 確保放開按鈕開關
    digitalWrite(LED, ledOn);
}
```

執行結果

- 將程式燒錄至 Arduino 開發板。
- 程式執行後，按一下按鈕，LED 亮，再按一下，LED 暗，重複此步驟。

4.7 實習③：PWM 控制 LED 亮度變化

實習目的

- 了解 Arduino 的類比輸出功能。
- 練習以 PWM 技術控制 Arduino LED 燈的亮度變化。

實習材料

- ❑ Arduino UNO R4 WiFi 板 ×1。
- ❑ LED×1。
- ❑ 電阻 330Ω ×1。

PWM 簡介

PWM 是一種利用調整工作週期（duty cycle）時間，來改變一個週期內訊號高電位時間所占時間比率，以調節輸出訊號的一種技術。用在電壓上，就可用來調節電壓的輸出，當脈波（Pulse）越寬，輸出的電壓越高；反之，輸出的電壓越低，如圖 4-10 所示。

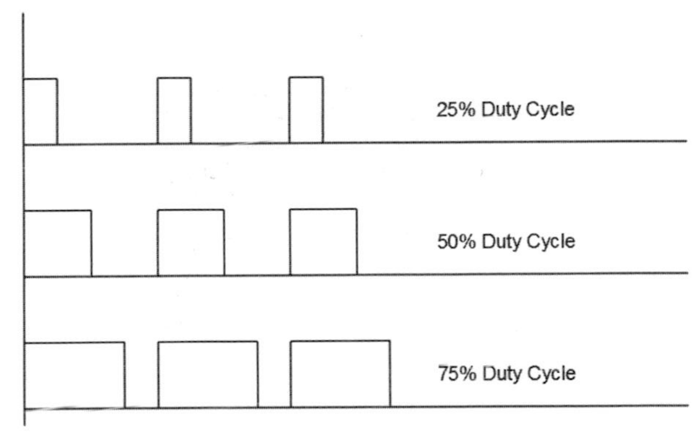

圖 4-10　PWM 訊號

PWM 技術可用來模擬類比電壓高低變化的效果。PWM 的電壓輸出計算方式如下：

類比輸出電壓 = 脈波寬度 × 高電位值

舉例來說，若高電位值爲 5V，脈波寬度爲 0.66，則輸出電壓爲：

類比輸出電壓 = 0.66×5V = 3.3V

analogWrite()

Arduino 的 analogWrite 函式可以讓 Arduino 的腳位輸出 PWM 訊號。以 Arduino UNO R4 WiFi 板而言，可輸出 PWM 的腳位爲 3、5、6、9、10 及 11 腳。analogWrite 函式的格式如下：

```
analogWrite(pin, value)
```

說明

➡ pin：PWM 訊號輸出腳。

➡ value：設定 PWM 訊號的脈波寬度，其值爲 0~255，代表輸出 0~5V 的模擬類比電壓值。

動作要求

❑ LED 接至 Arduino 接腳 9。

❑ 產生 PWM 訊號，讓 LED 亮度由最暗變化至最亮，再由最亮變化至最暗。

麵包板接線圖

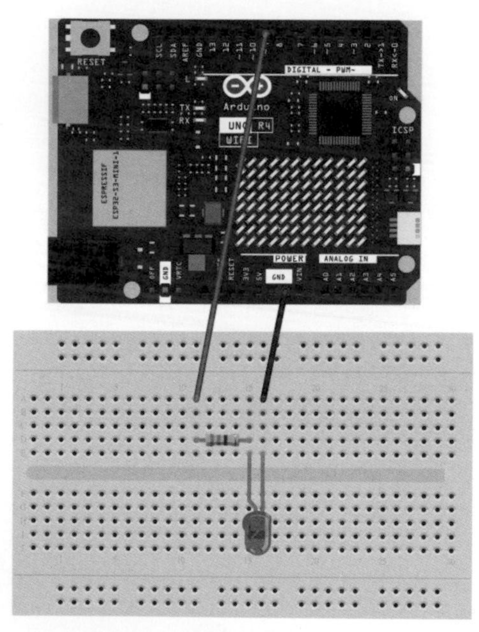

圖 4-11　實習③：麵包板接線圖

Arduino 程式

```
const  int  LED=9;

void  setup() {
```

```
    pinMode(LED, OUTPUT);
}

void  loop() {
    for (int i = 0; i < 256; i++) {
        analogWrite(LED, i);  // LED由暗變亮
        delay(20);
    }
    for (int i = 255; i >= 0; i--) {
        analogWrite(LED, i);  // LED由亮變暗
        delay(20);
    }
}
```

執行結果

- ❑ 將程式燒錄至 Arduino 開發板。
- ❑ 程式執行後，LED 亮度由最暗變化至最亮，再由最亮變化至最暗。

4.8 實習④：人眼感受 LED 亮度非線性校正

實習目的

- ❑ 了解 Arduino 的類比輸出功能。
- ❑ 練習以人眼感受 LED 亮度非線性校正技術，建立 PWM 控制陣列，進行 Arduino LED 燈的亮度變化。

實習材料

- ❑ Arduino UNO R4 WiFi 板 ×1。
- ❑ LED×1。
- ❑ 電阻 330Ω ×1。

 人眼感受 LED 亮度非線性校正技術

LED 實際亮度與 PWM 成正比，但人眼感受 LED 亮度卻是非線性的。弱光時，光亮度增加一倍，人眼感覺到的亮度多於一倍，但強光時，光亮度增加一倍，人眼感受到的亮度只有大約一半的亮度。在實習③中，由於我們以線性方式變更 PWM 的脈波寬度，所以執行結果會發現 LED 暗的時間很短，亮的時間很長，無法感受到 LED 亮度的變化。

若以 F 表示人眼對亮度的感受，a 表示光通量，其值與 PWM 的脈波寬度成正比。則 F 與 a 的關係如下：

$$F = a^b$$

其中，b=2.2~2.5。若以 32 段 PWM 來進行 LED 非線性調光，則 PWM 值的計算如下：

$$\text{PWM} = (\frac{c}{32})^b \times 255$$

其中，c = 0, 1, 2, ..., 31。依據上式，我們可以計算出 32 段的 PWM 值如下：

```
[0, 1, 2, 3, 4, 5, 7, 10, 13, 15, 19, 24, 26, 32, 38, 45, 52, 57, 66, 75, 85,
96, 108, 121, 134, 149, 164, 181, 198, 216, 235, 255]
```

動作要求

- ❑ LED 接至 Arduino 接腳 9。
- ❑ 以人眼感受 LED 亮度非線性校正技術，產生 PWM 陣列信號，讓 LED 亮度由最暗變化至最亮，再由最亮變化至最暗。

麵包板接線圖

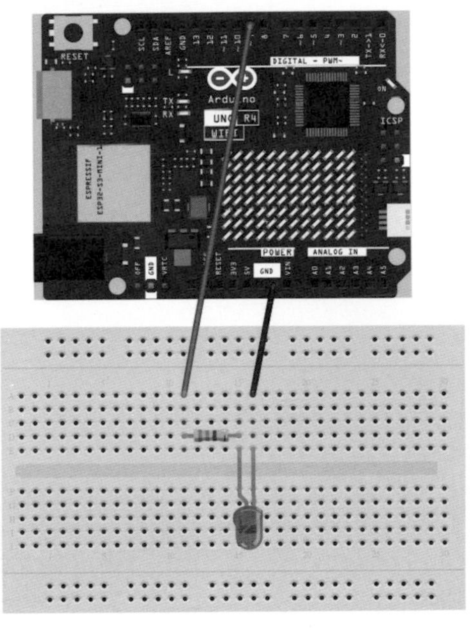

圖 4-12　實習④：麵包板接線圖

Arduino 程式

```
const  int  LED=9;

uint8_t led_pwm[] = {
  0, 1, 2, 3, 4, 5,
  7, 10, 13, 15, 19, 24,
  26, 32, 38, 45, 52,
  57, 66, 75, 85, 96,
  108, 121, 134, 149, 164,
  181, 198, 216, 235, 255
};

void  setup() {
    pinMode(LED, OUTPUT);
}

void  loop() {
    for (int i = 0; i < 32; i++) {
```

```
        analogWrite(LED, led_pwm[i]);   // LED由暗變亮
        delay(100);
    }

    for (int i = 31; i >= 0; i--) {
        analogWrite(LED, led_pwm[i]);   // LED由亮變暗
        delay(100);
    }
}
```

執行結果

- ❑ 將程式燒錄至 Arduino 開發板。
- ❑ 程式執行後，我們可以明顯感受到 LED 亮度由最暗變化至最亮，再由最亮變化至最暗。

4.9 實習⑤：小夜燈

實習目的

- ❑ 了解 Arduino 的類比輸入功能。
- ❑ 練習讀取光敏電阻的輸出電壓，並將其轉換為數位值輸入至 Arduino 進行處理。

實習材料

- ❑ Arduino UNO R4 WiFi 板 ×1。
- ❑ 光敏電阻 ×1。
- ❑ 10KΩ 電阻 ×1。

光敏電阻

光敏電阻是一種特殊的電阻，它的電阻值會隨入射光的強弱有關，光強度越強，電阻值越小。光敏電阻的外觀圖，如圖 4-13 所示。

圖 4-13　光敏電阻外觀圖

在本實習中，光敏電阻的接線圖，如圖 4-14 所示。

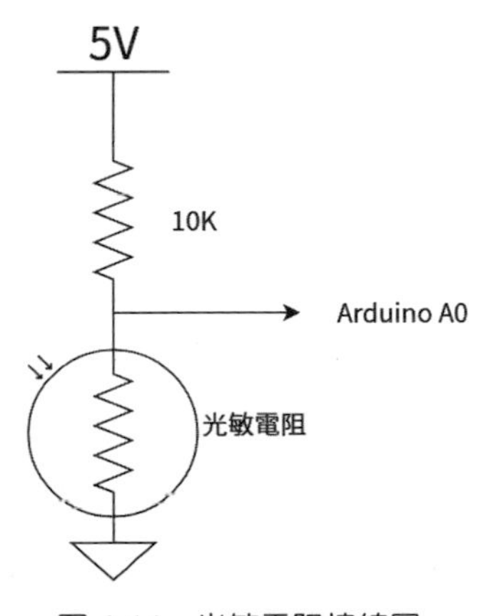

圖 4-14　光敏電阻接線圖

由圖 4-14 可知，當周圍環境的亮度較暗時，Arduino 的電壓輸入值會較大，而若亮度較亮，則電壓輸入值會較小。

ADC 轉換

光敏電阻產生的電壓值為類比訊號，須經 ADC 轉換為數位訊號，才能讓 Arduino 進行處理。

在 Arduino UNO R4 WiFi 板上，有 6 個類比輸入接腳 A0~A5，可用來作為類比 / 數位轉換用。標準的 Arduino 是內建 10 位元的 ADC 轉換器，可以將輸入電壓 0~5V，轉換成 0~1023 數位值，解析度約為 4.9mV；但 Arduino UNO R4 WiFi 板是 14 位元的 ADC 轉換器，可以將輸入電壓 0~5V，轉換成 0~16383 數位值，解析度約為 0.3mV，所以在進行 ADC 轉換時，須在 setup() 中使用 analogReadResolution() 指令，進行解析度的變更：

```
void setup(){
  analogReadResolution(14);          //change to 14-bit resolution
}
```

接著，在 loop() 中使用 analogRead() 函式，取得類比腳位的值，將其轉換爲數位值：

```
void loop(){
  int reading = analogRead(pin);     // returns a value between 0-16383
}
```

說明

➥ pin：類比輸入接腳，Arduino UNO R4 WiFi 板爲接腳 A0~A5。

動作要求

❑ Arduino UNO R4 WiFi 板上的 LED 預設會接至接腳 13。

❑ 光敏電阻分壓輸出接到 Arduino 接腳 A0。

❑ 若 Arduino 接腳 A0 的類比輸入值大於 10000，LED 亮，否則 LED 滅。

麵包板接線圖

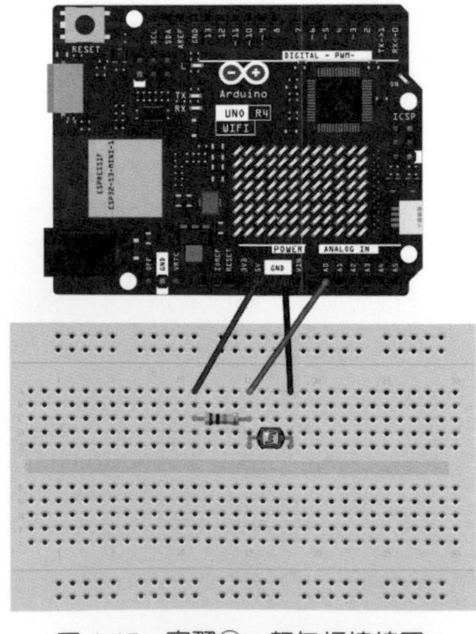

圖 4-15　實習⑤：麵包板接線圖

Arduino 程式

```
const  byte  LDR1= A0;                    // 光敏電阻分壓輸入腳
const  byte  led = 13;                    // LED 燈輸出腳
int  readLDR1=0;                          // 光敏電阻電壓值

void  setup() {
  analogReadResolution(14);               // 變更解析度為 14 位元
  pinMode(led,OUTPUT);
}

void  loop() {
  readLDR1=analogRead(LDR1);              // 讀取光敏電阻類比電壓輸入

  if (readLDR1 >= 10000) {
    // 若類比輸入值大於 10000，LED 亮
    digitalWrite(led, HIGH);
  } else {
    // 否則 LED 暗
    digitalWrite(led, LOW);
  }
  delay(1000);
}
```

執行結果

- ❑ 將程式燒錄至 Arduino 開發板。
- ❑ 程式執行後，用手指遮住光敏電阻，LED 亮；用光照射光敏電阻，LED 滅。

RS-232 與 RS-485

5.1 本章提要

「序列通訊」是讓資料以序列方式，在一條通道一位元（bit）接一位元地傳輸。由於只需要一條通訊線路，即可讓兩個通訊設備彼此傳輸資料，所以方法簡單，易於實現且成本較低。

「序列通訊」幾乎是所有儀表、控制設備都配備的通訊。在工業物聯網中，了解序列通訊是一件很重要的事。在本章中，我們將探討智慧工廠中常用的序列技術：RS-232 及 RS-485，並透過兩個 Arduino 實習來了解序列通訊的實際應用。

5.2 通訊原理

「通訊」是指透過管道傳遞及交換訊息。我們常會用通訊網路交換資訊，而資訊在通訊網路中以訊號傳遞。訊號分為兩種：

- ❑ **類比訊號**：一種連續性的訊號，以連續性的波形變化表示資料內容。
- ❑ **數位訊號**：電腦中所使用的訊號為數位訊號，以 1 及 0 表示。

單工、半雙工、全雙工傳輸

資料傳輸時，會因設備與傳輸環境而有不同的傳輸方式。若依通道的特性來分類的話，可分為三種：

- ❑ **單工傳輸**：訊號的傳輸是單向的，只能從一端傳送到另外一端。電台廣播、收音機接收即屬於這種傳輸。
- ❑ **半雙工傳輸**：訊號可進行雙向傳輸，但同一時間只能單向傳送或是單向接收，不能兩端同時進行傳輸。無線電對講機即屬於這種傳輸。
- ❑ **全雙工傳輸**：訊號的傳輸是雙向的，兩端可同時進行傳送和接收。電話、即時通訊聊天軟體即屬於這種傳輸。

並列與串列傳輸

另一方面，若依一次傳送資料位元數分類的話，可分為兩種：

- ❑ **並列傳輸**：一次傳送多個位元，較適合短距離的傳輸。
- ❑ **序列傳輸**：將要傳輸的資料排列成串，一個位元接著一個位元逐一傳送。目前在電腦上使用序列傳輸的地方很多，如 SATA、RS232C、USB、紅外線等。

5.3 RS-232C

RS-232C 是電腦中最常用的介面之一。RS-232 的英文是「Recommend Standard number 232」，中文意思是「編號 232 的推薦標準」，C 表示最新的版本。

RS-232C 接頭

目前常用的 RS-232C 的接頭是 DB-9 型連接器，如圖 5-1 所示。

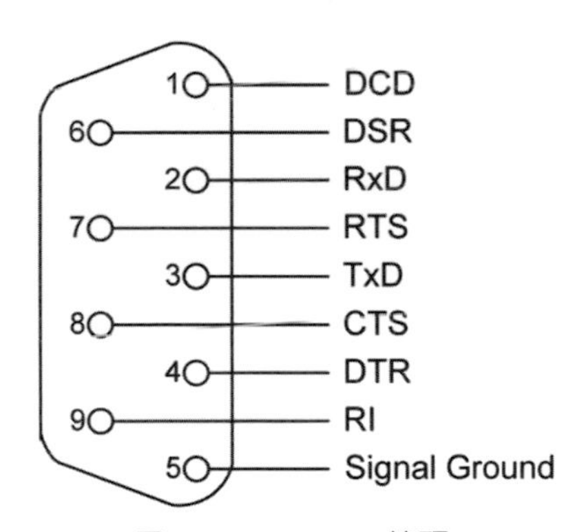

圖 5-1　RS-232C 接頭

接腳說明如下：

接腳編號	名稱	說明
1	DCD	資料載波檢測。
2	RxD	接收資料。
3	TxD	傳送資料。

接腳編號	名稱	說明
4	DTR	資料終端準備。
5	Signal Ground	公共接地。
6	DSR	資料準備好。
7	RTS	請求傳送。
8	CTS	清除傳送。
9	RI	振鈴指示。

在許多情況下，我們真正需要的只是 RxD（接收）、TxD（傳送）以及地線，其他訊號線只有在要進行資料流控制時才需要。

RS-232C 邏輯電位

RS-232C 主要用於裝置之間的傳輸，使用的電壓準位採用「負邏輯」。

- **邏輯 1**：傳送端 -5V~-15V，接收端 -3V~-15V。
- **邏輯 0**：傳送端 +5V~+15V，接收端 +3V~+15V。

傳輸速度及距離

RS-232C 可進行全雙工的傳輸，其電纜線最長可達 15 公尺。在電纜線 12 公尺的情況下，傳輸速度約為 20kb/s。

5.4 RS-232C 資料傳輸

RS-232C 的資料傳輸格式，如圖 5-2 所示。

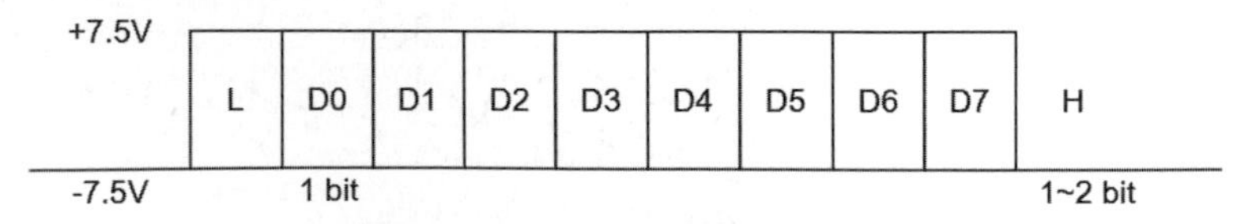

圖 5-2　RS-232C 資料傳輸格式

序列通訊中，雙方為了進行通訊，需要遵守一定的通訊規則。一般來說，在通訊介面上需要初始化下列五個參數：

通訊介面參數

資料傳輸速率

傳輸速率以鮑率（Baud Rate）來表示，意義是每秒能傳輸的位元數。

資料位元數

確定好傳輸速率，接著是要規定傳送的資料位元數，一般是傳 8 或 7bits，以 8bits 最常用。

資料傳送單位

一般序列通訊埠所傳送的資料是字元型態，採用 ASCII 碼，以 8 位元形成一個字元。也可採用二進位位元組（8 個位元）的資料類型作為傳送單位。

起始位元及停止位元

由於序列傳輸中沒有使用同步時鐘作為標準，所以接收端不知道傳送端何時會傳送資料。為了解決這個問題，我們的作法如下：

- 在傳送端要開始傳送資料時，將傳輸線路的電壓由低電位提升至高電位（邏輯 0）。
- 當傳送結束後，再將高電位降至低電位（邏輯 1）。

如此，接收端會因起始位元的觸發而開始接收資料，並會因停止位元的通知，而確認資料傳送已結束。起始位元固定為 1 個位元，而停止位元則有 1、1.5 及 2 個位元等多種選擇。

同位元檢查

「同位位元」（parity bit）是一種自我檢查碼，用來檢查所傳送資料正確性的一種核對碼。它的作法是加進一個位元到每筆資料中，使得每筆資料中位元 1 的數目均保持一種特定的關係。如果將這個數目保持為偶數，稱為「偶同位」（even parity）；如果保持為奇數，則稱為「奇同位」（odd parity）。

傳輸格式

將傳送字元依上述的說明組合起來之後，就形成了傳輸資料的格式：

起始位元 + 傳送字元 + 同位位元 + 停止位元

若起始位元及停止位元為 1 個位元，傳送字元為 8 個位元，不採用同位元檢查，則傳輸格式可記為「8-N-1」。

範例❶ **傳輸格式為 8-N-1，9600 鮑率傳送資料時，每秒最多可送多少個 Byte？**

解答 由於傳送一筆資料需要 10 個位元，所以每秒最多可以傳送 960 Bytes。

範例❷ **傳輸格式為 7-E-1，9600 鮑率傳送資料時，每秒最多可送多少個 Byte？**

解答 「7-E-1」表示起始位元及停止位元爲 1 個位元，傳送字元爲 7 個位元，採用偶同位元檢查，傳送一筆資料需要 10 個位元，所以每秒最多可以傳送 960 Bytes。

5.5 RS-232C 與 UART 序列埠

「UART」（Universal Asynchronous Receiver / Transmitter）是單晶片傳送及接收資料的管道，同樣有 RxD 及 TxD 的腳位，但腳位電壓最高就是單晶片自身的邏輯電壓，通常是 5V 或 3.3V。

我們可將 RS-232 視爲 UART 的高電壓版本，單晶片的 UART 接腳不能與 RS-232C 的接腳相接，由於電壓準位的不同，直接相接會損壞 UART 接腳。UART 與 RS-232 的連接，需要透過轉電壓的 IC，如圖 5-3 所示，我們採用了 MAX232 IC 進行電壓的轉換。

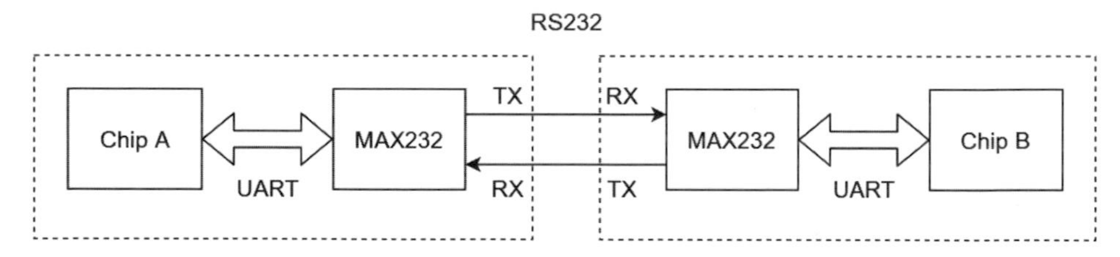

圖 5-3　UART 與 RS-232 的連接

UART 與 RS-232 最大的差別是：

- RS-232 的電壓較高，有 5V~15V，UART 則是較低的 3.3V 或 5V。
- RS-232 爲負邏輯，UART 則爲正邏輯。

在 Arduino 開發板中也有 UART 序列埠，Arduino UNO R4 WiFi 板使用接腳 0 作爲 RX 腳，用來接收序列埠傳來的資料；使用接腳 1 作爲 TX 腳，用來傳送資料至序列埠。當我們在燒錄程式至 Arduino 時，便是以此 UART 序列埠來傳送資料。Arduino 另提供序列埠監控視窗，可以讓我們在 PC 端監控 Arduino 程式的執行。在下個小節中，我們來了解如何使用 Arduino 的序列埠監控視窗。

5.6 實習⑥：序列埠讀取電位計值

實習目的

練習使用 Arduino 開發板讀取電位值，並透過序列埠傳送數值至電腦中顯示。

實習材料

- ❑ Arduino UNO R4 WiFi 板 ×1。
- ❑ 可變電阻 10kΩ ×1。

序列埠監控視窗

在 Arduino 開發環境中內建序列埠監控視窗，可用來顯示 Arduino 序列埠所傳輸的文字、數字資料內容。我們可以點選「工具→序列埠監控視窗」來開啓 Arduino 開發環境內建的序列埠監控視窗，如圖 5-4 所示，其中序列埠監控視窗中的鮑率要調成和程式碼中設定的鮑率相同，才能正確顯示程式中傳送過來的序列資料。

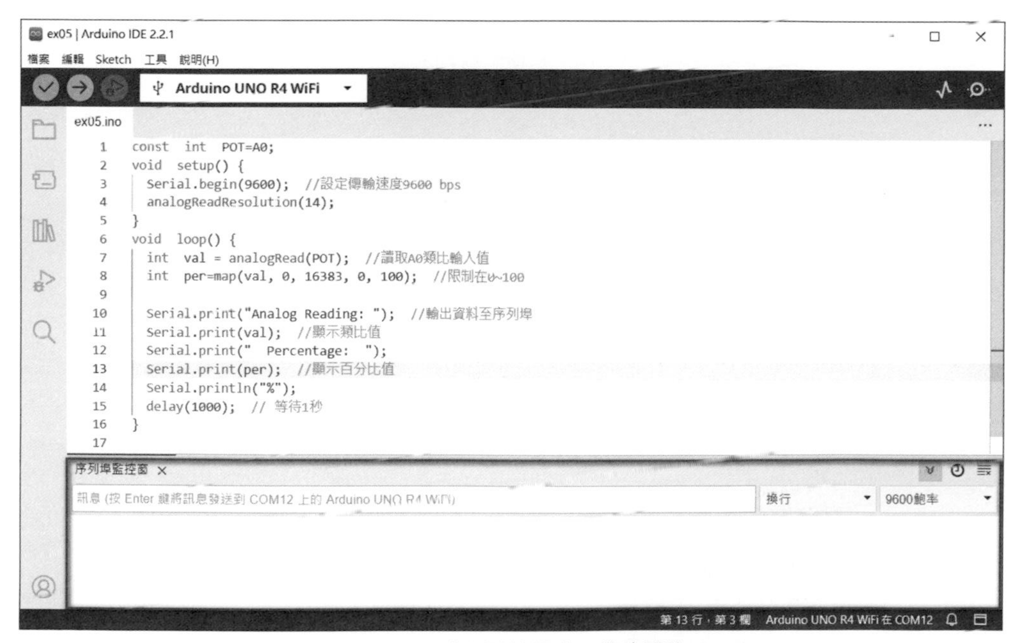

圖 5-4　Arduino 序列監控視窗，鮑率設為 9600

動作要求

- 電位計的電壓輸出，接至 Arduino 的 A0 接腳。
- 撰寫程式，讀取電位計的值，透過序列埠傳送至電腦中。
- 開啓序列埠監控視窗，顯示所傳送的內容。

麵包板接線圖

本實習的麵包板接線圖，如圖 5-5 所示。

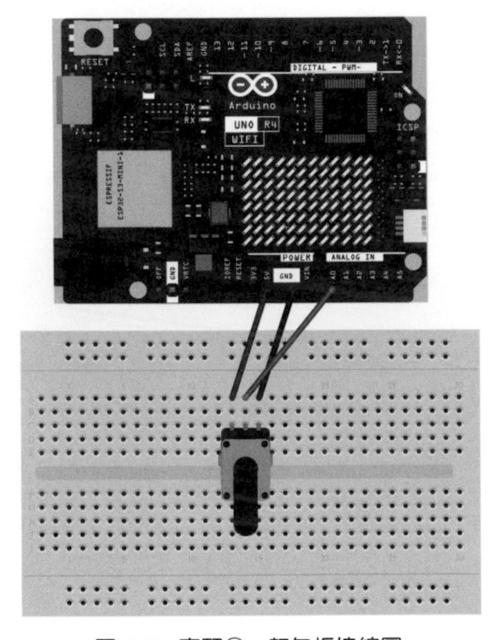

圖 5-5　實習⑥：麵包板接線圖

Arduino 程式

```
const  int  POT=A0;

void  setup() {
    Serial.begin(9600);                       // 設定傳輸速度 9600 bps
    analogReadResolution(14);
}
void  loop() {
    int  val = analogRead(POT);               // 讀取 A0 類比輸入值
```

```
    int  per=map(val, 0, 16383, 0, 100);            // 限制在 0~100
    Serial.print("Analog Reading: ");               // 輸出資料至序列埠
    Serial.print(val);  // 顯示類比值
    Serial.print("  Percentage:  ");
    Serial.print(per);  // 顯示百分比值
    Serial.println("%");
    delay(1000);          // 等待 1 秒
}
```


執行結果

- 將 IDE 中的程式燒錄至 Arduino 開發板中。
- 燒錄成功，開啓序列埠監控視窗，鮑率設成 9600，旋轉可變電阻，可在序列埠監控視窗中，看到類比電壓值以及百分比值，如圖 5-6 所示。

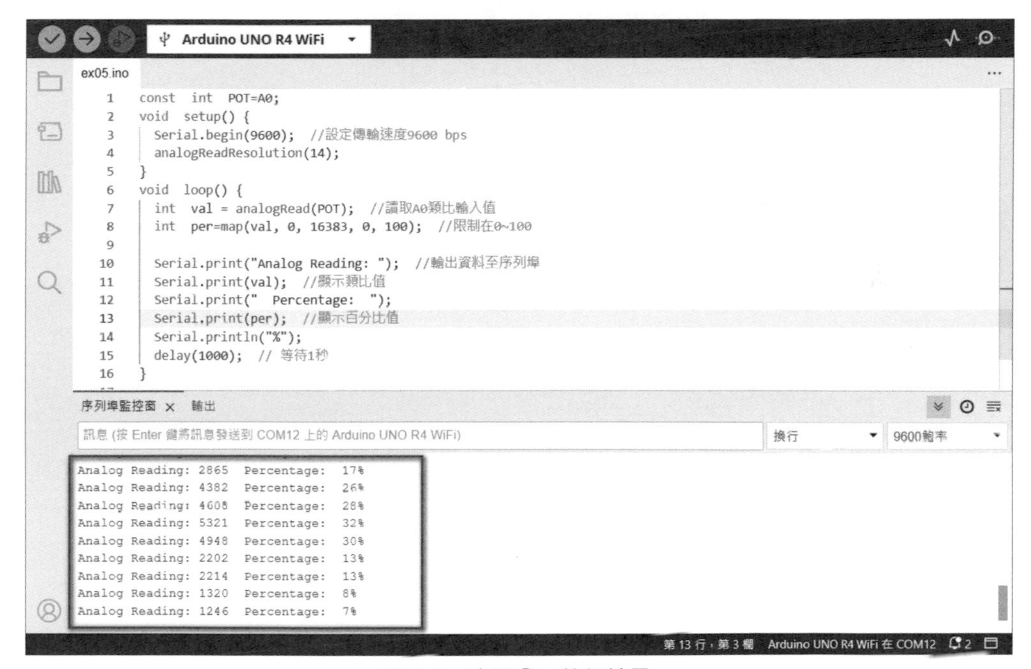

圖 5-6　實習⑥：執行結果

5.7 RS-485

RS-485 通常在儀器控制介面和工業設備中使用，具有很高的抗雜訊能力，在某些情況下，電纜長度可以延長至 1200 公尺。RS-485 也比 RS-232 快很多，在使用 10 公尺電纜線下，傳輸速度約爲 35Mb/s，而在使用 1200 公尺的電纜線下，傳輸速度約爲 100kb/s。

RS-485 的速度及長距離的功能，要歸功於採用差動訊號。所謂差動訊號，是指在差動介面中的兩條訊號線的極性始終相反，如圖 5-7 所示。

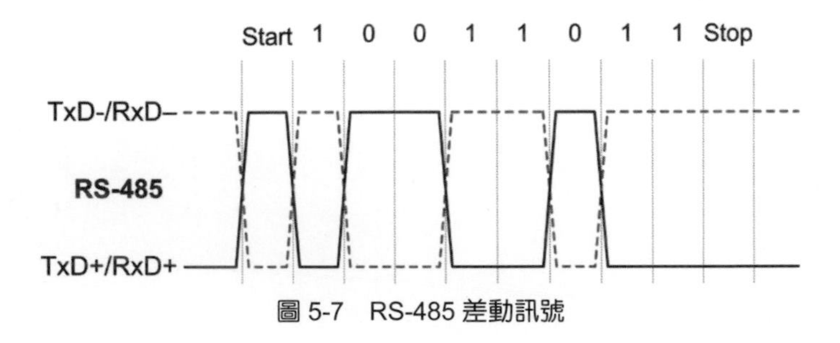

圖 5-7 RS-485 差動訊號

在 RS-485 介面中，每個連接點會使用一對差動發送器和差動接收器，如圖 5-8 所示。RS-485 的通訊總線，必須使用雙絞線，或是網路線中的一組，如果使用普通的電線干擾將非常大，會造成通訊不暢，甚至無法通訊。

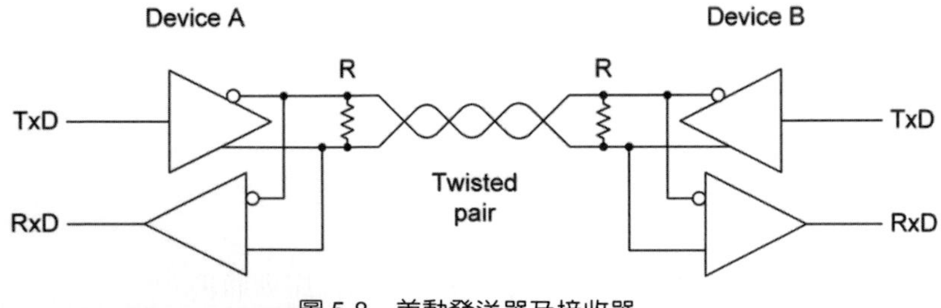

圖 5-8 差動發送器及接收器

RS-485 允許我們進行多點配置，將多個設備連接到序列總線中，進行半雙工的資料傳輸，如圖 5-9 所示，爲 RS-485 以兩線式進行多點配置的示意圖。

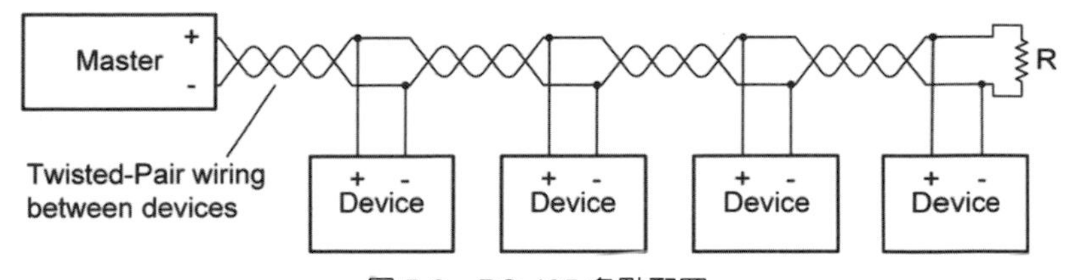

圖 5-9　RS-485 多點配置

在圖 5-9 中，RS-485 的驅動器的發送器需具有 Hi-Z（高阻抗）模式，才能進行 RS-485 兩線模式連接，且須加終端電阻。終端電阻加在最遠一台機器的一端，需搭配導線的阻抗值（必須大於 75ohm），一般而言，若採用 AWG24 導線，需使用 100~150 歐姆的終端電阻。

全雙工的應用

RS-485 也可以透過四線式連接達到全雙工傳輸的功能，但 RS-485 大都用於多點配置，所以在許多應用中並不會使用到全雙工。

了解 RS-485 的通訊原理後，在以下的章節中，我們讓兩個 Arduino 開發板透過 RS-485 來進行通訊。由於 Arduino UNO R4 WiFi 板的序列埠只有一個，所以在實習⑦中，我們改以 Arduino MEGA 2560 開發板的 TX1 及 RX1 來進行實習，而將 TX0 及 RX0 保留給序列埠監控視窗使用，以方便我們觀察 Arduino 通訊的過程。

5.8　實習⑦：Arduino RS-485 序列通訊

實習目的

練習使用兩個 Arduino 控制板，並透過 RS-485 進行序列通訊。

實習材料

- ❑ Arduino UNO R4 WiFi 板 ×2。
- ❑ TTL 轉 RS-485 模組 ×2。
- ❑ LED×1。

❑ 電阻 330Ω×1。

❑ 10KΩ 可變電阻 ×1。

 TTL 轉 RS-485

由於 Arduino 接腳的輸出訊號爲 TTL 訊號，只有 0 及 5V 的輸出電壓，所以需要一個 TTL 轉 RS-485 轉換板，才能將 Arduino 的輸出訊號轉爲 RS-485 的訊號。TTL 轉 RS-485 模組，如圖 5-10 所示，可用於將 Arduino 的 RX、TX 序列埠的 TTL 訊號轉爲 RS-485 傳輸介面。

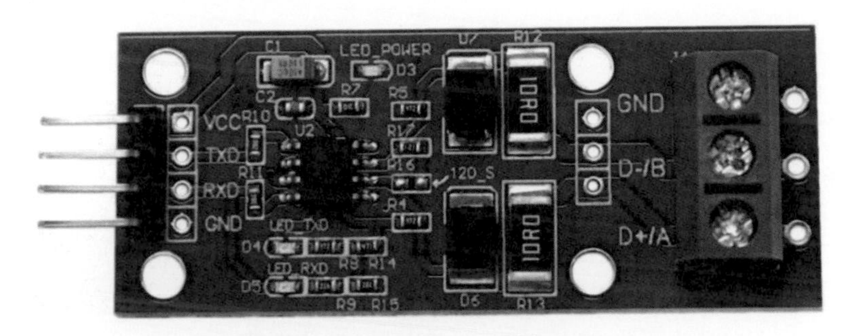

圖 5-10　TTL 轉 RS-485 模組

TTL 轉 RS-485 模組採用 MAX13487E 晶片，MAX13487E 晶片具備自動收發控制的功能，只能進行半雙工的通訊。若要以圖 5-10 的兩個 RS-485 模組進行通訊，接線圖如圖 5-11 所示。

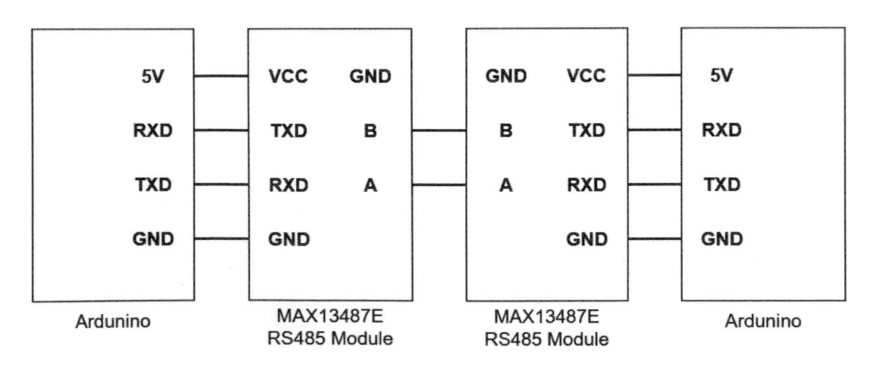

圖 5-11　兩個 RS-485 模組進行通訊

 USB 序列埠和 UART

Arduino UNO R4 WiFi 板具有兩個獨立的硬體序列埠：

- ❑ 一個序列埠是 USB-C，可用於連接我們的電腦。
- ❑ 一個序列埠是 RX/TX 接腳，其中 D0 是 RX（接收）腳，D1 是 TX（發送）腳。

若要使用標準序列資料傳送資料至電腦，程式如下：

```
Serial.begin(9600);
Serial.print("hello world");
```

而若要使用 RX/TX 傳送及接收資料，我們需要在 setup() 函式中設定鮑率。其中，我們要使用 Serial1 物件：

```
Serial1.begin(9600);
```

此時，若我們要讀取傳進來的資料，則可以在 loop() 函式中撰寫程式，將讀進來的字元加入字串中：

```
while(Serial1.available()){
    delay(2);
    char c = Serial1.read();
    incoming += c;
}
```

而若要傳送資料，程式如下：

```
Serial1.write("Hello world!");
```

 動作要求

- ❑ 兩個 Arduino 開發板各接一個 TTL 轉 RS-485 轉換板。
- ❑ 第一個 Arduino 開發板稱為「Arduino #A」，動作流程如下：
  - ◆ 讀取 A0 的電壓值。
  - ◆ 將電壓值顯示在監控序列埠。
  - ◆ 將電壓值由 Serial1，以 RS485 傳送資料。
  - ◆ delay 1 秒。

❑ 第二個 Arduino 開發板稱為「Arduino #B」，動作流程如下：

◆ 接收 Serial1 傳入的電壓值，將其轉為整數。

◆ 將電壓值限制在 0~31。

◆ 取得 PWM 值。

◆ 進行 LED PWM 調光。

◆ delay 0.1 秒。

接線圖

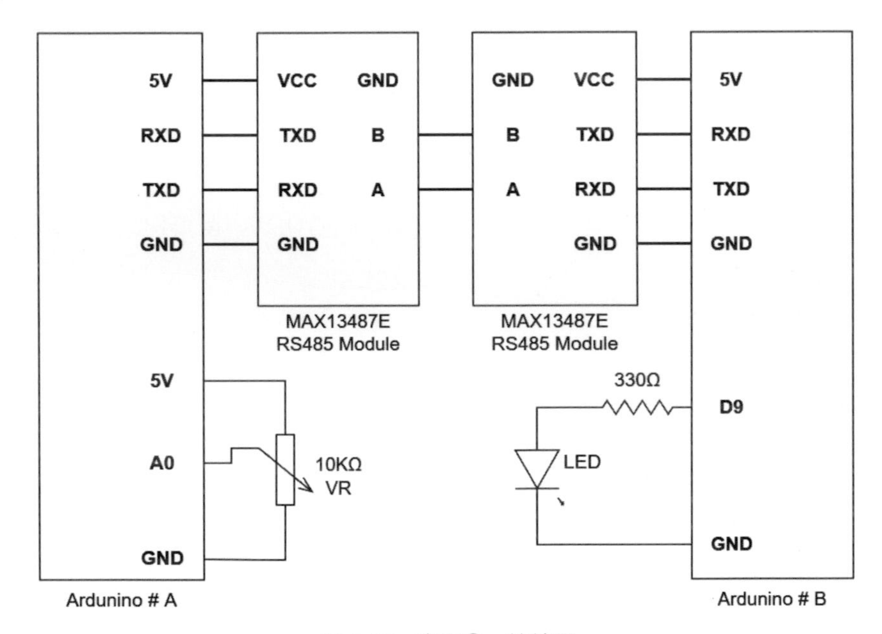

圖 5-12　實習⑦：接線圖

Arduino #A 程式

```
const  int  POT=A0;
void  setup() {
    Serial.begin(9600);             // 序列埠監控傳輸速度 9600 bps
    Serial1.begin(9600);            // RS485
    analogReadResolution(14);
}
void  loop() {
    int  val = analogRead(POT);     // 讀取 A0 類比輸入值
```

```
    Serial.print("Voltage: ");
    Serial.println(val);
    Serial1.println(val);
    delay(1000);                       // 等待1秒
}
```


Arduino #B 程式

```
const  int  LED=9;
uint8_t led_pwm[] = {
  0, 1, 2, 3, 4, 5,
  7, 10, 13, 15, 19, 24,
  26, 32, 38, 45, 52,
  57, 66, 75, 85, 96,
  108, 121, 134, 149, 164,
  181, 198, 216, 235, 255
};

void  setup() {
    Serial.begin(9600);
    Serial1.begin(9600);  // RS485
    pinMode(LED, OUTPUT);
}

void  loop() {
    while(Serial1.available()) {
        int  val = Serial1.parseInt();              // Read RS485
        int  index=map(val, 0, 16383, 0, 31);      // 限制在0~31
        Serial.print("Analog Reading: ");          // 輸出資料至序列埠
        Serial.println(led_pwm[index]);            // 顯示PWM值
        analogWrite(LED, led_pwm[index]);          // LED PWM調光
        delay(100);                                // 等待0.1秒
    }
}
```

執行結果

- Arduino #A 執行後，會在監控序列埠顯示讀取到的電壓值，並將電壓值透過 RS485 傳送至 Arduino #B。

```
Voltage: 16383
Voltage: 13796
Voltage: 11710
Voltage: 10293
Voltage: 10045
Voltage: 6839
Voltage: 1828
Voltage: 472
```

- Arduino #B 執行後，會先收到 Arduino #A 傳送進來的電壓值，並將其轉爲 PWM 值，顯示在監控序列埠中，再進行 LED PWM 調光。

```
Analog Reading: 255
Analog Reading: 164
Analog Reading: 108
Analog Reading: 75
Analog Reading: 75
Analog Reading: 26
Analog Reading: 3
Analog Reading: 0
```

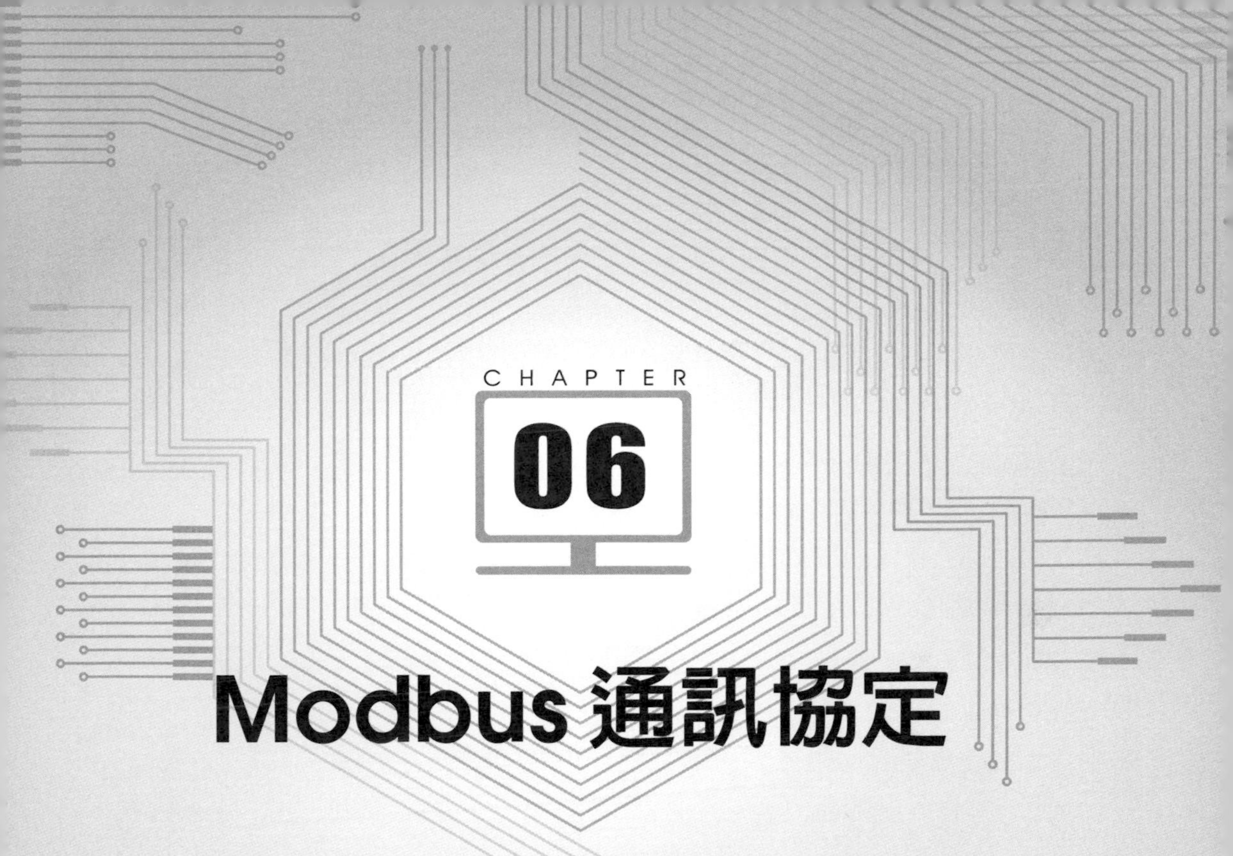

Modbus 通訊協定

6.1 本章提要

Modbus 是由 MODICON 公司在 1979 年發展出來的一套通訊協定，它具有標準化、採開放式架構的特性，是一種廣泛被工業自動化所使用的通訊協定。透過 Modbus，SCADA 和 HMI 軟體可以很容易地將許多序列設備整合在一起。

Modbus/TCP 是 Modbus 的一種變形，它在 1999 年被發展出來，讓 SCADA/HMI 也可以透過 Modbus/TCP 存取網路上的設備。

大部分的 SCADA（Supervisor Control And Data Acquisition）軟體和 HMI 都支援 Modbus 通訊協定。使用 Modbus 和 Modbus/TCP 具有下列的好處：

❑ 完全開放，不需授權費。

❑ 容易使用。

❑ 不同的設備容易整合在一起。

❑ 發展系統的時程縮短，成本降低。

❑ 豐富的資源。

在本章中，我們將探討 Modbus 通訊協定，並以 Arduino Modbus 實習，讓讀者了解 Modbus 的實際應用。

6.2 Modbus 通訊堆疊

Modbus 是位於 OSI 應用層的訊息傳遞協定，可用於不同類型的設備透過總線或網路進行通訊。如圖 6-1 所示，Modbus 可使用以下底層進行資料的傳輸：

❑ RS232、RS485。

❑ TCP/IP。

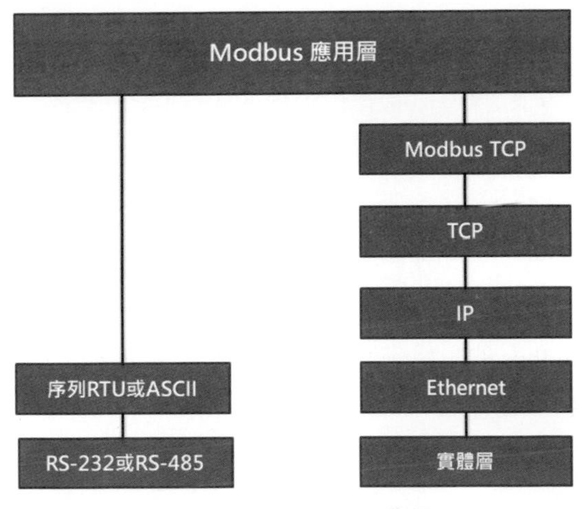

圖 6-1　Modbus 通訊堆疊

6.3 Modbus 序列通訊

Modbus 序列通訊架構，如圖 6-2 所示。採用主 / 從架構，控制權由 Mater 主端掌控，可輪詢各個 Slave 從端裝置進行資料的讀寫。

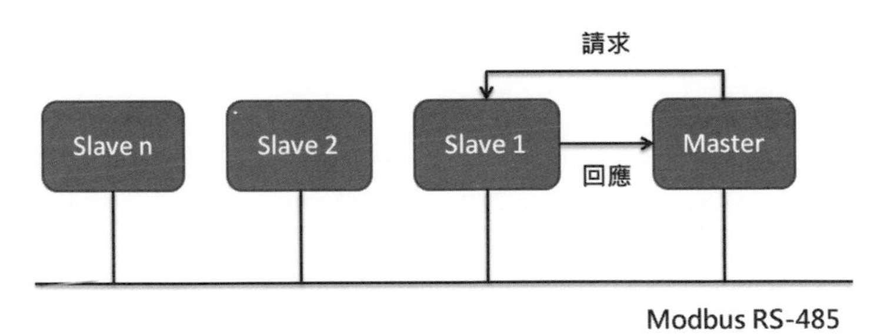

圖 6-2　Modbus 序列通訊架構

常用的 Modbus 序列通訊協定有 Modbus ASCII、Modbus RTU 兩種格式；一般來說，通訊資料少時，採用 Modbus ASCII，通訊資料量大且爲二進位數值時，多採用 Modbus RTU。

ASCII 格式

Modbus ASCII 格式碼，每個 Byte 資料由兩個 ASCII 字元所組成，例如：一個 1-byte 資料 64H（十六進位表示法），以 ASCII「64」表示，包含了「6」（36H）及「4」（34H）。Modbus ASCII 通訊格式如下：

起始位	設備位址	功能代碼	資料	LRC 校驗	結束位
1 Byte	2 Bytes	2 Bytes	N Bytes	2 Bytes	2 Bytes

- ❑ 起始位：冒號「:」字元（ASCII 碼 3AH）。
- ❑ 結束位：歸位換列（ASCII 碼爲 0DH 及 0AH）。
- ❑ 其他欄位的傳輸字元爲 ASCII 碼的 0~9 或 A~F。

在傳輸過程中，網路上的設備不斷偵測「:」字元，當收到一個冒號字元時，每個設備即解碼設備位址，判斷是否爲發給自己的訊息。

RTU 格式

Modbus 的 RTU 格式碼，每個 Byte 資料由兩個 4-bit 的十六進位字元所組成，例如：64H。Modbus RTU 通訊格式如下：

起始位	設備位址	功能代碼	資料	CRC 校驗	結束位
T1-T2-T3-T4	1 Byte	1 Byte	N Bytes	2 Bytes	T1-T2-T3-T4

- ❑ T1-T2-T3-T4：超過 3.5 個 Bytes 傳輸時間，或是超過 10ms 的靜止時段。

在傳輸過程中，網路設備不斷地偵測網路總線，包括靜止時段，當收到第 1 個 Byte 時，即解析位址，判斷是否爲發給自己的訊息。

6.4 Modbus 差錯校驗

在 Modbus 序列通訊中，依據傳輸模式的不同，有不同的差錯校驗方法。

- ❑ **ASCII 模式**：採用 LRC（Longitudinal Redundancy Check，縱向冗餘校驗）。
- ❑ **RTU 模式**：採用 CRC（Cyclical Redundancy Check，循環冗餘校驗）。

LRC 校驗

LRC 校驗的計算步驟如下：

STEP 01 將設備位址至資料最後一個資料內容轉成 16 進位格式，並進行加總。

STEP 02 相加結果進行 2 補數運算，即將位元全部反相後加 1。

STEP 03 將 2 補數運算結果存入長度 8-bit 的變數中。

STEP 04 將存入變數的 16 進位轉成 2 個 ASCII 碼。

範例① 若 Modbus ASCII 通訊格式如下：

起始位	設備位址	功能代碼	資料	LRC 校驗	結束位
:	01	03	04010001	?	

解答 LRC 計算步驟如下：

STEP 01 01H+03H+04H+01H+00H+01H=0AH。

STEP 02 0AH 的 2 補數運算為 F6H。

STEP 03 將 F6H 轉為 ASCII 碼「F」及「6」。

CRC 校驗

CRC 校驗的計算步驟如下：

STEP 01 CRC = 0FFFFH。

STEP 02 CRC = (CRC) XOR (D1)，其中 D1 是 RTU 通訊格式中的第 1 個 Byte 資料。

STEP 03 CRC = CRC>>1，其中「>>1」表示右移 1 位，高位元補 0。

STEP 04 在位移前，判斷 CRC 的 bit0 是否為 1，是：CRC = (CRC >>1) XOR (0A001H)。

STEP 05 重複步驟 3~4，直到做滿 8 次。

STEP 06 載入下筆資料 D2。

STEP 07 重複步驟 2~5。

STEP 08 重複步驟 6~7，直到所有資料都執行過。

STEP 09 Modbus 封包格式，CRC 是低位元組在前，高位元組在後，所以須將運算出來的 CRC 做高低位元組的交換。

範例❷ 若 Modbus RTU 通訊格式如下：

設備位址	功能代碼	資料	CRC 校驗
01	03	21020002	?

解答 CRC 的計算結果爲：6FF7H。

6.5 實習⑧：LRC 校驗

實習目的

練習以 C 語言撰寫 LRC 校驗程式，熟悉 LRC 校驗的流程。

實習軟體

- Dev C++ for Windows 10。

動作要求

- 在程式中設定 Modbus ASCII 格式碼，按下執行後，會自動計算出相對應的 LRC 校驗碼。

C 程式

```
#include <stdio.h>
#include <string.h>

unsigned char GetCheckCode(const char * pSendBuf, int num)
{
    // 計算 LRC
    unsigned char byLrc = 0;
    unsigned char pBuf[2];
    int nData = 0;
    int i;
```

```
    for(i=0; i<num; i+=2)
    {
        // 每兩個需要發送的ASCII碼轉化為一個十六進位數
        pBuf [0] = pSendBuf [i];
        pBuf [1] = pSendBuf [i+1];
        sscanf(pBuf,"%x",&nData);
        byLrc += nData;
    }

    byLrc = ~ byLrc;  // 反相
    byLrc ++;         // 加1
    return byLrc;
}

int main()
{
    unsigned char *buf="010304010001";          // Modbus ASCII 格式碼
    int num=strlen(buf);
    printf("num=%d\n", num);                    // 印出長度

    unsigned char lrc=GetCheckCode(buf,num);    // 計算 LRC
    printf("LRC = %x\n",lrc);

    return 0;
}
```


執行結果

```
num = 12
LRC = f6
```

實習討論

在這個實習中，我們只印出LRC的16進位值，並未轉換爲ASCII碼。讀者在應用時，請注意一下。

6.6 實習⑨：CRC 校驗

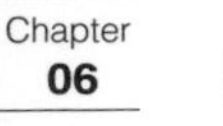

實習目的

練習以 C 語言撰寫 CRC 校驗程式，熟悉 CRC 校驗的流程。

實習軟體

❑ Dev C++ for Windows 10。

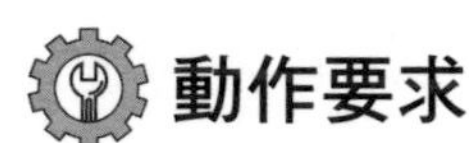

動作要求

❑ 在程式中設定 Modbus RTU 格式碼，按下執行後，自動計算出 CRC 校驗碼。

C 程式

```
#include <stdio.h>
unsigned short getCrc(unsigned char *data, int len)
{
    unsigned short crc=0xffff;  // 初始值
    int i,j;
    unsigned char LSB;

    for (i=0;i<len;i++) {
        crc ^= data[i];         // xor 運算
        for (j=0;j<8;j++) {
            LSB= crc & 1;       // 測試 bit0
            crc=crc >> 1;       // 右移 1 位
            if (LSB) {          // bit0 為 1
                crc ^= 0xA001;  // xor 運算
            }
        }
    }

    return ((crc & 0xff00) >> 8) | ((crc & 0x0ff) << 8);  // 高低位元組交換
}
int main()
{
```

```
    unsigned char tmp[]={0x01,0x03,0x21,0x02,0x00,0x02};  // Modbus RTU碼
    printf("%x\n",getCrc(tmp,6));                         // 計算及印出CRC
    return 0;
}
```

執行結果

```
6ff7
```

6.7 Modbus 常用功能碼

Modbus 功能碼（Function Code）共占 1 個 Byte，用來定義該次通訊是要做哪種操作。Modbus 常用功能碼如下：

功能碼	功能
01	讀取線圈（coil）。
02	讀取數位輸入（Discrete input）。
03	讀取多個保持暫存器（Holding register）。
04	讀取輸入暫存器（Input register）。
05	寫入單個線圈。
06	寫入單個保持暫存器。
07	讀取例外狀態。
08	診斷。
15	寫入多個線圈。
16	寫入多個保持暫存器。

6.8 Modbus 記憶體區

Modbus 的從端或伺服器端會提供一個記憶體區，提供給主端或客戶端進行資料的讀寫。如何組織 Modbus 的記憶體區，由廠商規劃的 Modbus 通訊協定來決定。一般而言，記憶體區分爲四塊，如下表所示。

Modbus 資料型態	原始資料型態	說明
Coil	bit	線圈，可讀寫。
Discrete input	bit	數位輸入，只能讀。
Input register	16-bit word	輸入暫存器，只能讀。
Holding register	16-bit word	保持暫存器，可讀寫。

其中，實體的數位輸入訊號會放在「Discrete input」記憶體區，實體的數位輸出會放在「Coil」記憶體區，實體的類比輸入資料會放在「Input register」記憶體區，而實體的類比輸出資料則會放在「Holding register」記憶體區。

範例❸ 假設廠商提供的 Modbus 四種資料型態的記憶體位址及功能碼，如下表所示。

資料型態	記憶體位址	功能碼	描述
Coil	0001 ~ 09999	01	讀取線圈狀態。
Coil	0001 ~ 09999	05	寫入單個線圈。
Coil	0001 ~ 09999	15	寫入多個線圈。
Discrete input	10001 ~ 19999	02	讀取輸入狀態。
Input register	30001 ~ 39999	04	讀取輸入暫存器。
Holding register	40001 ~ 49999	03	讀取保持暫存器。
Holding register	40001 ~ 49999	06	寫入單個保持暫存器。
Holding register	40001 ~ 49999	16	寫入多個保持暫存器。

❑ 若要讀取線圈 11 及線圈 12 的狀態，請求訊息會如下所示：

位址	功能碼	偏移量	數量	CRC
01	01	000A	0002	9DC9

❑ 若此二個線圈的狀態為 ON，回應訊息會如下所示：

位址	功能碼	Byte 數	資料	CRC
01	01	01	03	1189

❑ 若要讀取 10001 及 10002 數位輸入，則請求訊息如下：

位址	功能碼	偏移量	數量	CRC
01	02	0000	0002	F9CB

❑ 若 10001 OFF，10002 ON，回應訊息如下：

位址	功能碼	Byte 數	資料	CRC
01	02	01	02	2049

❑ 若要讀取保持暫存器 40003，由於其偏移量爲 2，所以請求訊息如下：

位址	功能碼	偏移量	數量	CRC
01	03	0002	0001	25CA

❑ 若 40003 暫存器的內容爲 07FF，則回應訊息如下：

位址	功能碼	Byte 數	資料	CRC
01	03	02	07FF	FA34

❑ 若要將線圈 11 設爲 OFF，請求訊息如下：

位址	功能碼	偏移量	設定值	CRC
01	05	000A	0000	EDC8

❑ 而回應訊息如下，會與請求訊息一致：

位址	功能碼	偏移量	設定值	CRC
01	05	000A	0000	EDC8

❑ 若要寫入保持暫存器 40003，將其內容設爲 0C00，請求訊息如下：

位址	功能碼	偏移量	設定值	CRC
01	06	0002	0C00	2D0A

回應訊息與請求訊息一樣。

❑ 若要寫入多個保持暫存器，如 4000A 及 4000B，請求訊息如下：

位址	功能碼	位址	數量	Byte 數	資料 1	資料 2	CRC
01	10	000A	0002	04	000A	0102	…

回應訊息如下：

位址	功能碼	位址	數量	CRC
01	10	000A	0002	…

6.9 Arduino Modbus RTU 函式庫

若要讓兩台 Arduino 開發板進行 Modbus RTU 通訊，我們需要下載適用於 Arduino 的 ModbusRTUMaster 及 ModbusRTUSlave 函式庫。

ModbusRTUMaster 函式庫

下載 Arduino ModbusRTUMaster 函式庫的步驟如下：

STEP 01 開啟瀏覽器，輸入網址：URL https://github.com/CMB27/ModbusRTUMaster。

STEP 02 出現圖 6-3 的畫面，點選「Code」按鈕，再點選「Download ZIP」選項，即可下載 ModbusRTUMaster 函式庫，請將下載的 zip 檔儲存至指定資料夾中。

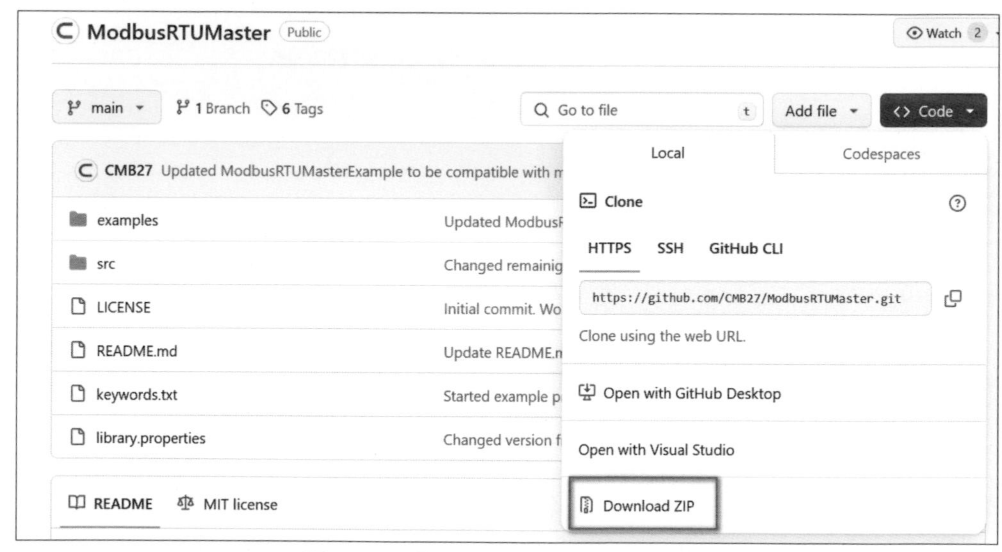

圖 6-3　下載 ModbusRTUMaster 函式庫

ModbusRTUMaster 函式庫的重要方法

圖 6-3 的畫面向下捲動，可以看到此函式庫提供的方法。ModbusRTUMaster 函式庫的重要方法說明如下：

- **ModbusRTUMaster()**：建立 ModbusRTUMaster 物件，並設定通訊用序列埠。語法如下：

```
ModbusRTUMaster(serial)
```

說明

➥ serial：Modbus 通訊用序列埠。

❑ **begin()**：設定通訊鮑率及資料傳輸格式。語法如下：

```
modbus.begin(baud, config)
```

說明

➥ baud：鮑率。

➥ config：資料傳輸格式，預設爲 SERIAL_8N1。

❑ **readHoldingRegisters()**：從 slave/server 裝置讀取保持暫存器。語法如下：

```
modbus.readHoldingRegisters(slaveId, startAddress, buffer, quantity)
```

說明

➥ slaveId：Salve 裝置 id。

➥ startAddress：保持暫存器起始位址。

➥ buffer：用來放置讀取值的陣列。

➥ qunatity：欲讀取保持暫存器的數量。

❑ **writeMultipleHoldingRegisters()**：將數值寫入 slave/server 裝置的多個保持暫存器。語法如下：

```
modbus.writeMultipleHoldingRegisters(slaveId, startingAddress, buffer,
quantity)
```

說明

➥ slaveId：Salve 裝置 id。

➥ startAddress：保持暫存器起始位址。

➥ buffer：欲寫入保持暫存器數值的陣列。

➥ qunatity：欲寫入保持暫存器的數量。

 ModbusRTUSlave 函式庫

下載 Arduino ModbusRTUMaster 函式庫的步驟如下：

STEP 01 開啟瀏覽器，輸入網址：URL https://github.com/CMB27/ModbusRTUSlave。

STEP 02 出現圖 6-4 的畫面，點選「Code」按鈕，再點選「Download ZIP」選項，即可下載 ModbusRTUSlave 函式庫，請將下載的 zip 檔儲存至指定資料夾中。

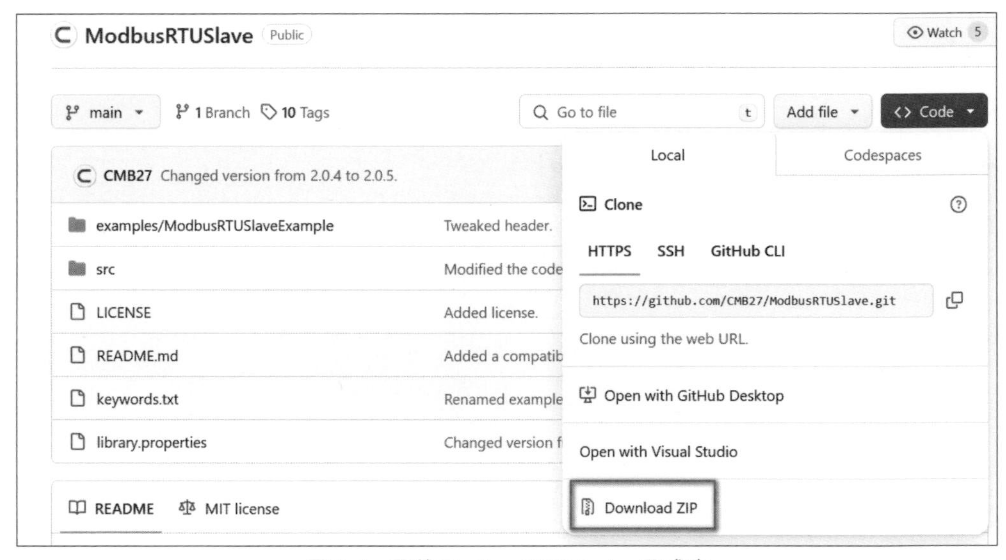

圖 6-4　下載 ModbusRTUMaster 函式庫

ModbusRTUSlave 函式庫的重要方法

圖 6-4 的畫面向下捲動，可以看到此函式庫提供的方法。ModbusRTUSlave 函式庫的重要方法說明如下：

❑ **ModbusRTUSlave()**：建立 ModbusRTUSlave 物件，並設定通訊用序列埠。語法如下：

```
ModbusRTUSlave(serial)
```

說明

➥ serial：Modbus 通訊用序列埠。

❑ **configureHoldingRegisters()**：設定保持暫存器數值儲存位置及數量。語法如下：

```
modbus.configureHoldingRegisters(holdingRegisters, numHoldingRegisters)
```

說明

- holdingRegisters：保持暫存器數值陣列。
- numHoldingRegisters：保持暫存器的數量。

❑ **begin()**：設定 Slave id、通訊鮑率及資料傳輸格式。語法如下：

```
modbus.begin(slaveId, baud, config)
```

說明

- slaveId：Slave 裝置的 id。
- baud：鮑率。
- config：資料傳輸格式，預設為 SERIAL_8N1。

❑ **poll()**：檢查是否有 Modbus 請求。若收到有效的請求，會傳送適當的回應。此函數必須被經常呼叫，語法如下：

```
modbus.poll()
```

6.10 實習⑩：Arduino Modbus RTU 序列通訊

實習目的

練習以兩個 Arduino 控制板，透過 RS-485 進行 Modbus RTU 序列通訊。

實習材料

❑ Arduino UNO R4 WiFi 板 ×2。

❑ TTL 轉 RS-485 模組 ×2。

❑ LED×1。

❑ 電阻 330Ω ×1。

❑ 10KΩ 可變電阻 ×1。

 加入 Arduino Modbus RTU 函式庫

在撰寫 Arduino 程式之前，我們需要在 Arduino IDE 中加入 Modbus RTU 函式庫，步驟如下：

STEP 01 開啟 Arduino IDE，點選「sketch→含括程式庫→加入 .zip 程式庫」，如圖 6-5 所示。

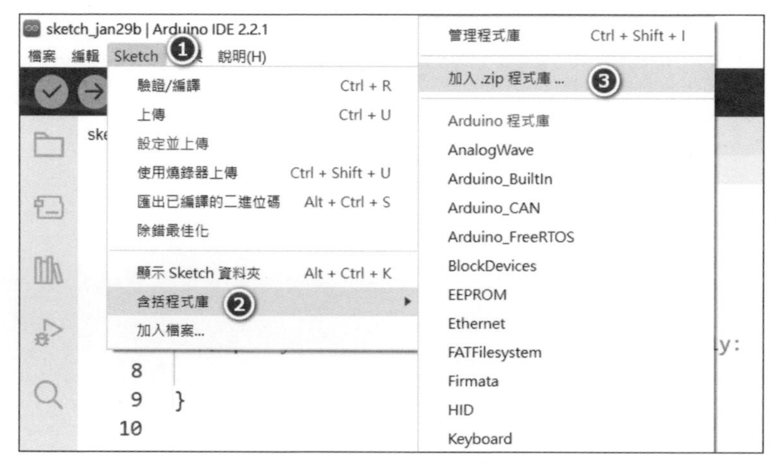

圖 6-5 加入 .zip 程式庫

STEP 02 選擇在 6.9 小節中下載的 ModbusRTUMaster-main.zip，即可安裝 ModbusRTU Master 函式庫。

STEP 03 點選「sketch→含括程式庫→加入 .zip 程式庫」，加入 ModbusRTUSlave 函式庫。

❑ 兩個 Arduino 開發板各接一個 TTL 轉 RS-485 轉換板。

❑ 第一個 Arduino 開發板稱為「Arduino # Slave」，動作流程如下：

- 讀取 A0 的電壓值。
- 將電壓值顯示在監控序列埠。
- 將電壓值存至保持暫存器中。
- 若收到 Modbus 讀取保持暫存器命令，則將保持暫存器中的電壓值由 Serial1，以 RS485 傳送資料至 Arduino # Master 開發板。

◆ delay 1 秒。

❑ 第二個 Arduino 開發板稱爲「Arduino # Master」，動作流程如下：

◆ 向 Arduino # Slave 下 Modbus 讀取暫存器命令。

◆ 接收 Serial1 傳入的電壓值，將其轉爲整數。

◆ 將電壓值限制在 0~31。

◆ 取得 PWM 值。

◆ 進行 LED PWM 調光。

◆ delay 1 秒。

接線圖

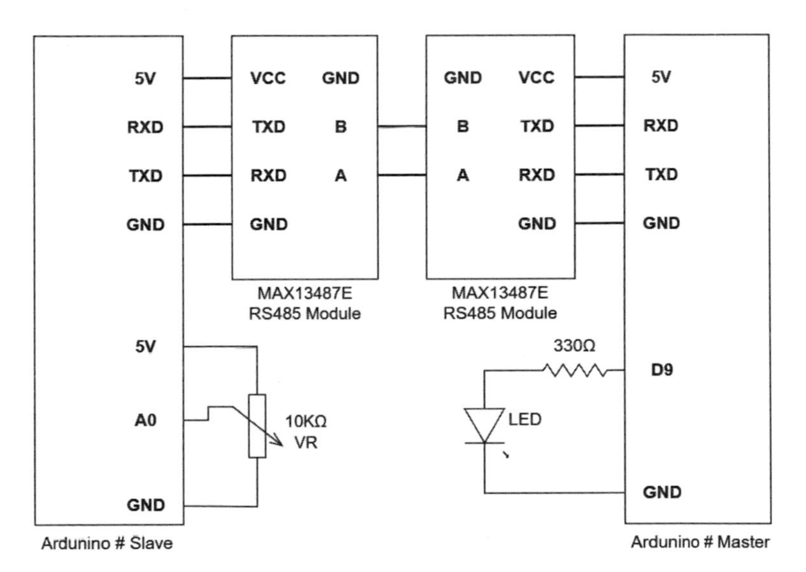

圖 6-6　實習⑩：接線圖

Arduino # Slave 程式

```
#include <ModbusRTUSlave.h>

const  int  POT=A0;

ModbusRTUSlave modbus(Serial1);
uint16_t holdingRegisters[1];
```

```
void setup() {
  Serial.begin(9600);
  modbus.configureHoldingRegisters(holdingRegisters, 1);
  modbus.begin(1, 38400);  // SlaveId = 1, buad = 38400
  analogReadResolution(14);
}

void loop() {
  int  val = analogRead(POT);
  Serial.print("Voltage: ");
  Serial.println(val);
  holdingRegisters[0]=val;
  modbus.poll();
  delay(1000);
}
```


Arduino # Master 程式

```
#include <ModbusRTUMaster.h>

const  int  LED=9;
uint8_t led_pwm[] = {
  0, 1, 2, 3, 4, 5,
  7, 10, 13, 15, 19, 24,
  26, 32, 38, 45, 52,
  57, 66, 75, 85, 96,
  108, 121, 134, 149, 164,
  181, 198, 216, 235, 255
};

ModbusRTUMaster modbus(Serial1);
uint16_t holdingRegisters[8];

void setup() {
  Serial.begin(9600);
  modbus.begin(38400);  // buad = 38400
}

void loop() {
  modbus.readHoldingRegisters(1, 0, holdingRegisters, 1);  // SlaveId = 1,
addr = 0
```

```
  int val=holdingRegisters[0];
  int index=map(val, 0, 16383, 0, 31);
  Serial.print("LED PWM:");
  Serial.println(led_pwm[index]);
  analogWrite(LED, led_pwm[index]);
  delay(1000);
}
```

執行結果

❑ Arduino #Slave 執行後，會在監控序列埠顯示讀取到的電壓值，並會在收到 Modbus 命令後，將電壓值透過 RS485 傳送至 Arduino #Master。

```
Voltage: 5395
Voltage: 5394
Voltage: 14010
Voltage: 16383
...
```

❑ Arduino #Master 執行後，會每隔 1 秒向 Arduino #Slave 下 Modbus 讀取暫存器命令。收到 Arduino #Slave 傳送進來的電壓值後，會將其轉為 PWM 值，顯示在監控序列埠中，再進行 LED PWM 調光。

```
LED PWM:19
LED PWM:19
LED PWM:164
LED PWM:255
...
```

6.11 Modbus TCP 通訊協定

Modbus TCP 使用通訊埠 502 進行通訊，其請求封包格式如下：

TCP 標頭	單元 ID 位址	功能碼	開始暫存器位址	資料
6 Bytes	1 Byte	1 Byte	2 Bytes	N Bytes

其中，單元 ID 位址記錄該次通訊要存取的 Slave 端位址，在 TCP 通訊時，通常不會使用它。而 TCP 標頭的封包格式如下：

交易 ID	協定 ID	資料長度
2 Bytes	2 Bytes	2 Bytes

- **交易 ID**：客戶端設定，用於唯一標識每個請求。伺服器會回應交易 ID，因爲它的回應可能不會以和請求相同的順序接收。
- **協定 ID**：客戶端設定，始終等於 00 00。
- **資料長度**：從單元 ID 位址開始，至資料欄位結束，所占的總位元組數。

範例❹ Modbus TCP 的封包範例如下：

交易 ID	協定 ID	長度	單元 ID	功能碼	資料
00 00	00 00	00 05	00	01	0e 03 00

6.12 Modbus TCP 客戶端 / 伺服器模型

Modbus TCP 的客戶端 / 伺服器模型，如圖 6-7 所示，其中伺服器的記憶體區可提供客戶端進行資料的讀寫。客戶端進行資料的讀寫，與一般瀏覽器、伺服器的方式相同，客戶端發出請求，而伺服器進行處理後，發送回應訊息給客戶端。

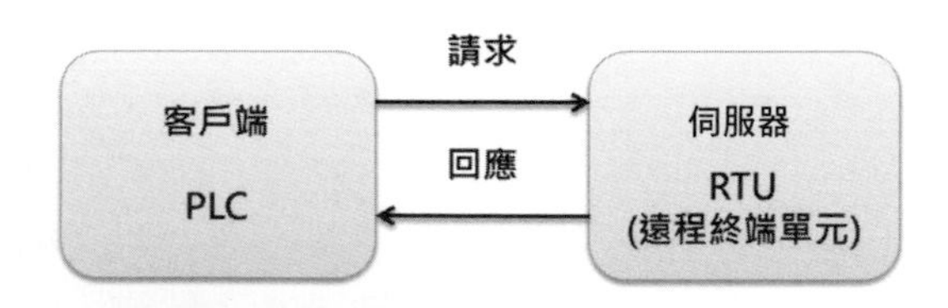

圖 6-7　Modbus TCP 客戶端 / 伺服器模型

我們以一個範例來說明「遠程終端單元」（RTU），提供了一個實體介面給 PLC，讓 PLC 可以讀寫其中的資料。此時，PLC 爲客戶端，RTU 爲伺服器。PLC 會發出資料讀寫的請求給 RTU，而 RTU 則會將資料回應給 PLC。

要注意的是，Modbus 序列通訊採用「主 / 從架構」（Master/Slave），而 TCP 通訊採用「客戶端 / 伺服器架構」（Client/Server）。在某些文獻中，會相互使用這些專有名詞，讀者只要記住以下觀念即可：

❑ Master 等同 Client，用來主動輪詢或請求資料。

❑ Slave 等同 Server，用來提供資料或回應資料。

6.13 實習⑪：Arduino Modbus TCP 伺服器

實習目的

❑ 練習在 Arduino 建構 Modbus TCP 伺服器。

❑ 安裝 modpoll 軟體，輪詢 Arduino Modbus TCP 伺服器中的資料，並顯示在終端機視窗中。

實習軟硬體

❑ Arduino UNO R4 WiFi 板 ×1。

❑ Arduino Ethernet W5100 網路擴充板 ×1。

❑ modpoll 軟體。

實習架構

本實習的架構圖，如圖 6-8 所示，其中 Arduino 爲伺服器端，PC 爲客戶端，PC 端安裝 Modpoll 軟體，會每隔一段時間向 Arduino 讀取資料。

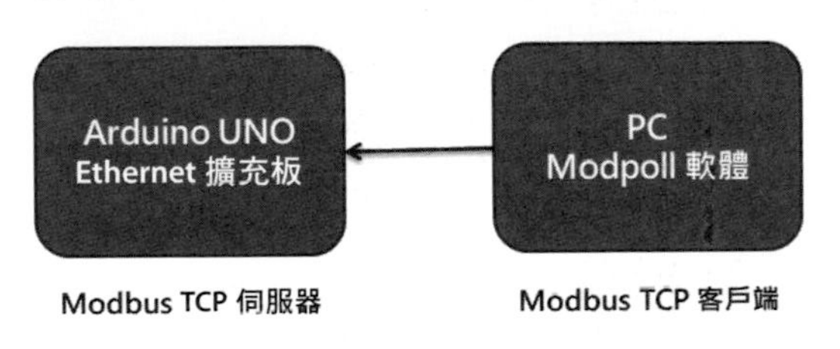

圖 6-8　實習⑪：實習架構

Ethernet 擴充板

Arduino 官方有推出一款乙太網路（Etherent）擴充板，使用 Wiznet 的網路晶片 W5100，透過標準的 RJ-45 網路線連接，並且提供內建程式庫 Ethernet，內含有

EthernetServer、EthernetClient 等類別，可化身成為伺服器端或客戶端，讓我們可以建立 TCP 與 UDP 網路連線，連接網際網路。

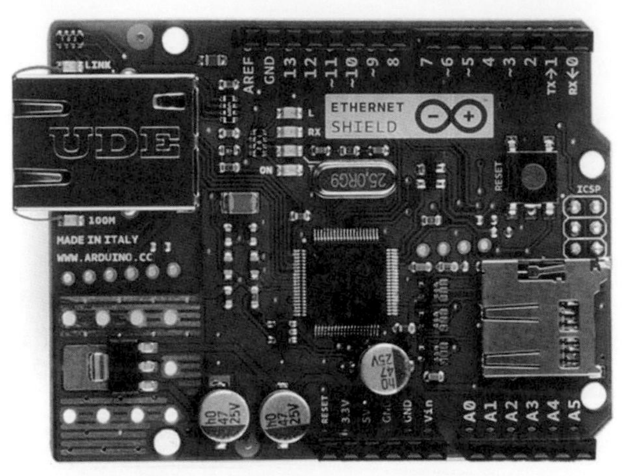

圖 6-9　Arduino Ethernet 擴充板

W5100 乙太網路擴充板的規格與限制：

- ❑ 10/100Mb 傳輸速率，使用 Cat. 5 網路線。
- ❑ 同時只能建立 4 個網路連線。
- ❑ 板子上有 SD/micro-SD 記憶卡插槽，可使用內建程式庫進行 SD 卡的存取。
- ❑ 網路晶片、SD 卡與 Arduino 開發板的傳輸介面都是 SPI。

Arduino 經由 SPI 介面與擴充板的 W5100 跟 SD 卡溝通。W5100 使用 Arduino UNO R4 WiFi 板的 SPI 腳位為：

SS(10), MOSI(11), MISO(12), SCK(13)

SD 卡使用的 SPI 腳位如下：

SS(4), MOSI(11), MISO(12), SCK(13)

因 SPI 屬於匯流排架構，同一時間只能由一個裝置使用，所以 W5100 與 SD 卡不能同時存取，必須更改腳位 10 與 4 的狀態，同時只有一個可為 LOW。

MgsModbus 函式庫

要讓 Arduino 可以透過 Ethernet 傳送及接收 Modbus 訊號，可以安裝 Arduino Modbus TCP 函式庫。在本實習中，我們安裝的函式庫為 MgsModbus 函式庫，下載網址：URL http://myarduinoprojects.com/modbus.html，這裡我們下載的軟體版本是 MgsModbus-v0.1.1.zip。

 安裝 MgsModbus 函式庫

筆者在使用 MgsModbus 函式庫進行實習時，Modbus TCP 伺服器與 Modbus TCP 客戶端一直無法進行雙向的資料傳輸。經檢查 MgsModbus.cpp 程式時，發覺下載的函式庫有點小 Bug，無法將程式中設定的 Modbus TCP 伺服器的 IP 位址，傳入至 MgsModbus.cpp 中的 Req 函式，需要進行修正，修正步驟如下：

STEP 01 將 MgsModbus-v0.1.1.zip 解壓縮後，會有 MgsModbus.cpp、MgsModbus.h 兩個檔案。

STEP 02 開啟 MgsModbus.cpp，找到 MgsModbus::Req 函式來修改程式。

將原本的程式：

```
byte ServerIp[] = {192,168,200,163};
```

修改成：

```
byte ServerIp[] = {remSlaveIP[0], remSlaveIP[1], remSlaveIP[2], remSlaveIP[3]};
```

如圖 6-10 所示。修改後，請儲存 MgsModbus.cpp 函式庫。

```
13
14  //****************** Send data for ModBusMaster ****************
15  void MgsModbus::Req(MB_FC FC, word Ref, word Count, word Pos)
16  {
17    MbmFC = FC;
18    byte ServerIp[] = {remSlaveIP[0], remSlaveIP[1], remSlaveIP[2], remSlaveIP[3]};
19    MbmByteArray[0] = 0;  // ID high byte
20    MbmByteArray[1] = 1;  // ID low byte
21    MbmByteArray[2] = 0;  // protocol high byte
22    MbmByteArray[3] = 0;  // protocol low byte
23    MbmByteArray[5] = 6;  // Lenght low byte;
24    MbmByteArray[4] = 0;  // Lenght high byte
25    MbmByteArray[6] = 1;  // unit ID
26    MbmByteArray[7] = FC; // function code
27    MbmByteArray[8] = highByte(Ref);
28    MbmByteArray[9] = lowByte(Ref);
29    //****************** Read Coils (1) & Read Input discretes (2) **********************
30    if(FC == MB_FC_READ_COILS || FC == MB_FC_READ_DISCRETE_INPUT) {
31      if (Count < 1) {Count = 1;}
32      if (Count > 125) {Count = 2000;}
33      MbmByteArray[10] = highByte(Count);
34      MbmByteArray[11] = lowByte(Count);
35    }
```

圖 6-10　修正 MgsModbus 函式庫

STEP 03 請將 MgsModubs.cpp 及 MgsModbus.h 兩個檔案放至 MgsModbus 資料夾中，再將 MgsModbus 資料夾壓縮成 MgsModbus.zip 檔。

STEP 04 開啟 Arduino IDE，點選「sketch→含括程式庫→加入 .zip 程式庫」。選擇之前處理過的 MgsModbus.zip，即可安裝 MgsModbus 函式庫。

動作要求

- Arduino 接 Ethernet 擴充板，透過 TCP/IP 傳送 Modbus 訊號。
- Arduino 會維護其內的 12 筆資料，每筆資料為 16 位元資料。
- 使用者可以透過序列埠監控視窗改變 Arduino 維護的 12 筆 MbData 的資料內容。
  - 輸入「0」：印出資料內容。
  - 輸入「1」：12 筆資料內容清為 0。
  - 輸入「2」：變更前面 4 筆資料內容為 0、1、2、3。
  - 輸入「3」：12 筆資料內容設為 0xAAA。

Arduino Modbus 伺服器程式

```
#include <SPI.h>
#include <Ethernet.h>
#include "MgsModbus.h"

MgsModbus Mb;
int  inByte = 0;                        // incoming serial byte

byte mac[] = {0x90, 0xA2, 0xDA, 0x0E, 0x94, 0xB5 };
IPAddress ip(192, 168, 1, 20);          // 設定Ethernet IP
IPAddress gateway(192, 168, 1, 1);      // 設定閘道器
IPAddress subnet(255, 255, 255, 0);     // 設定網路遮罩

void setup()
{
  Serial.begin(9600);
  Serial.println("Serial interface started");

  Ethernet.begin(mac, ip, gateway, subnet);
  Serial.println("Ethernet interface started");

  Serial.print("My IP address: ");
```

```
  for (byte thisByte = 0; thisByte < 4; thisByte++) {
    Serial.print(Ethernet.localIP()[thisByte], DEC);
    Serial.print(".");
  }
  Serial.println();

  // print menu
  Serial.println("0 - print the first 12 words of the MbData space");
  Serial.println("1 - fill MbData with 0x0000 hex");
  Serial.println("2 - fill MbData with 0x00, 0x01, 0x02, 0x03");
  Serial.println("3 - fill MbData with 0xAAA hex");
}

void loop()
{
  if (Serial.available() > 0) {
    inByte = Serial.read();

    if (inByte == '0') {                 // 輸入0
      for (int i=0;i<12;i++) {
        Serial.print("address: ");
        Serial.print(i);
        Serial.print("Data: ");
        Serial.println(Mb.MbData[i], HEX);
      }
    }
    if (inByte == '1') {                 // 輸入1
      for (int i=0;i<12;i++) {
        Mb.MbData[i] = 0x0000;
      }
    }
    if (inByte == '2') {                 // 輸入2
      Mb.MbData[0]=0x0000;
      Mb.MbData[1]=0x0001;
      Mb.MbData[2]=0x0002;
      Mb.MbData[3]=0x0003;
    }
    if (inByte == '3') {                 // 輸入3
      for (int i=0;i<12;i++) {
        Mb.MbData[i] = 0xAAA;
      }
    }
  }
```

```
  Mb.MbsRun();                              // server receive data
}
```

Arduino 執行結果

❑ Arduino Modbus 伺服器的執行結果，如圖 6-11 所示。

圖 6-11 實習⑪：Arduino Modbus 伺服器執行結果

❑ 輸入「3」，再按Enter鍵，可將 12 個 MbData 暫存器的值設爲「0xAAA」。

❑ 輸入「0」，再按Enter鍵，可顯示 12 個 MbData 暫存器的值。

圖 6-12 將 MbData 的值設定為 0xAAA

modpoll 工具

在PC端，有關Modbus的程式很多，這裡我們使用modpoll這個command line工具，它目前是免費的，相關的文件可以在這個網站上找到：URL http://www.modbusdriver.com/modpoll.html。

下載之後解壓縮，Windows的版本會在：

```
win\modpoll.exe
```

接著我們要使用modpoll這個工具，請執行底下的命令：

```
modpoll  -m  tcp  -t  4:hex  -r  1  -c  12  192.168.1.20
```

說明

- -m tcp：使用Modbus TCP協定。
- -t 4：hex：讀取16位元暫存器資料，以十六進位格式顯示。
- -r 1：暫存器開始位址。
- -c 12：共讀取12個值。
- 192.168.1.20：Modbus伺服器的IP位址，即Arduino開發板的IP位址。

執行後的結果如下，會每隔一段時間向192.168.1.20伺服器進行資料的請求。

```
modpoll 3.11 - FieldTalk(tm) Modbus(R) Master Simulator
Copyright (c) 2002-2024 proconX Pty Ltd
Visit https://www.modbusdriver.com for Modbus libraries and tools.

Protocol configuration: MODBUS/TCP, FC3
Slave configuration...: address = 1, start reference = 1, count = 12
Communication.........: 192.168.1.20, port 502, t/o 1.00 s, poll rate 1000 ms
Data type.............: 16-bit register (hex), output (holding) register table

-- Polling slave... (Ctrl-C to stop)
[1]: 0x0AAA
[2]: 0x0AAA
[3]: 0x0AAA
[4]: 0x0AAA
[5]: 0x0AAA
[6]: 0x0AAA
```

```
[7]: 0x0AAA
[8]: 0x0AAA
[9]: 0x0AAA
[10]: 0x0AAA
[11]: 0x0AAA
[12]: 0x0AAA
```


可使用下列命令來查詢 modpoll 每個參數的意義：

```
modpoll  -h
```

6.14 實習⑫：Arduino Modbus TCP 客戶端

實習目的

練習撰寫 Arduino Modbus TCP 客戶端程式，與 Modbus TCP 伺服器進行雙向資料的讀寫。

動作要求

- Arduino Modbus TCP 客戶端程式執行後，開啓序列埠監控視窗，可進行下列操作：
  - 輸入「0」：印出 12 個 MbData 暫存器的值。
  - 輸入「1」：讀取 Modbus TCP 伺服器的 MbData[0] ~ MbData[5] 的值，將其存入 Modbus TCP 客戶端的 MbData[0] ~ MbData[5] 暫存器中。
  - 輸入「2」：將 Modbus TCP 客戶端的 MbData[6] ~ MbData[11] 的值，寫入 Modbus TCP 伺服器的 MbData[0] ~ MbData[5] 暫存器中。

Arduino Modbus 客戶端程式

```
#include <SPI.h>
#include <Ethernet.h>
#include "MgsModbus.h"

MgsModbus Mb;
int inByte = 0;
```

```
// Ethernet settings
byte mac[] = {0x90, 0xA2, 0xDA, 0x0E, 0x94, 0xAA };
IPAddress ip(192, 168, 1, 50);                          // 客戶端 IP 位址
IPAddress gateway(192, 168, 1, 1);
IPAddress subnet(255, 255, 255, 0);

void setup()
{

  // serial setup
  Serial.begin(9600);
  Serial.println("Serial interface started");

  // initialize the ethernet device
  Ethernet.begin(mac, ip, gateway, subnet);             // 啟動網路介面
  Serial.println("Ethernet interface started");

  // print your local IP address:
  Serial.print("My IP address: ");
  for (byte thisByte = 0; thisByte < 4; thisByte++) {
    // print the value of each byte of the IP address:
    Serial.print(Ethernet.localIP()[thisByte], DEC);  // 印出客戶端 IP
    Serial.print(".");
  }
  Serial.println();

  // server address
  IPAddress server_ip(192,168,1,20);                    // Modbus TCP 伺服器 IP
  Mb.remSlaveIP = server_ip;

  // print menu
  Serial.println("0 - print the first 12 words of the MbData space");
  Serial.println("1 - FC 3 - read 6 registers from the slave to MbData[0..5]");
  Serial.println("2 - Fc 16 - write 6 registers MbData[6..11] to server");

  Serial.print("server ip:");
  Serial.println(Mb.remSlaveIP);  // 印出伺服器 IP

  for (int i=0;i<12;i++) {
    Mb.MbData[i]=i;
  }
}
```

```
void print_MbData() {                   // 印出MbData暫存器的值
  for (int i=0;i<12;i++) {
    Serial.print("address: ");
    Serial.print(i);
    Serial.print(" Data: ");
    Serial.println(Mb.MbData[i],HEX);
  }
}
void loop()
{
  if (Serial.available() > 0) {
    // get incoming byte:
    inByte = Serial.read();
    if (inByte == '0') {
      print_MbData();                   // 輸入0
    }

    if (inByte == '1') {                // 輸入1
      Mb.Req(MB_FC_READ_REGISTERS,0,6,0);                    // 讀取多個暫存器
    }
    if (inByte == '2') {                // 輸入2
      Mb.Req(MB_FC_WRITE_MULTIPLE_REGISTERS, 0,6,6);  // 寫入多個暫存器
    }
  }

  Mb.MbmRun();                          // client recieve data
}
```

程式說明

程式中有一行程式：

```
Mb.Req(MB_FC_READ_REGISTERS,0,6,0);
```

說明

➥ MB_FC_READ_REGISTERS：功能碼 3，讀取多個暫存器。

➥ 第 2 個參數：伺服器暫存器起始位址。

➥ 第 3 個參數：資料筆數。

➥ 第 4 個參數：客戶端暫存器起始位址。

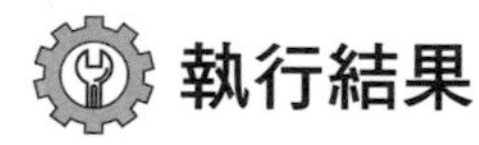

執行結果

❑ 將程式下載至 Arduino 開發板。

❑ 開啓序列埠監控視窗，畫面如圖 6-13 所示。

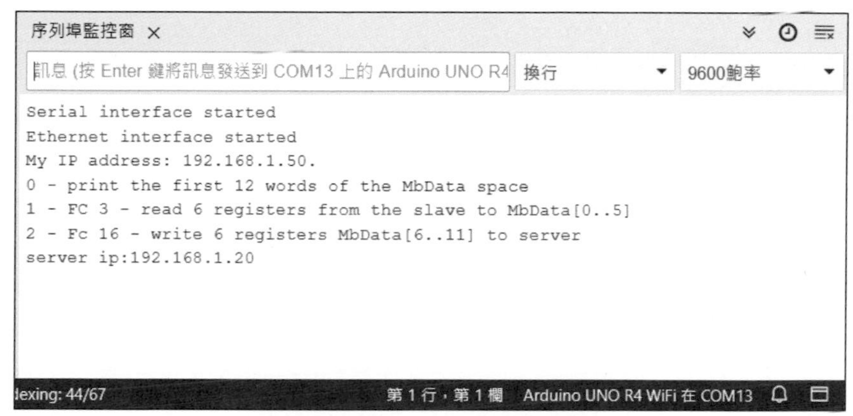

圖 6-13　Modbus 客戶端執行結果

❑ Modubs 客戶端輸入「0」，按 Enter 鍵，可以顯示客戶端 MbData 暫存器的初始值，如圖 6-14 所示。

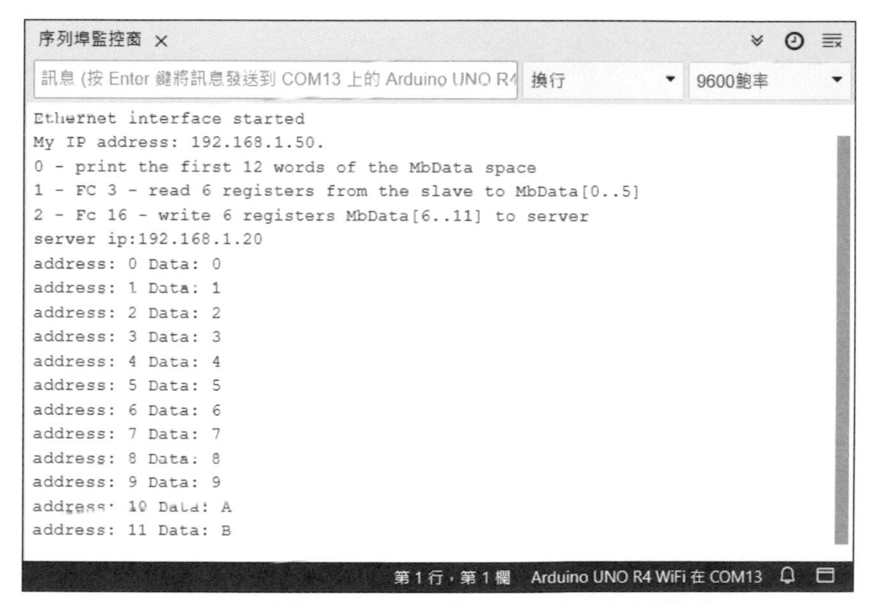

圖 6-14　顯示 Modbus 客戶端 MbData 暫存器的初始值

❑ 在 modbus_tcp_server 程式的序列埠監控視窗中輸入「3」，按 Enter 鍵，將 Arduino Modbus 伺服器的 MbData 內容全部設爲「0xAAA」，如圖 6-15 所示。

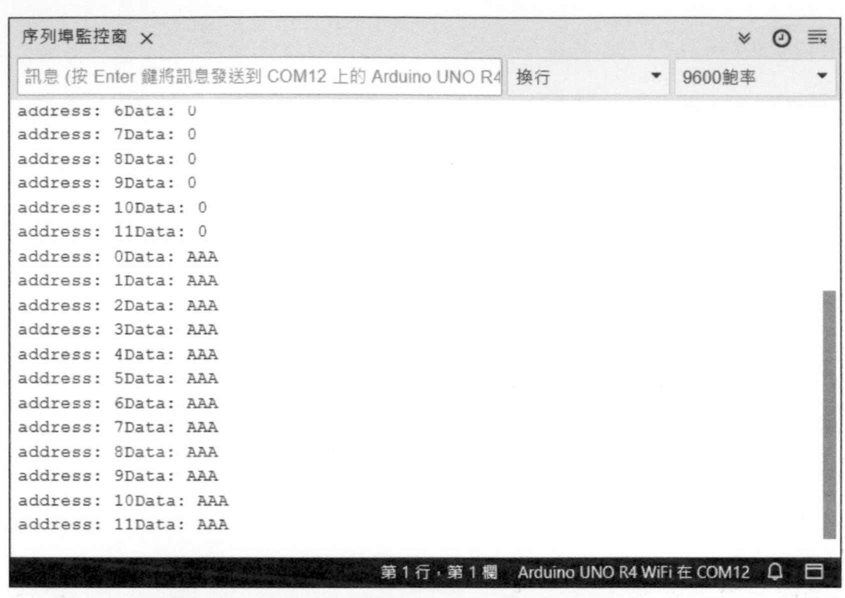

圖 6-15　Modbus 伺服器 MbData 暫存器設為 0xAAA

- 回到 Modbus 客戶端，輸入「1」，按 Enter 鍵，再輸入「0」，按 Enter 鍵，讀取及顯示 Modbus 伺服器 MbData[0] 至 MbData[5] 的值，並儲存至客戶端的 MbData[0] 至 MbData[5] 暫存器中，執行後的畫面如圖 6-16 所示，客戶端的 MbData[0] 至 MbData[5] 的內容值皆爲 0xAAA。

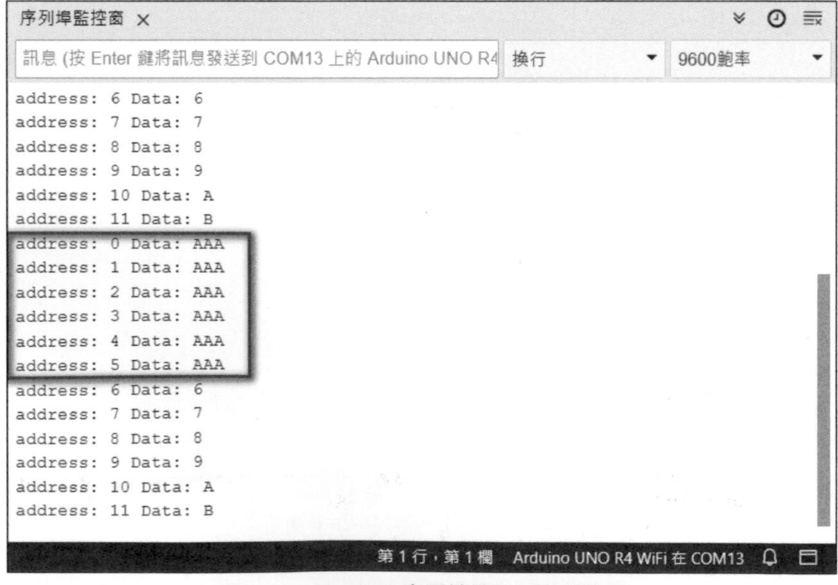

圖 6-16　Modbus 客戶端讀取伺服器的值

- ❑ 在 Arduino Modbus 客戶端，輸入「2」，按 Enter 鍵，將 MbData[6] 至 MbData[11] 的內容值寫入 Arduino Modbus 伺服器的 MbData[0] 至 MbData[5] 暫存器中。
- ❑ 回到 Arduino Modbus 伺服器端，輸入「0」，按 Enter 鍵，查看暫存器的值，發現 MbData[0] 至 MbData[5] 暫存器的值，即為 Arduino Modbus 客戶端 MbData[6] 至 MbData[11] 的值，如圖 6-17 所示。

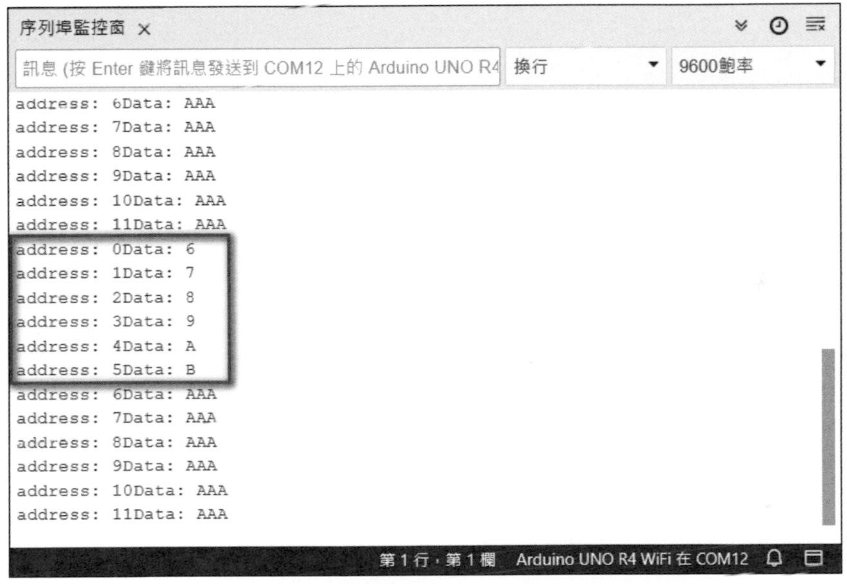

圖 6-17 Modbus 伺服器端的 MbData 暫存器的值被改變了

CAN Bus 通訊協定

7.1 本章提要

「控制器區域網路」（Controller Area Network，簡稱 CAN 或 CAN Bus）是一種用於控制系統之間高效通訊的串列通訊協定，它最初由德國的 Bosch 公司在 1983 年開發，旨在滿足汽車電子系統中的通訊需求，但現在已被廣泛應用於多個領域，包括工業控制和嵌入式系統。

在本章中，我們將探討 CAN Bus 通訊協定，並以 Arduino CAN Bus 實習，讓讀者了解 CAN Bus 的實際應用。

7.2 CAN Bus 發展歷程

1980 年代初

CAN 總線最初由德國的 Bosch（博世）公司在 1983 年開發，主要是爲了滿足汽車電子系統中的通訊需求，當時傳統的通訊協定往往難以應對複雜的車輛控制系統。

CAN 1.0 標準

1986 年 Bosch 首次發表 CAN 1.0 標準，作爲 CAN 總線的最初版本，它的目標是提供一個快速、可靠且適用於多點通訊的協定，並且在汽車行業迅速獲得了應用。

應用擴展

1990 年代初，由於 CAN 總線在汽車行業的成功，它的應用逐漸擴展到其他領域，包括工業自動化、醫療設備、機械控制等。

CAN 2.0 標準

1991 年 Bosch 發布 CAN 2.0 標準，這一版本引入了一些新特性，包括擴展識別子、數據長度確認和其他改進，使得 CAN 總線更加適用於不斷擴展的應用領域。

標準化和國際化

1993 年 CAN 總線的標準化工作開始，並由國際標準組織（ISO）採納爲 ISO 11898 標準，這也進一步推動了 CAN 總線的國際化和標準化。

CAN FD 的引入

2011 年，隨著數據交換需求的增加，CAN FD（Flexible Data-Rate）標準被引入，以提高資料傳輸速率和支援更大的數據封包。

廣泛應用

近年來，CAN 總線已經成爲廣泛應用於汽車、工業自動化、醫療設備和其他控制系統的通訊協定，它在複雜系統中的可靠性、即時性和擴展性，使得它仍然是許多應用的首選。

7.3 CAN Bus 通訊

「CAN Bus 通訊」是基於事件驅動的方式，它允許多個裝置在同一總線上進行分散式通訊，裝置可以是複雜的電子控制單元或是簡單的 IO 裝置。每個裝置稱爲「節點」，每個 CAN 節點透過 CAN H 及 CAN L 兩條匯流排進行訊息傳輸，一般我們會在 CAN Bus 的最後兩端各加上 120 歐姆的終端電阻，如圖 7-1 所示。

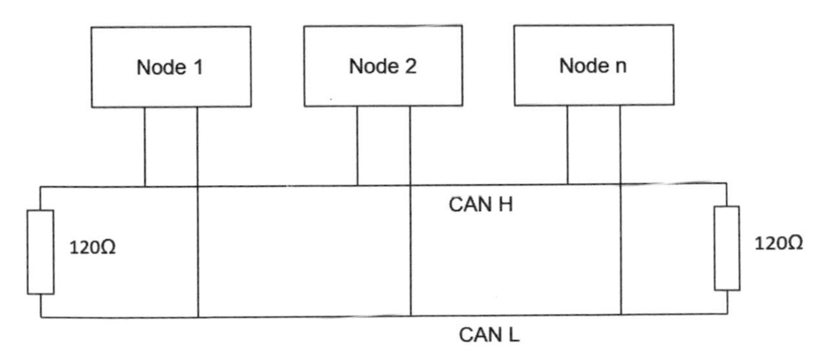

圖 7-1　CAN Bus 通訊

CAN 總線佈線時，只需要電話線的線材，非常適合工業廠房、戶外等環境架設。CAN Bus 具有長達 1000 公尺的傳輸能力，但傳輸速率會與佈線長度有關，如下表所示。

長度（公尺）	每秒位元數（bps）
40	1M
100	500K
250	250K
500	125K
1000	50K

 CAN Bus 的差動傳輸

CAN 總線使用差動傳輸方式，由 CAN H 線及 CAN L 線同時傳輸正向和負向的訊號。CAN 總線的差動傳輸可以有效抵抗外部雜訊的影響，提高了通訊的可靠性。

如圖 7-2 所示，在空閒時，訊號電壓爲 2.5V，稱爲「隱性邏輯」（Recessive Logic）；在活動狀態時，稱爲「顯性邏輯」（Dominant Logic），此時 CAN H 的電壓接近 5V，而 CAN L 的電壓接近 0V。當 CAN H 及 CAN L 兩條線路的電位差小的時候，爲邏輯 1（隱性 1）；電位差大的時候，爲邏輯 0（顯性 0）。

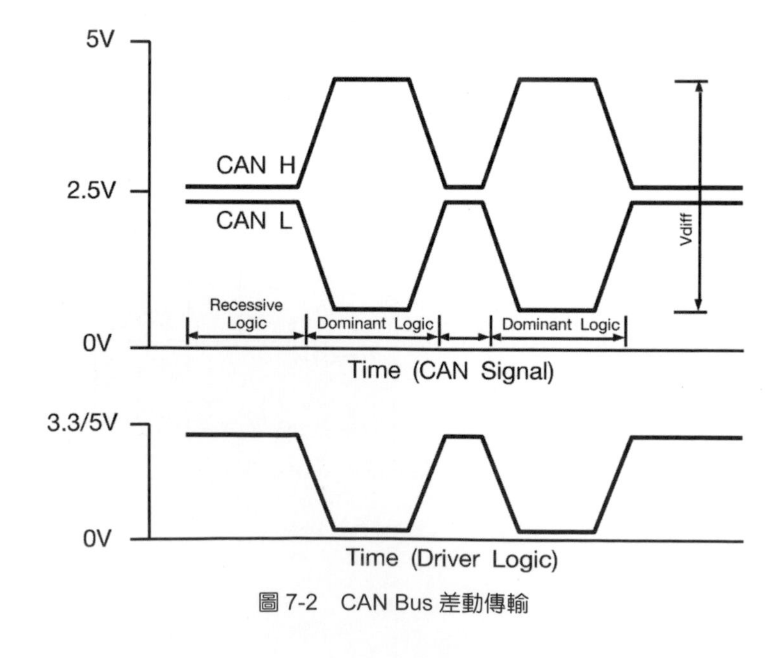

圖 7-2　CAN Bus 差動傳輸

CAN Bus 的仲裁

CAN Bus 允許每個連接的裝置進行通訊，因此當發生衝突時需要進行仲裁，CAN 總線實作仲裁的方式很獨特，它依賴隱性及顯性狀態的原則。如圖 7-3 所示，仲裁程序如下：

- ❑ Driver1 及 Driver2 透過發送訊息 ID 來同時開始通訊。
- ❑ 前二位元是顯性 0，所以連接到總線的所有裝置都會看到這二個 0。
- ❑ Driver1 的第 3 個位元為顯性 0，而 Driver2 的第 3 個位元為隱性 1，仲裁結果是發送隱性 1 的裝置退出，所以在總線上只會看到顯性 0。

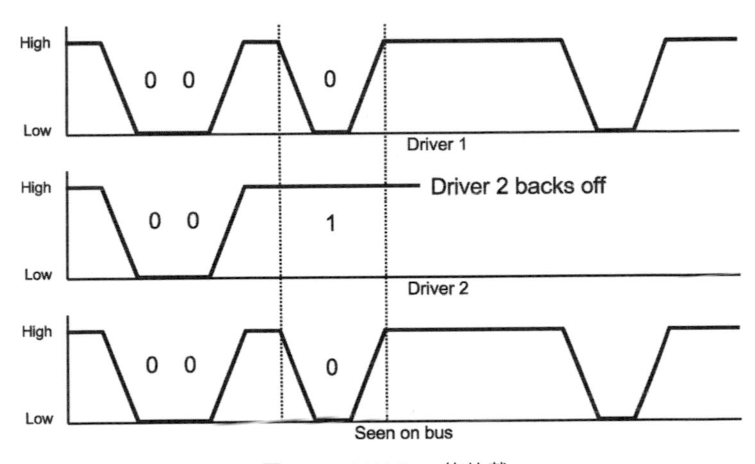

圖 7-3　CAN Bus 的仲裁

CAN Bus 的同步機制

多個裝置在 CAN 總線同時進行通訊時，在傳送訊息 ID 前，會傳送一個 SOF 位元（訊框開始），它是一個顯性 0，CAN 總線上的裝置收到 SOF 位元時，若發送裝置還未準備好，可以取消發送訊息的嘗試；若裝置準備就緒，它會同步其時鐘，並嘗試發送訊息 ID。

在 SOF 位元之後，每個訊息都以訊息 ID 開始。依據協定的版本，訊息 ID 的長度為 11 或 29 位元，仲裁程序會根據發送的訊息 ID 來決定誰將獲勝。由於仲裁時顯性位元 0 會勝過隱性位元，因此全 0 位元的訊息 ID 將是優先權最高的訊息。

7.4 CAN Bus 資料通訊格式

CAN Bus 資料通訊格式主要用於傳送資料，其格式如圖 7-4 所示。

Bus Idle	SOF	Arbitration Field	Control Field	Data Field	CRC Field	ACK Field	EOF	Inter-Mission
	1 Bit	12 or 32 Bit	6 Bit	0 to 8 Byte	16 Bit	2 Bit	7 Bit	3 Bit

圖 7-4　CAN Bus 通訊格式

在仲裁欄位（Arbitration Field）中有 CAN ID。CAN 2.0 有 CAN 2.0A 與 CAN 2.0B 兩個版本，兩個版本的 CAN ID 長度不同：

- CAN 2.0A 的資料格式爲基本格式，CAN ID 長度爲 11 位元。
- CAN 2.0B 爲擴充格式，CAN ID 長度爲 29 位元。

在 CAN Bus 的通訊格式中，資料欄位（Data Field）最多支援 8 個 Byte 的資料，傳輸速率最高爲 1M bps。在 CAN Bus 中，當一個裝置發送一個封包後，其他裝置會監聽，如果正確接收，它們會發送一個 ACK 確認封包（ACK Frame），否則就是錯誤處理。封包中包含 CRC（Cyclic Redundancy Check）欄位，用於檢測是否傳輸錯誤，如果檢測到錯誤，裝置會進行錯誤恢復，可能包括重發或更複雜的錯誤處理機制。

7.5 特定應用領域 CAN 通訊協定

在特定應用領域中，會有以 CAN Bus 爲基礎的通訊協定，這些通訊協定確保不同裝置能夠有效地協同工作，並使得 CAN Bus 在不同行業和應用中都能夠成功應用。常見的特定應用領域 CAN 通訊協定如下：

J1939（用於商用車輛）

J1939 通訊協定主要應用於商用車輛，如卡車、巴士等，它是由卡車和巴士製造商協會（SAE）制定的。J1939 定義了在商用車輛之間進行通訊的標準，包括引擎控制、傳感器數據、制動系統等各種控制和監測功能，它使用標準的 CAN 總線通訊，並在其上添加了特定的協定，以支援複雜的商用車輛系統。

CANopen（用於工業自動化）

CANopen 通訊協定主要應用於工業自動化領域，包括工廠自動化、機械控制、運動控制等。CANopen 是一個開放的通訊協定，由 CiA（CAN in Automation）組織管理，它提供一個標準的通訊方式，用於連接和協調工業自動化設備。CANopen 定義了設備配置、數據傳輸、錯誤檢測和緊急處理等方面的標準，使得不同裝置能夠無縫地協同工作。

DeviceNet

DeviceNet 是一個用於工業自動化的通訊協定，主要用於連接和通訊工廠自動化設備，如傳感器、伺服驅動器和 PLC 等。DeviceNet 建立在 CAN 總線上，提供一個簡單且可擴展的網路，用於連接設備，它定義了網路拓撲、設備配置、通訊和錯誤檢測等方面的標準。DeviceNet 協定使工業自動化系統能夠實現即插即用的功能，提高系統的可靠性和可擴展性。

7.6 CAN FD 簡介

CAN FD（Flexible Data-Rate）是 CAN（Controller Area Network）協定的一個擴展，旨在提高資料傳輸速率和靈活性。CAN FD 相較於傳統的 CAN 協定，提供可變的資料傳輸速率，最高可達到 5 Mbs 以上。由於在同樣的時間內能夠傳輸更多的資料，所以可以應用在一些需要高速傳輸的應用，如汽車娛樂系統、高級駕駛輔助系統（ADAS）等。

CAN FD 支援變動的資料長度，並允許更大的資料長度最高可達 64 位元組，使得在同一總線上能夠使用不同的資料長度，這種靈活性使系統更能夠適應各種應用需求，從而提高了通訊的靈活性。雖然 CAN FD 引入了一些新的特性，但它仍然保持對傳統 CAN 協定的後向兼容性，可以在同一系統中使用 CAN 和 CAN FD 裝置，讓我們可以逐漸升級而無須全面替換硬體。

7.7 實習⑬：Arduino CAN Bus 通訊

實習目的

學習使用 Arduino UNO R4 Wifi 控制板上的 CAN 控制器，進行 CAN Bus 通訊。

實習材料

- ❑ Arduino UNO R4 Wifi 板 ×2。
- ❑ CAN 收發器模組 SN65HVD230×2。

CAN 總線收發器模組

Arduino UNO R4 Wifi 控制板內建 CAN 控制器，可方便我們進行 CAN Bus 通訊，但若要與其他 CAN 設備通訊，需要外加一個收發器模組。在本實習中，我們使用 SN65HVD230 收發器模組，如圖 7-5 所示。

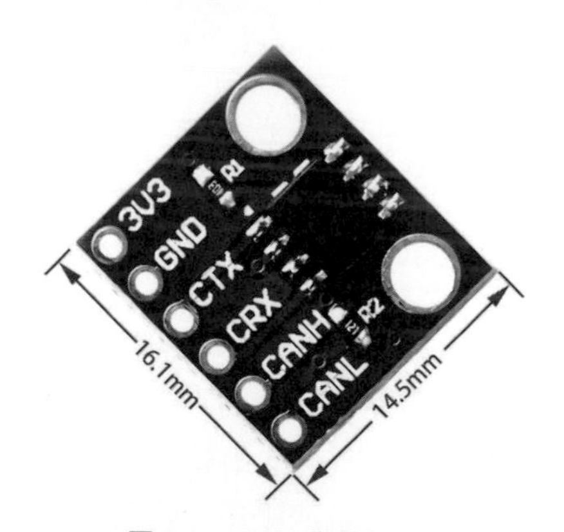

圖 7-5　CAN 收發器模組

圖 7-5 的收發器模組中，CAN HIGH 及 CAN LOW 為 CAN 總線對外連接的匯流排，而 CTX 及 CRX 則與 Arduino UNO R4 WiFi 控制板的 D10 及 D13 接腳相連接，如下表所示：

Arduino UNO R4 WiFi 接腳	SN65HVD230 收發器模組
D10	CTX（發送）
D13	CRX（接收）

電路圖

本實習的電路圖，如圖 7-6 所示。

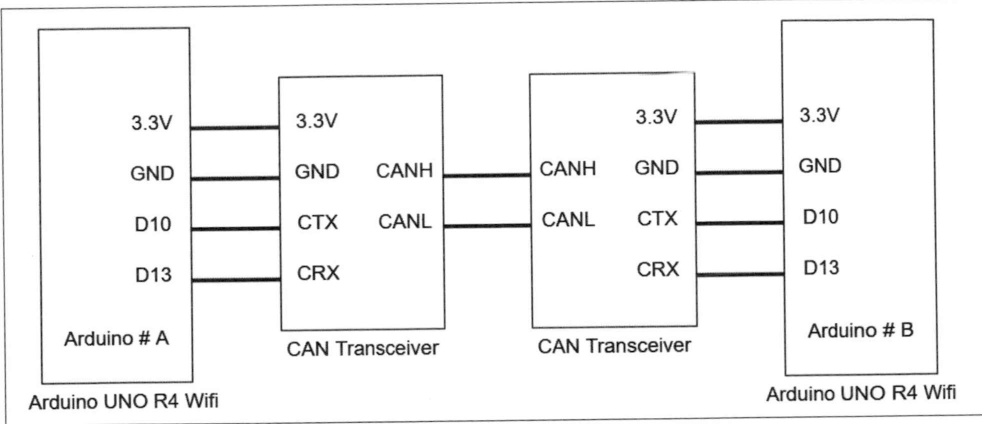

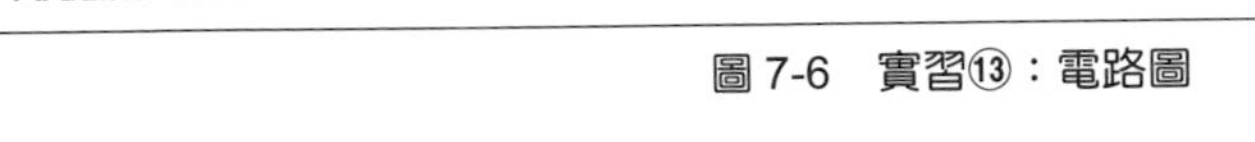
圖 7-6　實習⑬：電路圖

動作要求

- ❑ Arduino #A CAN ID 設爲 0x20，每隔 1 秒會傳送訊息給 Arduino #B。
- ❑ Arduino #B 收到訊息後，會印出收到的訊息。

Arduino #A 程式：CANWrite

```
#include <Arduino_CAN.h>

// 設定 CAN ID
static uint32_t const CAN_ID = 0x20;

void setup()
{
     // 開啟監控序列埠
     Serial.begin(115200);
     while (!Serial) { }

     // 設定 CAN 鮑率為 250k，開啟 CAN 總線
     If (!CAN.begin(CanBitRate::BR_250k))
     {
          // 若有錯誤，印出錯誤訊息，進入無窮迴圈
          Serial.println("CAN.begin(...) failed.");
```

```
        for (;;) {}
    }
}

// 定義msg_cnt變數
static uint32_t msg_cnt = 0;

void loop()
{
    // 設定CAN資料欄
    uint8_t const msg_data[] = {0xCA,0xFE,0,0,0,0,0,0};

    // 將msg_cnt變數值存入CAN資料欄
    memcpy((void *)(msg_data + 4), &msg_cnt, sizeof(msg_cnt));
    CanMsg const msg(CanStandardId(CAN_ID), sizeof(msg_data), msg_data);

    // 印出msg
    Serial.print("CAN Write: ");
    Serial.println(msg);

    // 傳送CAN訊息
    if (int const rc = CAN.write(msg); rc < 0)
    {
        // 若有錯誤，印出錯誤訊息，進入無窮迴圈
        Serial.print("CAN.write(...) failed with error code ");
        Serial.println(rc);
        for (;;) { }
    }

    // msg_cnt值加1
    msg_cnt++;
    delay(1000);
}
```

說明

➥ 程式首先包含標頭檔。

```
#include <Arduino_CAN.h>
```

➥ 定義 CAN Bus 的 CAN ID 為 0x20。

```
static uint32_t const CAN_ID = 0x20;
```

➥ 在 setup() 函式中，首先初始化監控視窗的鮑率。

```
Serial.begin(115200);
while (!Serial) { }
```

➥ 接著初始化 CAN 控制器，若初始化失敗，則印出錯誤訊息，進入無窮迴圈。其中，BR_250k 的鮑率（bit rate）爲 250k。

```
if (!CAN.begin(CanBitRate::BR_250k)) {
    Serial.println("CAN.begin(...) failed.");
        for (;;) {}
}
```

➥ 在進入 loop() 函式前，先定義變數 msg_cnt，資料型態爲 uint32_t。

```
static uint32_t msg_cnt = 0;
```

➥ 在 loop() 函式中，先定義 msg_data 陣列，資料型態爲 uint8_t。

```
uint8_t const msg_data[] = {0xCA,0xFE,0,0,0,0,0,0};
```

➥ 將 msg_cnt 的內容複製至 msg_data 陣列，位置從第 4 個元素開始。

```
memcpy((void *)(msg_data + 4), &msg_cnt, sizeof(msg_cnt));
```

➥ 定義 CAN Bus 訊息變數 msg，並印出 msg 內容。

```
CanMsg const msg(CanStandardId(CAN_ID), sizeof(msg_data), msg_data);
Serial.print("CAN Write: ");
Serial.println(msg);
```

➥ 將 msg 訊息寫入 CAN Bus，若寫入錯誤，印出錯誤訊息，進入無窮迴圈。

```
if (int const rc = CAN.write(msg); rc < 0) {
    Serial.print  ("CAN.write(...) failed with error code ");
    Serial.println(rc);
    for (;;) { }
}
```

➥ 將 msg_cnt 變數值加 1，並暫停 1 秒。

```
msg_cnt++;
delay(1000);
```


Arduino #B 程式：CANRead

```
#include <Arduino_CAN.h>

void setup()
{
  Serial.begin(115200);
  while (!Serial) { }

  if (!CAN.begin(CanBitRate::BR_250k))
  {
    Serial.println("CAN.begin(...) failed.");
    for (;;) {}
  }
}

void loop()
{
  if (CAN.available())
  {
    CanMsg const msg = CAN.read();
    Serial.println(msg);
  }
}
```

說明

➥ 程式首先包含標頭檔。

```
#include <Arduino_CAN.h>
```

➥ 在 setup() 函式中，先初始化監控視窗。

```
Serial.begin(115200);
while (!Serial) { }
```

➥ 再初始化 CAN 控制器，設定鮑率爲 250k，若初始化失敗，則印出錯誤訊息，進入無窮迴圈。

```
if (!CAN.begin(CanBitRate::BR_250k)) {
    Serial.println("CAN.begin(...) failed.");
    for (;;) {}
}
```

➥ 在 loop() 函式中，首先檢查是否有 CAN 訊息傳入，若有 CAN 訊息，則讀取 CAN 訊息，並顯示在監控視窗中。

```
if (CAN.available()) {
    CanMsg const msg = CAN.read();
    Serial.println(msg);
}
```

執行結果

❑ 將 Arduino #A 程式燒錄至 Arduino 開發板。

❑ 將 Arduino #B 程式燒錄至 Arduino 開發板。

❑ 關閉 Arduino #A 及 Arduino #B 開發板電源。

❑ 先開啓 Arduino #B 電源，進行 CAN Bus 讀取，開啓「序列埠監控視窗」，將鮑率設爲 115200。

❑ 再開啓 Arduino #A 電源，進行 CAN Bus 寫入，開啓「序列埠監控視窗」，將鮑率設爲 115200。

❑ Arduino #A 的執行結果如下：

```
CAN Write: [020] (8) : CAFE000001000000
CAN Write: [020] (8) : CAFE000002000000
CAN Write: [020] (8) : CAFE000003000000
CAN Write: [020] (8) : CAFE000004000000
CAN Write: [020] (8) : CAFE000005000000
CAN Write: [020] (8) : CAFE000006000000
CAN Write: [020] (8) : CAFE000007000000
CAN Write: [020] (8) : CAFE000008000000
CAN Write: [020] (8) : CAFE000009000000
CAN Write: [020] (8) : CAFE00000A000000
```

❑ Arduino #B 的執行結果如下：

```
[020] (8) : CAFE000000000000
[020] (8) : CAFE000001000000
[020] (8) : CAFE000002000000
[020] (8) : CAFE000003000000
[020] (8) : CAFE000004000000
[020] (8) : CAFE000005000000
[020] (8) : CAFE000006000000
[020] (8) : CAFE000007000000
[020] (8) : CAFE000008000000
[020] (8) : CAFE000009000000
[020] (8) : CAFE00000A000000
```

7.8 實習⑭：CAN Bus LED PWM 調光

實習目的

練習以兩台 Arduino 控制板，透過 CAN Bus 協定進行遠距 LED 調光。

實習材料

❑ Arduino UNO R4 WiFi 板 ×2。

❑ CAN 收發器模組 SN65HVD230×2。

❑ LED×1。

❑ 電阻 330Ω×1。

❑ 10KΩ 可變電阻 ×1。

電路圖

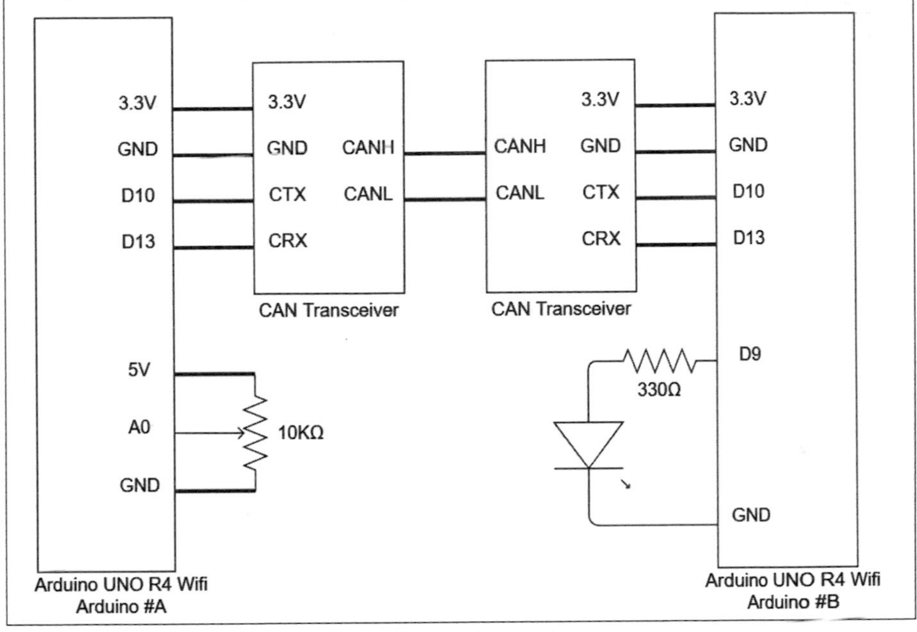

圖 7-7　實習⑭：電路圖

動作要求

- 兩個 Arduino 開發板各接一個 CAN 收發器模組。
- 第一個 Arduino 開發板稱爲「Arduino #A」，動作流程如下：
  - 讀取 A0 的電壓值。
  - 將電壓值顯示在監控序列埠。
  - 將電壓值透過 CAN 總線傳送資料。
  - delay 2 秒。
- 第二個 Arduino 開發板稱爲「Arduino #B」，動作流程如下：
  - 接收 CAN 總線傳入的電壓值，將其轉爲整數。
  - 將電壓值限制在 0~31。
  - 取得 PWM 值。
  - 進行 LED PWM 調光。
  - delay 0.1 秒。

 Arduino #A 程式：CANWrite

```
#include <Arduino_CAN.h>

// 設定CAN ID
static uint32_t const CAN_ID = 0x20;

// 設定電壓輸入為A0
const int POT = A0;

void setup()
{
    // 開啟監控序列埠
    Serial.begin(115200);
    while (!Serial) { }

    // 設定CAN鮑率，開啟CAN總線
    if (!CAN.begin(CanBitRate::BR_250k))
    {
        // 若有錯誤，印出錯誤訊息
        Serial.println("CAN.begin(...) failed.");
        for (;;) {}
    }

    // 類比讀取解析度為14位元
    analogReadResolution(14);
    delay(1000);
}

void loop()
{
    // 讀取電壓值
    uint16_t val = analogRead(POT);

    // 電壓值轉為2個byte
    uint8_t val1 = val / 256;
    uint8_t val2 = val % 256;

    // 電壓值顯示在監控序列窗
    Serial.print("CAN ID: ");
    Serial.print(CAN_ID);
    Serial.print(" , ");
```

```
    Serial.print("Analog Reading: ");
    Serial.println(val);

    // 將電壓值放入CAN訊息
    uint8_t const msg_data[] = {0x00,0x00,0,0,0,0,0,0};
    memcpy((void *)(msg_data), &val1, sizeof(val1));
    memcpy((void *)(msg_data+1), &val2, sizeof(val2));
    CanMsg const msg(CanStandardId(CAN_ID), sizeof(msg_data), msg_data);

    // 傳送訊息
    if (int const rc = CAN.write(msg); rc < 0)
    {
        // 若有錯誤，印出錯誤訊息
        Serial.print ("CAN.write(...) failed with error code ");
        Serial.println(rc);
        for (;;) { }
    }
    delay(2000);
}
```

Arduino #B 程式：CANRead

```
#include <Arduino_CAN.h>

// 設定LED接腳
const  int  LED=9;

// 設定LED調光陣列
uint8_t led_pwm[] = {
  0, 1, 2, 3, 4, 5,
  7, 10, 13, 15, 19, 24,
  26, 32, 38, 45, 52,
  57, 66, 75, 85, 96,
  108, 121, 134, 149, 164,
  181, 198, 216, 235, 255
};

uint8_t led_pwm[] = {
  0, 1, 2, 3, 4, 5, 7, 9, 12,
  15, 19, 24, 27, 32, 38, 45, 52, 56,
  64, 73, 83, 96, 112, 124, 138, 152, 164,
  180, 197, 216, 235, 255
```

```
};

void setup()
{
    // 開啟監控序列埠
    Serial.begin(115200);
    while (!Serial) { }

    // 設定 CAN 鮑率，開啟 CAN 總線
    if (!CAN.begin(CanBitRate::BR_250k))
    {
        // 若有錯誤，印出錯誤訊息
        Serial.println("CAN.begin(...) failed.");
        for (;;) {}
    }

    // LED 接腳設為輸出
    pinMode(LED, OUTPUT);
}

// 定義變數
uint8_t val1;
uint8_t val2;
uint16_t val3;

void loop()
{
    // 若 CAN 總線有資料
    if (CAN.available())
    {
        // 讀取 CAN 總線傳來的訊息
        CanMsg const msg = CAN.read();

        // 印出傳來訊息的 CAN ID
        Serial.print("CAN ID: ");
        Serial.print(msg.id);

        // 印出傳來的電壓值
        Serial.print(" , ");
        val1 = msg.data[0];
        val2 = msg.data[1];
        val3=val1*256+val2;
```

```
        Serial.print("Voltage: ");
        Serial.println(val3);

        // 電壓值轉為 0-31
        int per=map(val3, 0, 16383, 0, 31);

        // 取出 LED 調光陣列的元素，進行 LED 調光
        analogWrite(LED, led_pwm[per]);
        delay(100);
    }
}
```

執行結果

- ❑ 將 Arduino #A 程式燒錄至 Arduino 開發板。
- ❑ 將 Arduino #B 程式燒錄至 Arduino 開發板。
- ❑ 關閉 Arduino #A 及 Arduino #B 開發板電源。
- ❑ 先開啓 Arduino #B 電源，進行 CAN Bus 讀取，開啓序列埠監控視窗，將鮑率設爲 115200。
- ❑ 再開啓 Arduino #A 電源，進行 CAN Bus 寫入，開啓序列埠監控視窗，將鮑率設爲 115200。
- ❑ Arduino #A 的執行結果如下：

```
CAN ID: 32 , Voltage: 0
CAN ID: 32 , Voltage: 2
CAN ID: 32 , Voltage: 0
CAN ID: 32 , Voltage: 1807
CAN ID: 32 , Voltage: 8119
CAN ID: 32 , Voltage: 8126
CAN ID: 32 , Voltage: 12873
CAN ID: 32 , Voltage: 16383
....
```

- ❑ Arduino #B 的執行結果如下：

```
CAN ID: 32 , Analog Reading: 0
CAN ID: 32 , Analog Reading: 2
CAN ID: 32 , Analog Reading: 0
```

```
CAN ID: 32 , Analog Reading: 1807
CAN ID: 32 , Analog Reading: 8119
CAN ID: 32 , Analog Reading: 8126
CAN ID: 32 , Analog Reading: 12873
CAN ID: 32 , Analog Reading: 16383
....
```

- 調整 Arduino #A 的可變電壓值，可以看到 Arduino #B 的 LED，會隨著電壓值的變化進行調光。

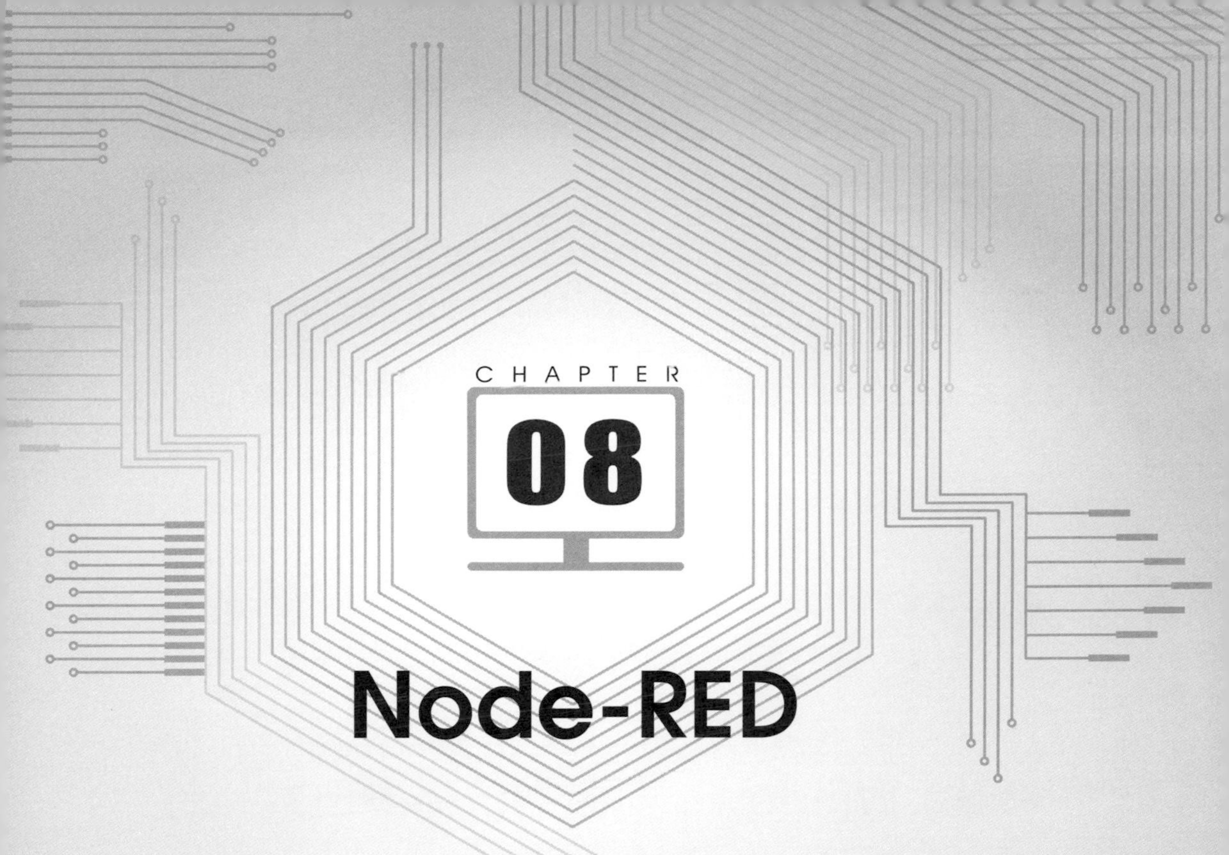

Node-RED

8.1 本章提要

Node-RED 是 IBM 以 Node.js 爲基礎，開發出來的 IOT 視覺化開發工具，因爲純粹透過流程圖的方式工作，所以不需要會 Node.js，也可以透過 Node-RED 完成許多後端才能做的事情。

Node-RED 是一種編輯程式的工具，它提供了一個基於瀏覽器的編輯器，且在工具面板中提供了許多節點。我們可以使用這些節點，將各個節點連接起來形成流程圖，之後只要按下「部署」按鈕，即可完成部署及執行程式。

由於本書後面的章節中，會使用 Node-RED 建構物聯網平台，進行資料的收集及顯示，所以在本章中，我們將以實習方式來讓讀者了解 Node-RED 的基本操作。

8.2 Windows 安裝 Node-RED

在本書中，我們大部分的實習是在 Windows 作業環境下進行，所以在本節中，我們說明一下如何在 Windows 下安裝 Node-RED。

 安裝 Node.js

安裝步驟如下：

STEP 01 先下載 Node.js，下載網址：URL https://nodejs.org/en/。

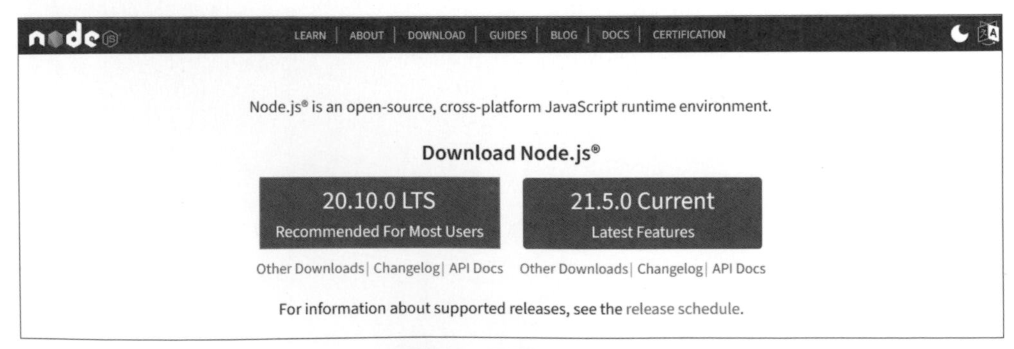

圖 8-1　下載 Node.js

STEP 02 請下載檔案，並進行安裝，在安裝的同時，也會同時安裝 npm 工具。npm 是 Node.js 預設的，以 JavaScript 撰寫的軟體套件管理工具。

 安裝 Node-RED

STEP 01 Node.js 安裝完成後，打開終端機，輸入下列指令來安裝 Node-RED：

```
npm  install  -g  node-red
```

STEP 02 要啟動 Node-RED，指令如下：

```
node-red
```

STEP 03 執行畫面如下，可以看到 Node-RED 伺服器的網址：URL http://127.0.0.1:1880。

```
C:\Users\USER>node-red
8 Jan 23:24:13 - [info]

Welcome to Node-RED
===================

8 Jan 23:24:13 - [info] Node-RED version: v3.1.3
8 Jan 23:24:13 - [info] Node.js  version: v20.10.0
8 Jan 23:24:13 - [info] Windows_NT 10.0.19045 x64 LE
8 Jan 23:24:14 - [info] Loading palette nodes
8 Jan 23:24:15 - [info] Settings file  : C:\Users\USER\.node-red\settings.js
8 Jan 23:24:15 - [info] Context store  : 'default' [module=memory]
8 Jan 23:24:15 - [info] User directory : C:\Users\USER\.node-red
8 Jan 23:24:15 - [warn] Projects disabled : editorTheme.projects.enabled=false
8 Jan 23:24:15 - [info] Flows file     : C:\Users\USER\.node-red\flows.json
8 Jan 23:24:15 - [info] Creating new flow file
8 Jan 23:24:15 - [warn]

---------------------------------------------------------------------
Your flow credentials file is encrypted using a system-generated key.

If the system-generated key is lost for any reason, your credentials
file will not be recoverable, you will have to delete it and re-enter
your credentials.

You should set your own key using the 'credentialSecret' option in
your settings file. Node-RED will then re-encrypt your credentials
file using your chosen key the next time you deploy a change.
---------------------------------------------------------------------

8 Jan 23:24:15 - [info] Server now running at http://127.0.0.1:1880/
8 Jan 23:24:15 - [warn] Encrypted credentials not found
8 Jan 23:24:15 - [info] Starting flows
8 Jan 23:24:15 - [info] Started flows
```

圖 8-2　執行 Node-RED

STEP 04 開啟瀏覽器，在網址列輸入：URL http://127.0.0.1:1880/，就可以打開 Node-RED。左邊是工具面板，內有許多節點，每個節點都有各自的功能，中間的區域就是程式的編輯區。

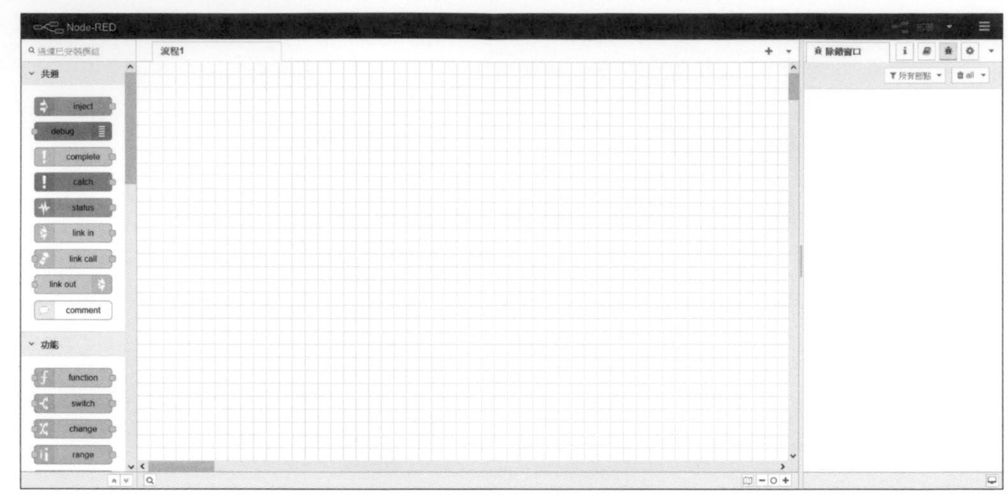

圖 8-3　Node-RED 編輯畫面

8.3 Node-RED 基本操作

在本節中，我們以一個簡單的範例，說明如何操作 Node-RED 工具。

STEP 01 至網頁左邊的工具面板，將 inject 及 debug 節點放至程式編輯區。

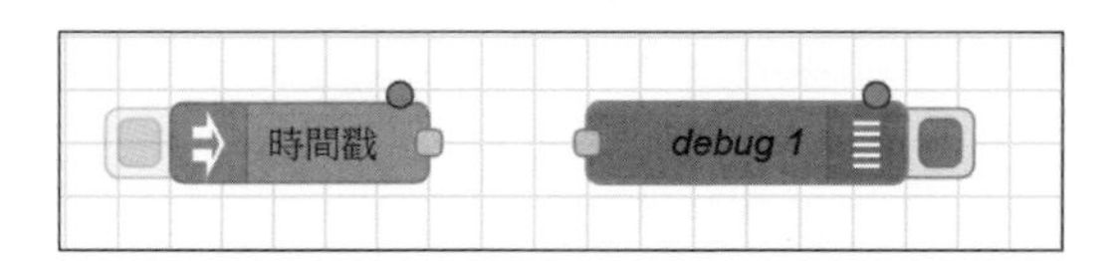

圖 8-4　放置 inject 及 debug 節點

STEP 02 連接 inject 節點與 debug 節點。

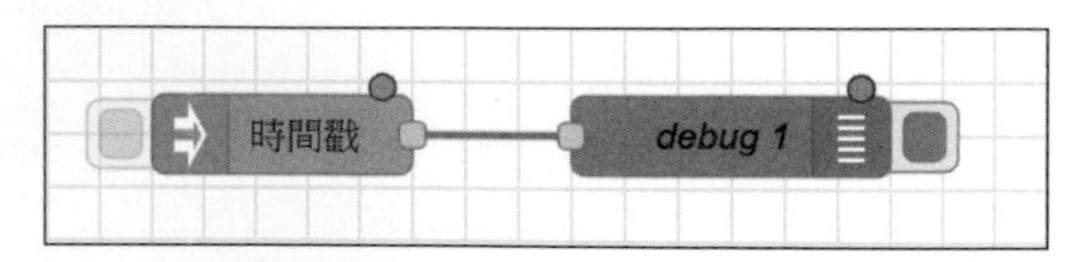

圖 8-5　連接 inject 與 debug 節點

STEP 03 按二下 inject 節點，編輯節點內容，msg.payload 下拉選單選擇「文字列」，內容欄位輸入「Hello World」，名稱欄位輸入「data input」，輸入完成後按下「完成」按鈕。

圖 8-6　inject 節點

STEP 04 此時畫面如圖 8-7 所示。

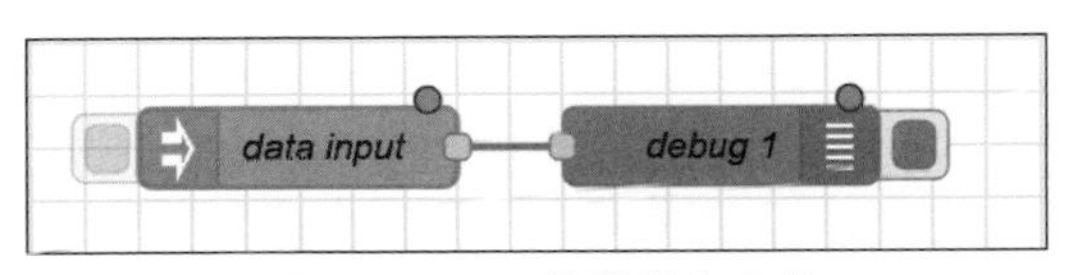

圖 8-7　inject 節點設定完成

STEP 05 編輯 debug 節點，名稱欄位輸入「data output」，輸入完成後按下「完成」按鈕。

圖 8-8　debug 節點

STEP 06 此時畫面如圖 8-9 所示。

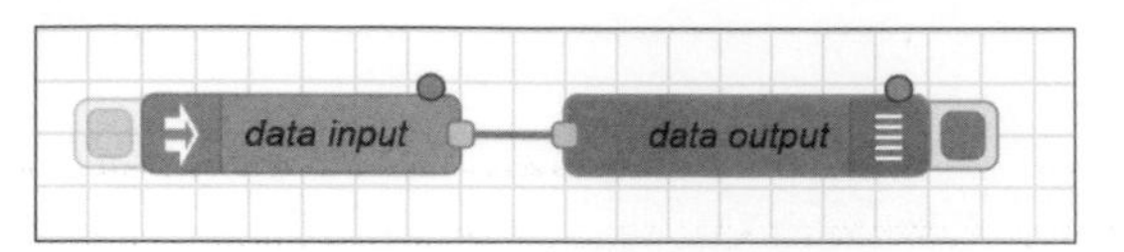

圖 8-9　debug 節點設定完成

STEP 07 完成後，點選右上角的「部署」按鈕，即可部署程式並執行程式。

圖 8-10　點選「部署」按鈕

STEP 08 點擊 inject 前面的區域，就可以從「除錯窗口」的頁籤內，看到我們剛剛輸入的「Hello Wrold」。

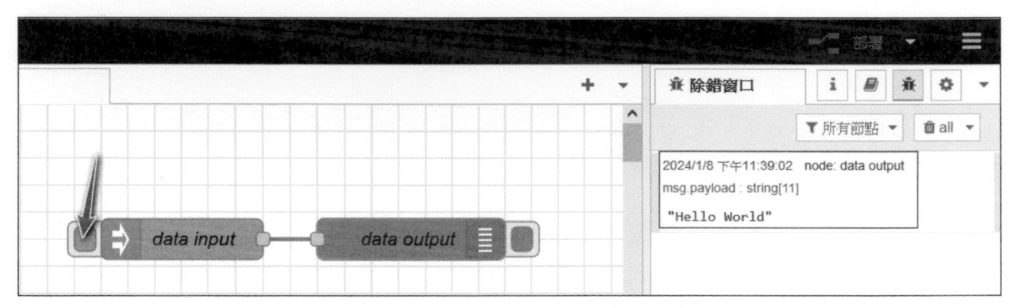

圖 8-11　Node-RED 的除錯窗口視窗

8.4 Node-RED 核心節點

Node-RED 提供了許多節點供我們使用。當我們要進一步操作 Node-RED 時，需要了解一些核心節點，說明如下：

inject 節點

inject 節點可以讓使用者在編輯環境中點選節點，來手動觸發流程。此外，inject 節點也可以設定成「定時自動觸發流程」。

如圖 8-12 所示，inject 節點有二個屬性：

- **msg.payload**：訊息內容。
- **msg.topic**：訊息主題。

圖 8-12　inject 節點的 Payload 變數類型

其中，msg.payload 屬性提供了許多不同的變數類型：

變數類型	說明
flow	流程變數。
global	整體變數。
文字列	字串，如 Hello world。
數字	數字 0-9。
布林	布林值，true/false。
JSON	JSON 字串。
二進位流	暫存資訊，一個 Node.js 暫存資訊，可能是影像的二進位資料檔。
時間戳記	表示現在時間與 1970 年 1 月 1 日 00:00:00 的時間差，計算單位為毫秒（ms）。

debug 節點

debug 節點可以在除錯視窗中，顯示 msg.payload 的訊息。

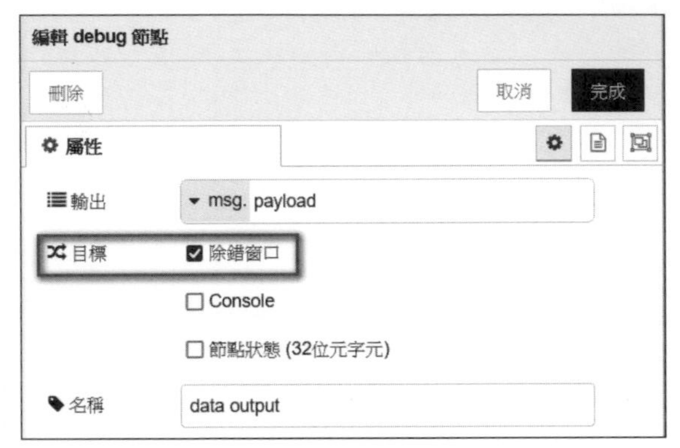

圖 8-13　debug 節點會將訊息顯示至除錯窗口

function 節點

function 節點會傳入訊息，讓我們可以撰寫 JavaScript 程式來處理訊息。傳入的訊息爲 msg 物件，而 msg.payload 則爲訊息的內容。

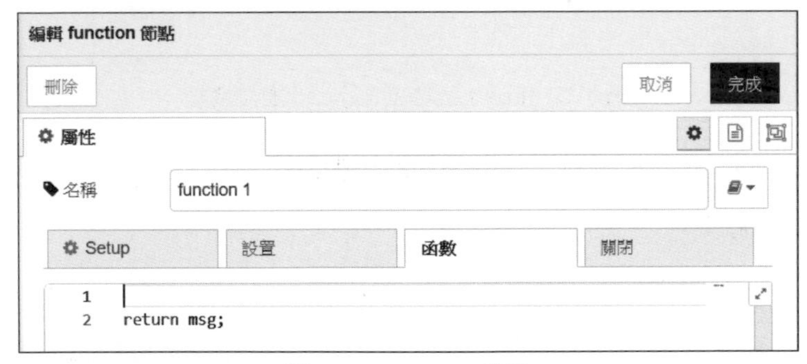

圖 8-14　function 節點

一般而言，function 節點程式的最後會傳回處理後的訊息物件：

```
return  msg;
```

也可以傳回一個新的物件，例如：可以先取出傳入 msg 的長度，再包裝成一個新物件傳回。

```
var  newMsg = { payload : msg.payload.length };
return  newMsg;
```

function 節點允許我們一次傳回多個物件，此時需要將欲傳回的多個物件放入陣列中。例如：我們可以傳回原本傳入的 msg 物件及處理後的新物件 newMsg。


```
var  newMsg = { payload:msg.payload.length };
return [msg, newMsg];
```

在 function 節點中，我們可以將資料儲存至預先定義好的變數中。有三個預先定義的變數：

- ❑ **context**：節點的區域變數，可在節點讀寫。
- ❑ **flow**：流程變數，同一流程每一節點都可讀寫。
- ❑ **global**：整體變數，所有流程每一節點都可讀寫。

要讀取與設定這些預先定義好的變數內容，有二個方法：

- ❑ **get**：讀取變數內容。
- ❑ **set**：寫入變數內容。

例如：在下列程式中，我們先讀取名為「count」的 flow 變數，並設定一個值給 count 變數：

```
var  myCount = flow.get("count")    // 讀取 flow 變數 count
flow.set("count", 123);             // 將 flow 變數 count 的內容設為 123
```

一般我們在函式節點中建立的變數，會在函式節點執行完後，該變數值即會丟失，但若將訊息保存至預設的三種變數中，則可以將其持續保存至下一個訊息的到來。以下的程式片段可以計數 function 節點執行的次數：

```
// 取出 context 變數，若 conetxt 變數不存在，則初始化為 0
var  mcount = context.get('count') || 0;
mcount += 1;                          // mcount 變數加 1
context.set('count', mcount);         // 回存 context 變數
msg.count = mcount;                   // 設定 msg 物件屬性
return msg;
```

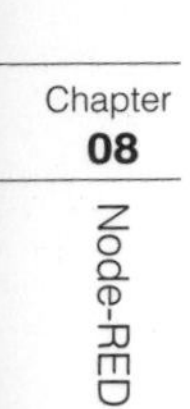

change 節點

change 節點允許我們不用寫程式，即可改變 payload 或新增物件屬性。

圖 8-15　change 節點

change 節點的規則有四種：

- **設定**：設定一個屬性。
- **修改**：尋找及替代訊息屬性。
- **刪除**：刪除一個屬性。
- **轉移**：移動或更名一個屬性。

switch 節點

switch 節點可以讓我們使用類似程式語言的 switch 語法，以一組規則將訊息路由至不同分支的流程。

圖 8-16　switch 節點

template 節點

template 節點可以使用訊息屬性來產生 HTML 模板。

圖 8-17　template 節點

template 節點使用一種稱為「Mustache」的語法來替代訊息屬性，例如：

```
{{payload}}
```

即表示訊息的 payload 屬性的內容。

8.5　實習⑮：使用 Node-RED 核心節點

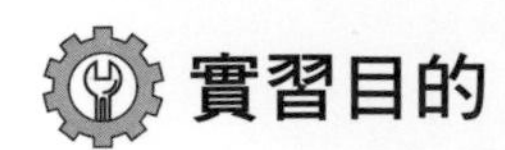

實習目的

練習 Node-RED 核心節點的使用。

動作要求

❑ 按一下 inject 節點後，會傳送 JSON 字串，如：

```
{"id":"A001","result":true}
{"id":"A002","result":false}
```

- 將 JSON 字串轉爲 JSON 物件。
- 使用 switch 節點，若 JSON 物件的 result 屬性值爲 true，則再使用 change 節點，增加一個名爲「note」屬性，並設定屬性值，印出 payload 訊息。
- 若 JSON 物件的 result 屬性值爲 false，則直接印出 payload 訊息。

Node-RED 流程

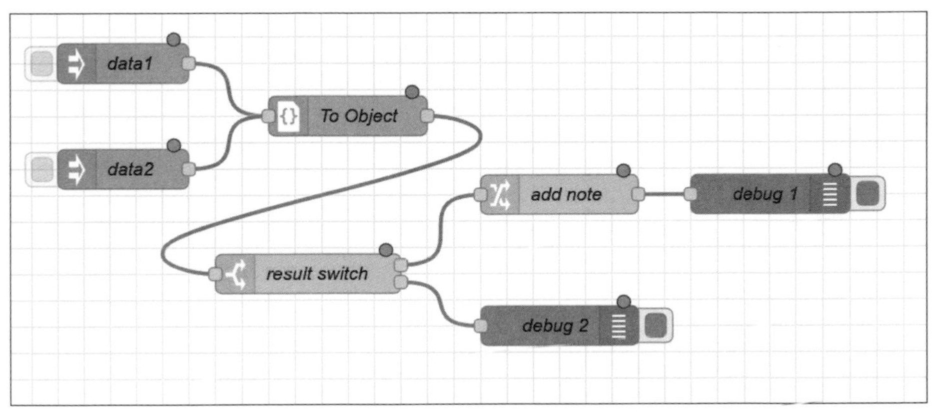

圖 8-18　實習⑮：流程圖

實習步驟

STEP 01 依序加入 inject、json、switch、change、debug 節點。

STEP 02 編輯 inject 節點，Payload 輸入 json 字串。

名稱	設定內容
data1	msg.payload：文字列 , {"id":"A001","result":true}
data2	msg.payload：文字列 , {"id":"A002","result":false}

STEP 03 編輯 json 節點，操作欄位選擇「總是轉為 JS 對象」，將 json 字串轉為 Java Script 物件，名稱欄位設為「To Object」。

圖 8-19　json 節點

STEP 04 編輯 switch 節點，名稱欄位設為「result switch」，按下「添加」按鈕來新增規則，規則是判斷 msg 物件的 result 屬性的真假。

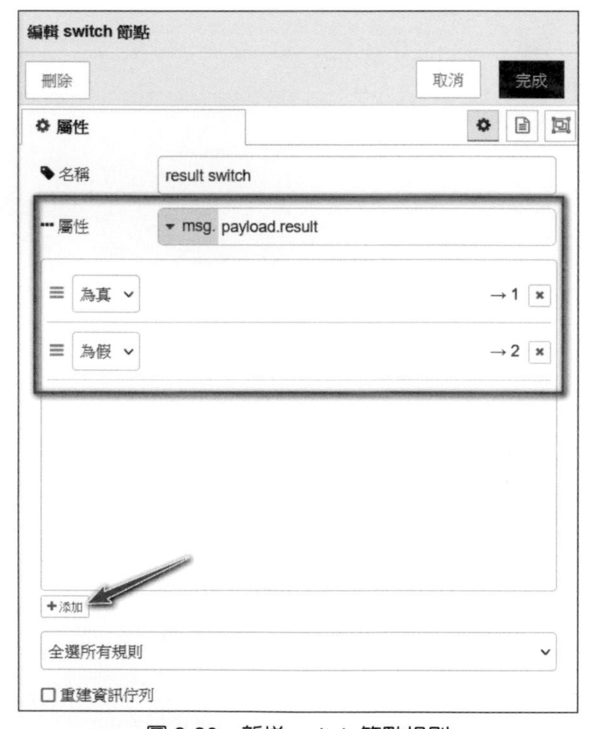

圖 8-20　新增 switch 節點規則

STEP 05 編輯 change 節點，名稱欄位設為「add note」；當 msg 物件的 result 屬性為 true 時，新增 note 屬性，並設定值為字串「This is a test」。

圖 8-21　設定 change 節點

執行結果

- 按下「部署」按鈕。
- 按一下 data1 節點，輸出為「{id: "A001", result: true, note: "This is a test"}」。
- 按一下 data2 節點，輸出為「{id: "A002", result: false}」。

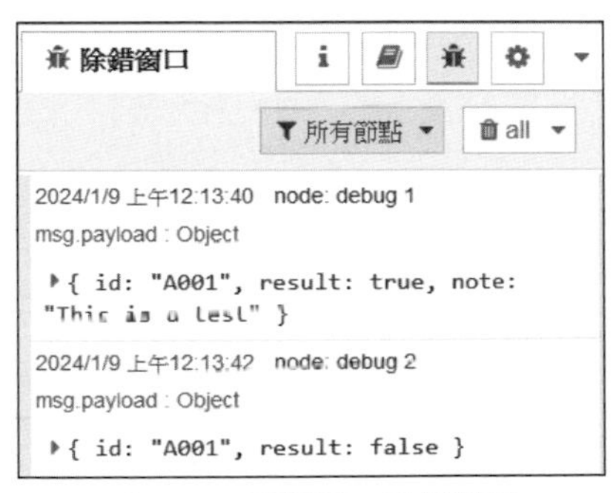

圖 8-22　實習⑮：除錯訊息

8.6 實習⑯：建立 Hello World 網頁

實習目的

練習使用 template 節點，在 Node-RED 中新增網頁。

動作要求

- ❑ 在 Node-RED 中新增網頁，可透過下列網址進行瀏覽：URL http://localhost:1880/hello。
- ❑ 網頁內容顯示「Hello World」訊息。

Node-RED 流程

圖 8-23　實習⑯：流程圖

實習步驟

STEP 01 依序加入 http in、template、http response 節點。

STEP 02 編輯 http in 節點，名稱欄位輸入「hello」，請求方式欄位選擇「GET」，URL 欄位輸入「/hello」。

圖 8-24　http in 節點

STEP 03 編輯 template 節點，名稱欄位設為「hello page」。在「模版」輸入網頁的 HTML5 程式碼。

圖 8-25　設定 template 節點

執行結果

- 按下「部署」按鈕，並開啟瀏覽器，輸入網址：URL http://localhost:1880/hello，即可看到 hello 網頁內容。

圖 8-26　實習⑯：執行結果

8.7 實習⑰：加入 Bootstrap 美化網頁

實習目的

- ❑ 練習設定 Node-RED 的 settings.js，讓網頁可以使用靜態資源。
- ❑ 練習在 Node-RED 中，使用 Bootstrap 框架讓網頁的顯示更美觀。

Boostrap 簡介

Bootstrap 是一套受歡迎的前端框架，Bootstrap 基於 HTML、CSS、JavaScript，提供我們一套元件函式庫，可以讓我們用來開發響應式網頁。

開啟 httpStatic 選項

若要在 Node-RED 中開發響應式網頁，採用 Bootstrap 來協助我們開發，是不錯的選擇。首先，我們要在 Node-RED 的 settings.js 中開啓 httpStatic 選項。步驟如下：

STEP 01 由於本章的 Node-RED 安裝在 Windows 作業環境下，所以請至「C:\Users\user\.node-red」目錄下，開啟 settings.js 文字檔。

STEP 02 修改文字檔內容，開啟 httpStatic 選項，設定 http 靜態路徑，這裡我們將路徑設定為「d:/node-red-static/」目錄。

```
218
219     /** When httpAdminRoot is used to move the UI to a different root path, the
220      * following property can be used to identify a directory of static content
221      * that should be served at http://localhost:1880/.
222      * When httpStaticRoot is set differently to httpAdminRoot, there is no need
223      * to move httpAdminRoot
224      */
225     httpStatic: 'd:/node-red-static/', //single static source
226     /**
227      *  OR multiple static sources can be created using an array of objects...
228      *  Each object can also contain an options object for further configuration.
229      *  See https://expressjs.com/en/api.html#express.static for available options.
230      */
```

圖 8-27　編輯 settings.js

STEP 03 修改後，請進行存檔，並請重新啟動 Node-RED。

下載 jQuery 套件

接著，我們要去下載 jQuery 套件，網址如下：URL https://jquery.com/download/。

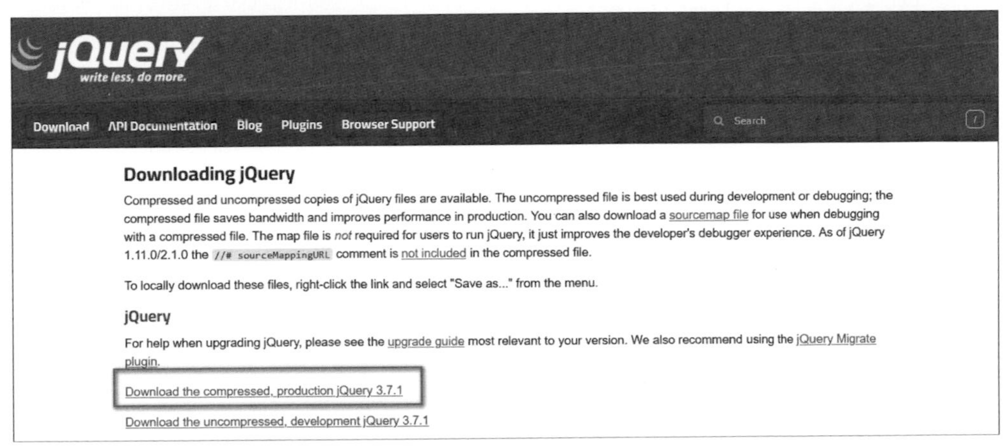

圖 8-28　下載 jQuery

我們下載的版本是 jquery-3.7.1.min.js，下載後請將其放至「d:/node-red-static/js」目錄下。

下載 Bootstrap 套件

Bootstrap 的下載網址：URL https://getbootstrap.com/docs/5.3/getting-started/download/。

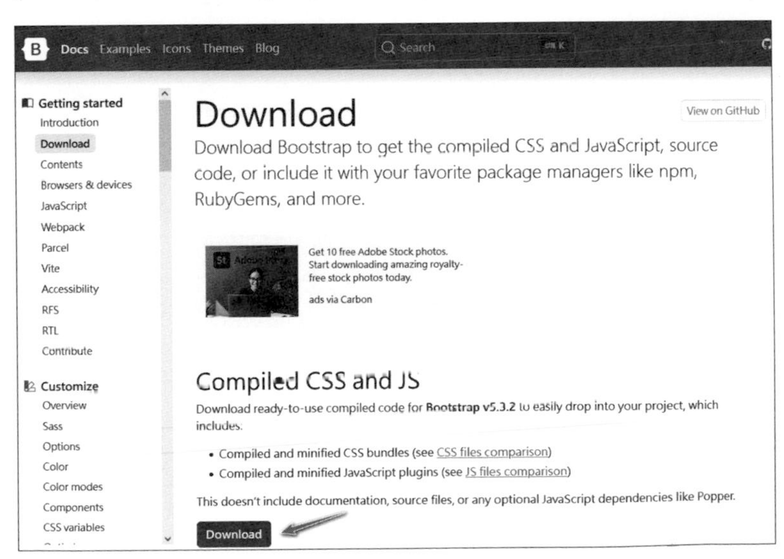

圖 8-29　下載 Bootstrap

我們下載的版本是bootstrap-5.3.2.zip，下載後請解壓縮檔案，並分別將css及js目錄下的檔案，放至「d:/node-red-static/css」及「d:/node-red-static/js」目錄中。

下載 jscolor 套件

jscolor是一個可在網頁進行顏色選取的元件。jscolor的下載網址：URL http://jscolor.com。進入網頁後，請點選網頁的「Download→License」標籤，再點選「Download ZIP」按鈕，即可下載jscolor。

圖 8-30　下載 jscolor

我們下載的版本是jscolor-2.5.2.zip，下載後請解壓縮檔案，並將檔案放至「d:/node-red-static/js」目錄中。

動作要求

- ❑ 在Node-RED中新增網頁，可透過下列網址進行瀏覽：URL http://localhost:1880/led。
- ❑ 網頁內容可以設定網頁元件的顏色，並可使用Bootstrap來美化網頁。

Node-RED 流程

圖 8-31　實習⑰：流程圖

實習步驟

STEP 01 依序加入 http in、template、http response 節點。

STEP 02 編輯 http in 節點。

名稱	設定內容
led	請求方式：GET URL：/led

STEP 03 編輯 template 節點。

❑ 名稱「led page」：輸入網頁內容，程式如下：

```
<!DOCTYPE html>
<html>
<head>
    <meta charset="utf-8">
    <title>LED Color</title>
    <link rel="stylesheet" type="text/css" href="css/bootstrap.min.css">
    <script type="text/javascript" src="js/jquery-3.7.1.min.js"></script>
    <script type="text/javascript" src="js/bootstrap.min.js"></script>
    <script type="text/javascript" src="js/jscolor.js"></script>

</head>
<body>
    <div class="container">
        <div class="p-5 mb-4 bg-body-tertiary rounded-3">
            <div class="container-fluid py-5">
                <h1 class="display-5 fw-bold text-center">LED Control</h1>
            </div>
        </div>
    </div>

    <div class="container">
        <div class="row">
            <div class="col-md-12 text center">
                <div id="led-1">
                    <svg height="100" width="100">
                        <circle id="status-led-1" cx="50" cy="50" r="40"
                        stroke="black" stroke-width="3" fill="#FFFFFF">
                        </circle>
```

```
                    </svg>
                    <p>
                        LED color:
                    </p>
                    <input class="jscolor" id="led" value="FFFFFF">
                    <div id="message-led-1"></div>
                </div>
            </div>
        </div>
    </div>

    <script>
        $(function(){
            $("#led").change(function(){
                value=$("#led").val();
                $("#message-led-1").text("LED Color is set to "+value);
                $("#status-led-1").css({fill:value});
            });
        });
    </script>
</body>
</html>
```

執行結果

- 按下「部署」按鈕，並開啓瀏覽器，輸入網址：URL http://localhost:1880/led，網頁顯示如圖 8-32 所示。

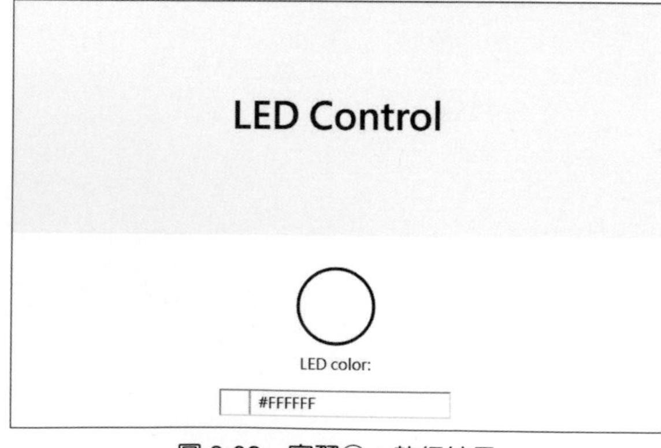

圖 8-32　實習⑰：執行結果

❑ 按一下文字方塊，可進行顏色的選取。

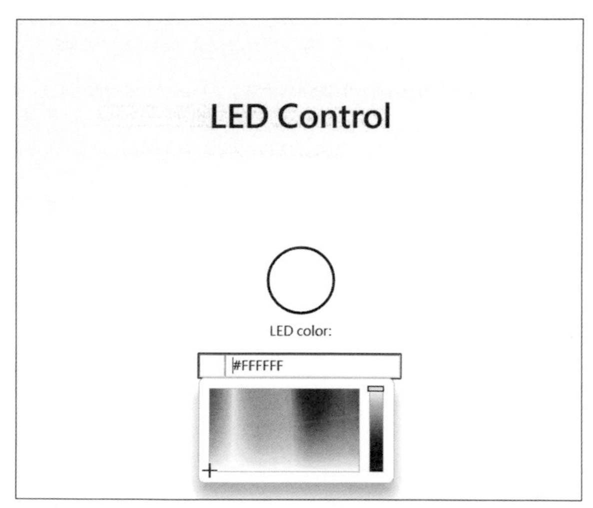

圖 8-33　jscolor.js 可讓使用者選取顏色

❑ 顏色選取後，可改變網頁 LED 的顏色。

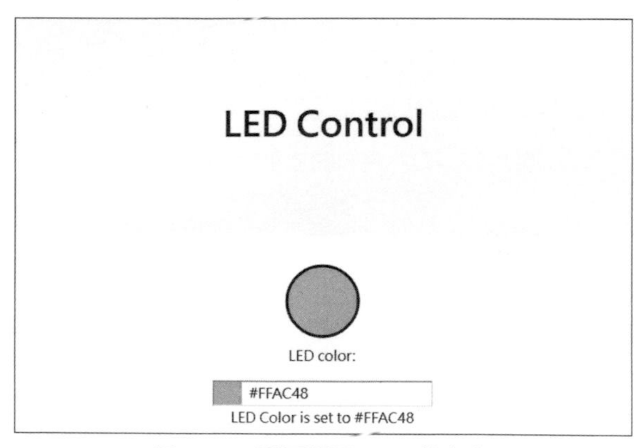

圖 8-34　變更網頁 LED 的顏色

8.8 實習⑱：Node-Red 讀取 Opendata

實習目的

了解如何以 Node-RED 讀取 Opendata 網站，顯示某地區的 PM2.5 的值。

 政府資料開放平台

「政府資料開放平台」是我們政府本著開放資料的精神所建置的網站，網站中提供了許多資料集，可讓我們自由運用其中的資料。在本實習中，我們要存取有關PM2.5的資料。

STEP 01 輸入網址：URL https://data.gov.tw/dataset/34827，可進入細懸浮微粒資料（PM2.5）的網站。

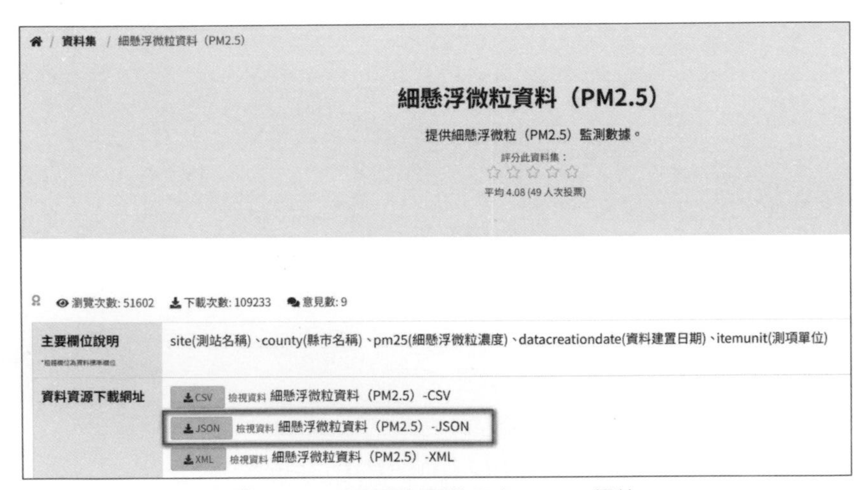

圖 8-35　政府資料開放平台 PM2.5 網站

STEP 02 點選「JSON」，查看細懸浮微粒資料（PM2.5）的 Opendata：URL https://data.moenv.gov.tw/api/v2/aqx_p_02?api_key=e8dd42e6-9b8b-43f8-991e-b3dee723a52d&limit=1000&sort=datacreationdate%20desc&format=JSON。

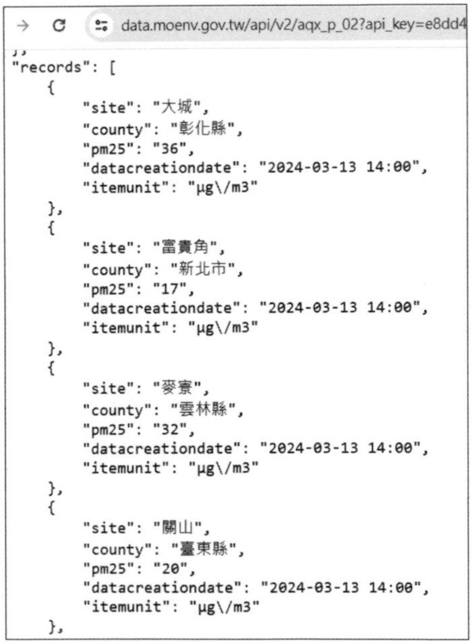

data.moenv.gov.tw/api/v2/aqx_p_02?api_key=e8dd4
"records": [
    {
        "site": "大城",
        "county": "彰化縣",
        "pm25": "36",
        "datacreationdate": "2024-03-13 14:00",
        "itemunit": "μg\/m3"
    },
    {
        "site": "富貴角",
        "county": "新北市",
        "pm25": "17",
        "datacreationdate": "2024-03-13 14:00",
        "itemunit": "μg\/m3"
    },
    {
        "site": "麥寮",
        "county": "雲林縣",
        "pm25": "32",
        "datacreationdate": "2024-03-13 14:00",
        "itemunit": "μg\/m3"
    },
    {
        "site": "關山",
        "county": "臺東縣",
        "pm25": "20",
        "datacreationdate": "2024-03-13 14:00",
        "itemunit": "μg\/m3"
    },

圖 8-36　PM2.5 json 資料

動作要求

- ❑ 利用 http request 節點，取得政府開放平台的 PM2.5 資料。
- ❑ 撰寫函式，過濾資料，只印出「淡水」地區的 PM2.5 資料。

Node-RED 流程圖

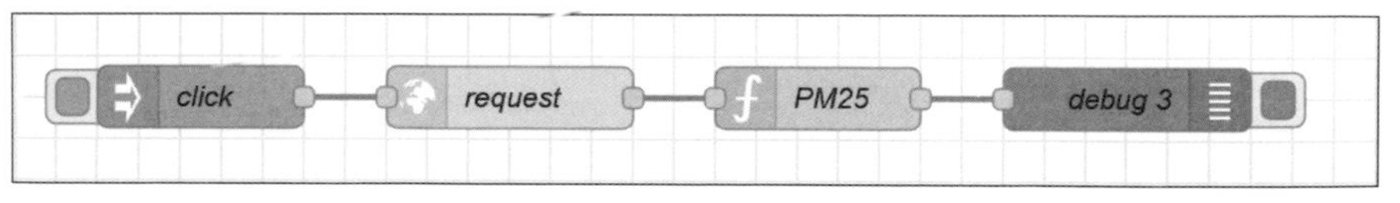

圖 8-37　實習⑱：流程圖

實習步驟

STEP 01 依序加入 inject、http request、function、debug 節點。

STEP 02 編輯 inject 節點。

名稱	設定內容
click	msg.payload：時間戳記

STEP 03 編輯 http request 節點。

名稱	設定內容
request	請求方式：GET URL：https://data.moenv.gov.tw/api/v2/aqx_p_02?api_key=e8dd42e6-9b8b-43f8-991e-b3dee723a52d&limit=1000&sort=datacreationdate%20desc&format=JSON 返回：JSON 對象

其中，URL 填入細懸浮微粒資料（PM2.5）的 JSON 網址，並將資料格式改爲「JSON 對象」。

圖 8-38　http request 節點

STEP 04 編輯 function 節點。

❑ 名稱「PM25」：此函式會篩選出淡水的 PM2.5 數值，並將淡水的 pm2.5 數值存入 msg.payload 屬性中。程式內容如下：

```
var a = msg.payload.records;

a.forEach(function (e, i) {
    if (e['site'] == '淡水')
        msg.payload = e['pm25'];
});

return msg;
```

STEP 05 按下「部署」按鈕，按一下 click 節點，就會看到淡水的 pm2.5 數值顯示出來了。

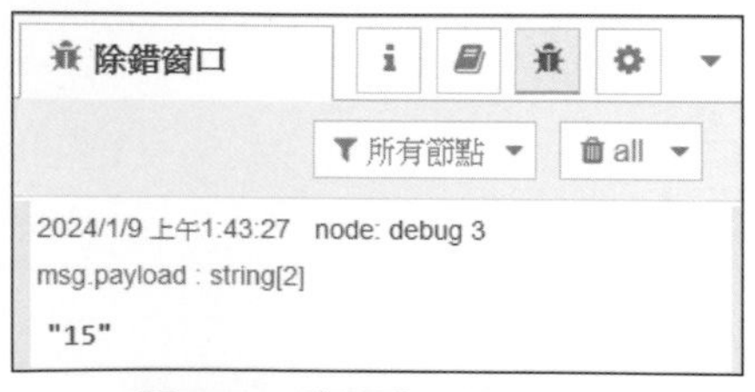

圖 8-39　實習⑱：執行結果

CHAPTER 09

Node-RED 儀表板

9.1 本章提要

Node-RED 儀表板是提供 Node-RED 流程表現資料的一種方式。Node-RED 儀表板提供圖形、儀表、文字輸出介面，適合用來呈現 IOT 的感測資料。Node-RED 儀表板可以設計成多個頁面（稱爲 Tab），來呈現多個 Node-RED 的資料。其中每個頁面又可以分成多個群組（Group），而每個儀表板元件需要設定是屬於哪個頁面及哪個群組。在本章中，我們將經由實習方式，讓讀者了解 Node-RED 儀表板的基本操作。

9.2 安裝 dashboard 模組

要在 Node-RED 中安裝 dashboard 模組，步驟如下：

STEP 01 啟動 Node-Red，並開啟瀏覽器，輸入網址：URL http://127.0.0.1:1880。

STEP 02 展開「部署」右方選單，點選「節點管理」，並按下「安裝」標籤，搜尋列輸入「node-red-dashboard」，接著找到「node-red-dashboard」模組，按下「安裝」按鈕。

圖 9-1 安裝 node-red-dashboard 模組

STEP 03 安裝完成後，按下「完成」按鈕，關閉「節點管理」視窗。此時，Node-RED 編輯環境的節點清單，會新增「dashboard」節點區。

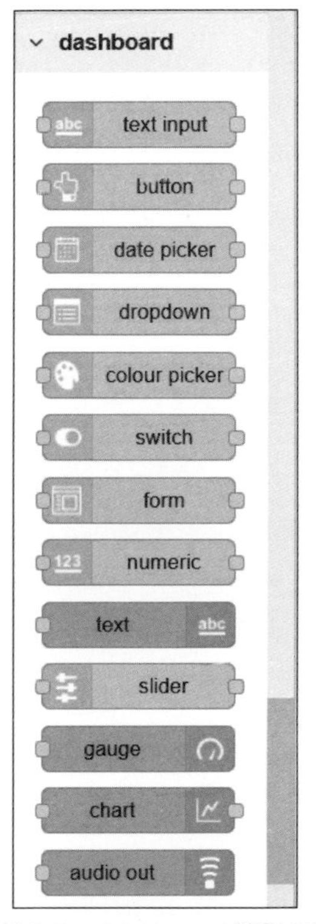

圖 9-2　dashboard 節點區

9.3 新增 Tab 節點及 Group 節點

當我們在 Node-RED 中要配置儀表板（dashboard）元件時，需要指定該元件的 Tab 及 Group。Tab 名稱用來設定網頁的名稱，若有多個 Tab 名稱，即會有多個頁面來顯示儀表板元件；另一方面，若儀表板元件的 Tab 相同、但 Group 不同，該元件即會顯示在同一個頁面的不同區塊中。

在本節中，我們要新增 Tab 為 Home，Group 為 Default 的群組節點，步驟如下：

STEP 01 將 chart 節點拉至編輯區，按二下 chart 節點，會出現圖 9-3 的畫面，將 Group 欄位設為「添加新的 dashboard group 節點」，並點選旁邊的「編輯」按鈕。

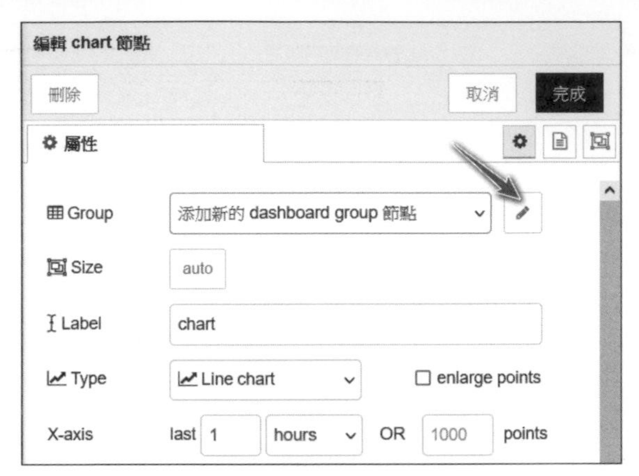

圖 9-3　新增 Group 節點

STEP 02 在 Name 欄位輸入 Group 名稱，預設為「Default」，我們保留此名稱。Tab 欄位設為「添加新的 dashboard tab 節點」，並點選旁邊的「編輯」按鈕。

圖 9-4　新增 Tab 節點

STEP 03 在 Name 欄位輸入 Tab 名稱，預設為「Home」，我們保留此名稱，然後按下「添加」按鈕。

圖 9-5　輸入 Tab 名稱

STEP 04 回到編輯 Group 的畫面，按下「添加」按鈕。

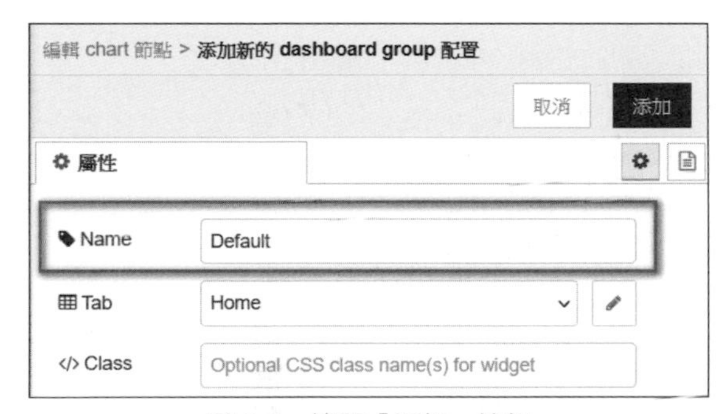

圖 9-6　按下「添加」按鈕

STEP 05 回到編輯 chart 節點的畫面，我們新增了 [Home] Default 群組。

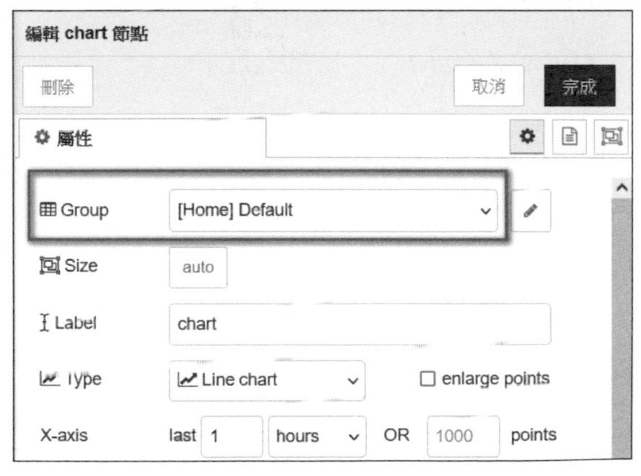

圖 9-7　新增了 [Home] Default 群組

9.4 實習⑲：亂數折線圖

實習目的

練習以 Node-RED 的 dashboard 建立一個亂數折線圖。

動作要求

- ❑ inject 節點會每隔 5 秒定時觸發 1 次。
- ❑ 產生 0 至 1 的亂數，亂數值的小數點後取 2 位，並顯示在 line chart 圖形中。
- ❑ 按下「clear」按鈕，可以清除 chart 圖形資料。

Node-RED 流程

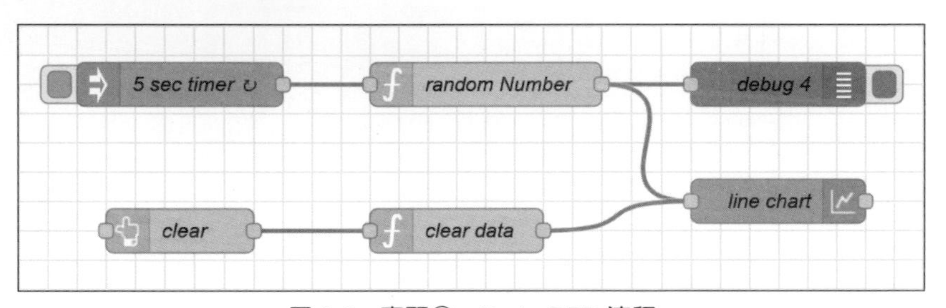

圖 9-8　實習⑲：Node-RED 流程

實習步驟

STEP 01 依序加入 inject、function×2、debug、chart、button 節點。

STEP 02 編輯 inject 節點。

名稱	設定內容
5 sec timer	msg.payload：時間戳記 重複：週期性執行，每隔 5 秒

STEP 03 編輯 function 節點。

- ❑ 名稱「random Number」：此函式會產生一個小數點 2 位的 0~1 亂數。函式內容如下：

```
var x = Math.random();
msg.payload=Math.round(x*100)/100;
return msg;
```

說明

- Math.random()：回傳 0 至 1（不包含 1）的亂數值。
- Math.round(x)：回傳四捨五入後的近似值。

STEP 04 編輯 chart 節點。

名稱	設定內容
line chart	Group：[Home] Default Type：Line chart

STEP 05 編輯 button 節點。

名稱	設定內容
clear	Group：[Home] Default Label：clear

STEP 06 編輯 function 節點。

- 名稱「clear data」：此函式會清除 line chart 圖形中的資料。函式內容如下：

```
msg.payload=[];
return msg;
```

執行結果

- 按下「部署」按鈕，並開啓瀏覽器，輸入網址：URL http://127.0.0.1:1880/ui，會出現如圖 9-9 所示的畫面，網頁中的折線圖會每 5 秒新增一筆資料。

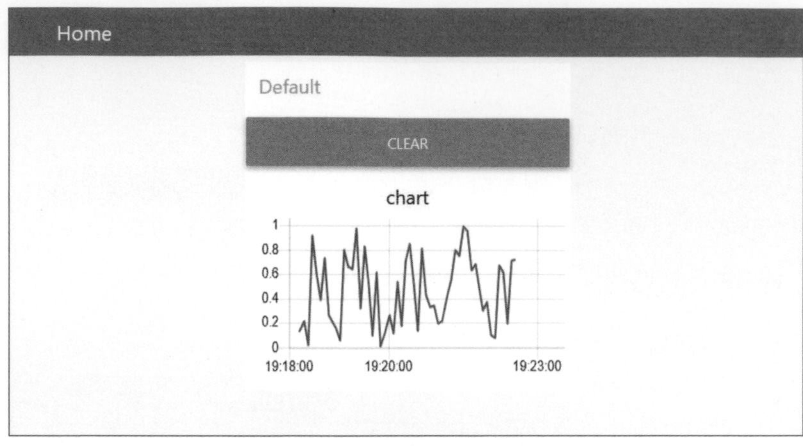

圖 9-9　實習⑲：執行結果

❑ 觀察除錯視窗訊息，會每隔 5 秒輸出一個 0~1 的亂數。

❑ 按下「CLEAR」按鈕，會清除 line chart 圖形中的資料。

9.5 實習⑳：Sin 與 Cos 圖形

實習目的

練習將 Sin 與 Cos 圖形等兩個圖形，同時顯示在同一個折線圖中。

動作要求

❑ inject 節點會每隔 1 秒觸發 1 次。

❑ 分別產生 Sin 及 Cos 函式的資料，並同時顯示在 line chart 圖形中。

❑ 按下「clear」按鈕，可以清除 chart 圖形資料。

Node-RED 流程

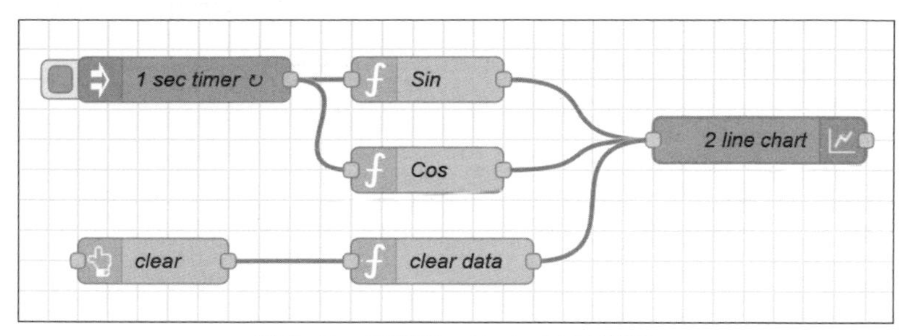

圖 9-10　實習⑳：Node-RED 流程

實習步驟

STEP 01 依序加入 inject、function×3、chart 節點。

STEP 02 編輯 inject 節點。

名稱	設定內容
1 sec timer	msg.payload：時間戳記 重複：週期性執行，每隔 1 秒

STEP 03 編輯 function 節點。

❑ 名稱「Sin」：此函式是用來產生 Sin 圖形，函式內容如下。其中，我們設定了 context 變數 t，每當 inject 節點觸發一次，變數值加 1，另外請注意 msg 的 topic 設爲「sin」。

```
var t=context.get("t") || 0;
t+=1;

if (t >=20) t=0;

context.set("t",t);
msg.payload=Math.sin(2*3.14*t/20);
msg.topic="sin";

return msg;
```

❑ 名稱「cos」：此函式是用來產生 Cos 圖形，函式內容如下。其中，我們設定了 context 變數 t，每當 inject 節點觸發一次，變數值加 1，另外請注意 msg 的 topic 設爲「cos」。

```
var t=context.get("t") || 0;
t+=1;

if (t >=20) t=0;

context.set("t",t);
msg.payload=Math.cos(2*3.14*t/20);
msg.topic="cos";

return msg;
```

STEP 04 編輯 button 節點，並新增一個新的 group 節點：[Home] Num，並將 Group 設為 [Home] Num。

名稱	設定內容
clear	Group：[Home] Num Label：clear

STEP 05 編輯 function 節點。

❑ 名稱「clear data」：此函式用來清除 chart 圖形中的資料。函式內容如下：

```
msg.payload=[];

return msg;
```

STEP 06 編輯 chart 節點，要注意的是我們將 Group 設定為 [Home] Num。

名稱	設定內容
2 line chart	Group：[Home] Num Type：Line chart

執行結果

❑ 按下「部署」按鈕，並開啓瀏覽器，輸入網址：URL http://127.0.0.1:1880/ui，會出現如圖 9-11 所示的畫面。新增的 Sin 與 Cos 圖形，與亂數折線圖位於同一個頁面、但不同的區塊。

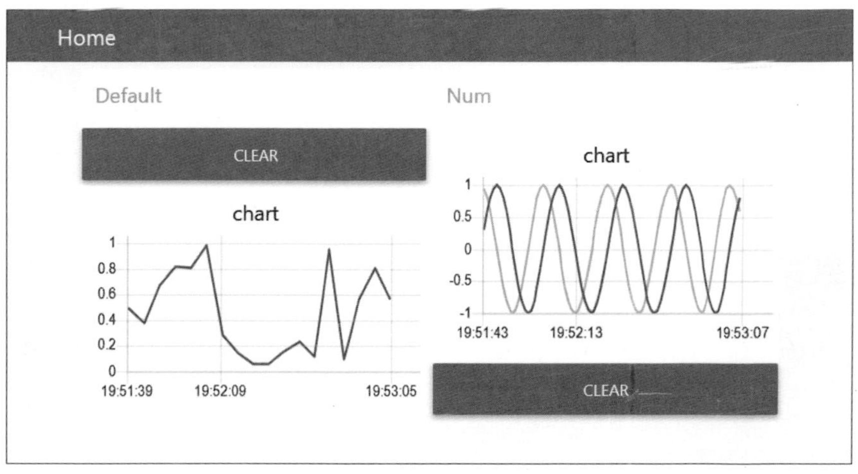

圖 9-11　實習⑳：執行結果

9.6　實習㉑：slider 與 gauge 節點

實習目的

❑ 練習使用儀表板的 slider 節點、gauge 節點及 text 節點。

❑ 練習新增 Tab，並將這些元件置放在不同的頁面中。

動作要求

以不同頁面顯示元件：

❑ 拉動 slider 節點，會改變 gauge 計量儀表的顯示值。

❑ 按下「ON」按鈕，會顯示 LED ON 的訊息。

❑ 按下「OFF」按鈕，會顯示 LED OFF 的訊息。

Node-RED 流程

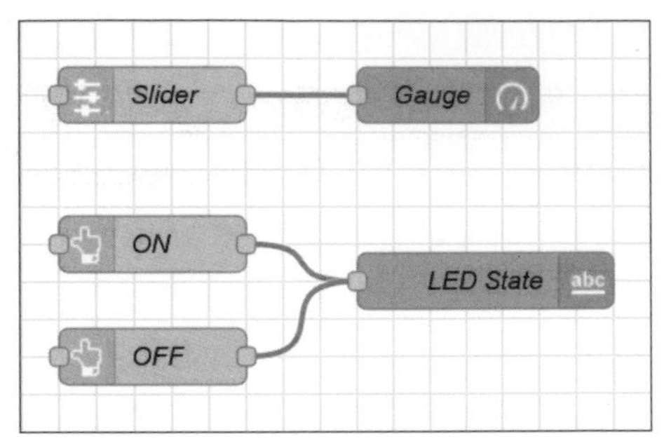

圖 9-12　實習㉑：Node-RED 流程

實習步驟

STEP 01 依序加入 slider、gauge、button×2、text 節點。

STEP 02 新增 [LED] Default 群組節點。

- 按二下 slieder 節點，會出現圖 9-13 的畫面。Group 選擇「添加新的 dashboard group 節點」，並點選 Group 旁的「編輯」按鈕。

圖 9-13　新增 Group

- Name 欄位輸入「Default」，Tab 選擇「添加新的 dashboard tab 節點」，並點選 Tab 旁的「編輯」按鈕。

圖 9-14　新增 Tab

❑ Name 欄位輸入「LED」，設定好 Tab 名稱後，按二次「添加」按鈕，即可新增名爲 [LED] Default 的群組。

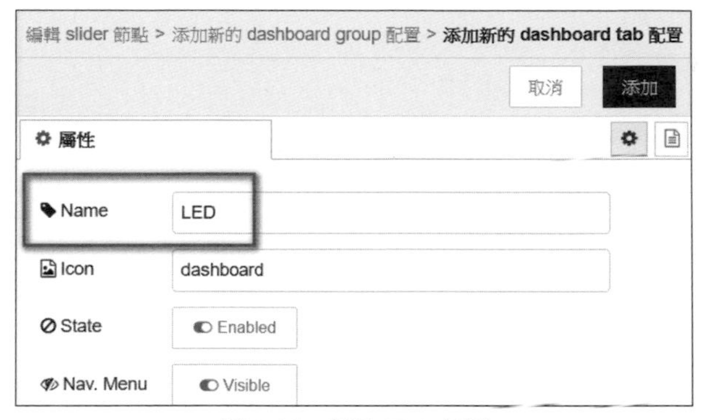

圖 9-15　輸入 Tab 名稱

STEP 03 編輯 slider 節點。

名稱	設定內容
Slider	Group：[LED] Default Range：min 0, max 10, step 1

STEP 04 編輯 gauge 節點。

名稱	設定內容
Gauge	Group：[LED] Default Range：min 0, max 10

STEP 05 編輯 button 節點。

名稱	設定內容
ON	Group：[LED] Default Label：ON Payload：文字列 , ON
OFF	Group：[LED] Default Label：OFF Payload：文字列 , OFF

STEP 06 編輯 text 節點。

名稱	設定內容
LED State	Group：[LED] Default Label：LED 狀態 : Value formal：{{msg.payload}}

執行結果

- 按下「部署」按鈕，並開啓瀏覽器，輸入網址：URL http://127.0.0.1:1880/ui，然後點選網頁的「LED」標籤，即可看到如圖 9-16 所示的畫面。可以滑動 slider 來改變 gauge 顯示的數值，也可以按下「ON」或「OFF」按鈕來改變 LED 狀態顯示的文字。

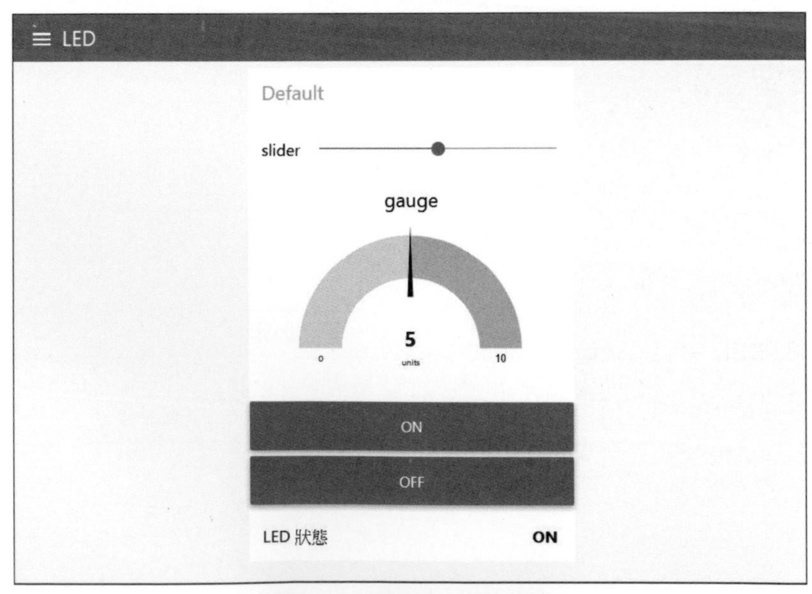

圖 9-16　實習㉑：執行結果

❑ 若我們顯示的結果中，各個元件節點的排列與圖 9-16 不同，可以將除錯視窗切換至 dashboard 視窗，如圖 9-17 所示。點選「LED → Default」後，即可變更元件節點的位置，元件節點的排列與圖 9-16 相同。

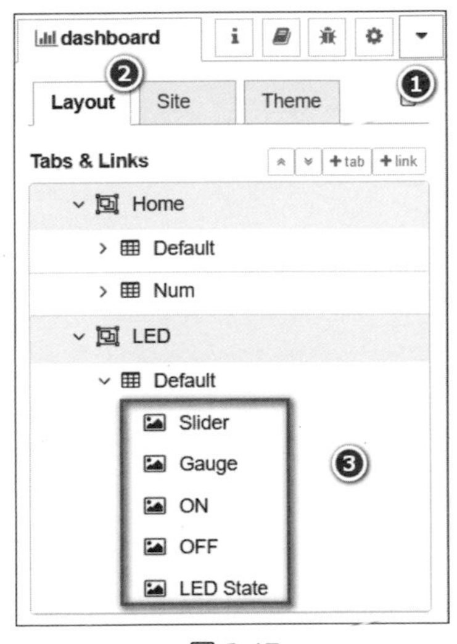

圖 9-17

9.7 實習㉒：長條圖及圓餅圖

實習目的

練習在 Node-RED 中顯示長條圖及圓餅圖。

動作要求

❑ 在 Node-RED 中加入三個 slider 元件。

❑ 在 Node-RED 中加入長條圖及圓餅圖元件。

❑ 拉動三個 slider 元件，將 slider 的設定值存成 global 變數。

❑ 讀取 global 變數，變更長條圖及圓餅圖的圖形顯示。

Node-RED 流程

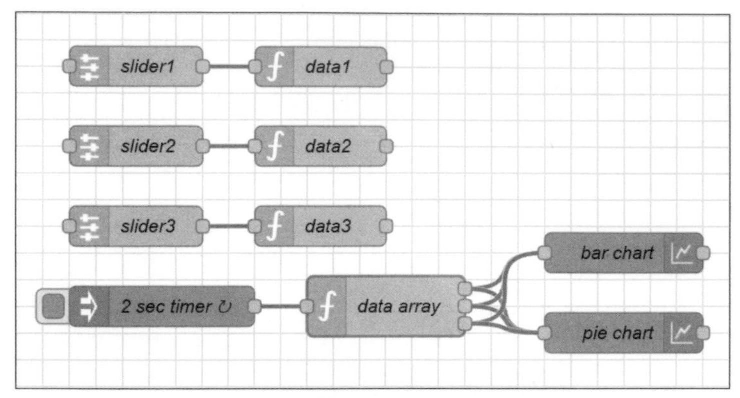

圖 9-18　實習㉒：Node-RED 流程

實習步驟

STEP 01 依序加入 slider×3、function×4、inject、chart×2 節點。

STEP 02 新增 Group，設定 Tab 為「BAR」，Group 名稱為「Default」。

STEP 03 編輯 slider 節點。

名稱	設定內容
slider1	Group：[BAR] Default Label：slider1 Range：min 0, max 10, step 1 Output：only on release
slider2	Group：[BAR] Default Label：slider2 Range：min 0, max 10, step 1 Output：only on release
slider3	Group：[BAR] Default Label：slider3 Range：min 0, max 10, step 1 Output：only on release

STEP 04 編輯 inject 節點。

名稱	設定內容
2 sec timer	msg.payload：時間戳記 重複：週期性執行，每隔 2 秒

STEP 05 編輯 function 節點。

❑ 名稱「data1」：取出 slider1 的設定值，將其存入 global 變數 data1 中。

```
var data1=parseInt(msg.payload);
global.set("data1",data1);
return msg;
```

❑ 名稱「data2」：取出 slider2 的設定值，將其存入 global 變數 data2 中。

```
var data2=parseInt(msg.payload);
global.set("data2",data2);
return msg;
```

❑ 名稱「data3」：取出 slider3 的設定值，將其存入 global 變數 data3 中。

```
var data3=parseInt(msg.payload);
global.set("data3",data3);
return msg;
```

❑ 名稱「data array」：取出 global 變數 data1、data2、data3，將其存入 msg1.payload、msg2.payload、msg3.payload 中，並將 msg1、msg2、msg3 組成 msg 物件陣列。

```
var msg1={};
var msg2={};
var msg3={};
msg1.topic="data1";
msg1.payload=global.get("data1")||0;
msg2.topic="data2";
msg2.payload=global.get("data2")||0;
msg3.topic="data3";
msg3.payload=global.get("data3")||0;
return [msg1, msg2, msg3];
```

STEP 06 記得要將 data array function 節點的輸出設為「3」，才能將 msg 物件陣列中的三個元素輸出至 chart 節點。

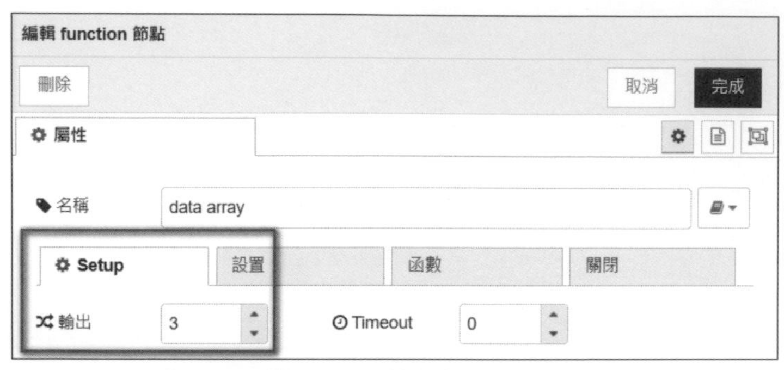

圖 9-19　將 function 節點的 Outputs 設為 3

STEP 07 編輯 chart 節點。

名稱	設定內容
bar chart	Group：[BAR] Default Label：bar chart Type：Bar chart Y-axis：min 0, max 10
pie chart	Group：[BAR] Default Label：pie chart Type：Pie chart Legend：Show

STEP 08 將 data array 函式的三個輸出，連接至 bar chart 及 pie chart 節點。

執行結果

- 按下「部署」按鈕，並開啓瀏覽器，輸入網址：URL http://127.0.0.1:1880/ui，然後點選網頁的「BAR」標籤，即可看到如圖 9-20 所示的畫面。
- 依序拉動 slider1、slider2、slider3，可看到長條圖及圓餅圖會依 slider 的設定值變更顯示。

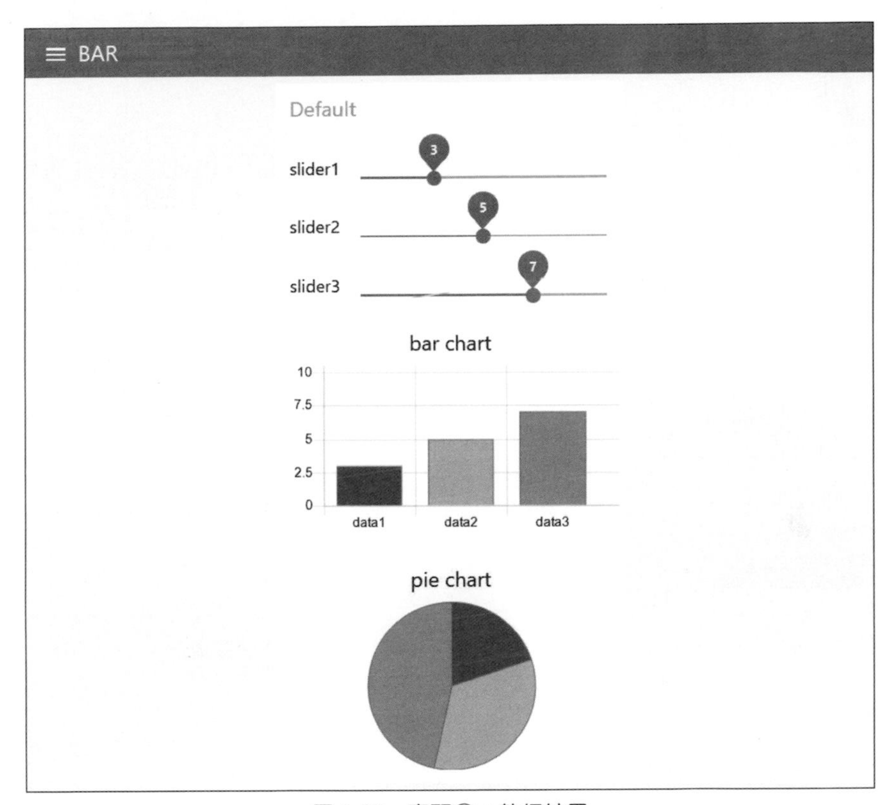

圖 9-20　實習㉒：執行結果

實習討論

在圖 9-20 中，我們發現 Node-RED 的圓餅圖無法顯示 data1、data2、data3 在圓餅圖所占的比例，所以在下個實習中，讓我們來改進這個缺點，自建一個 UI 元件，來顯示 data1、data2、data3 在圓餅圖所占的比例。

9.8　實習㉓：自建 UI 元件

實習目的

練習在 Node-RED 中使用 dashboard 的 template 節點，自建 UI 元件。

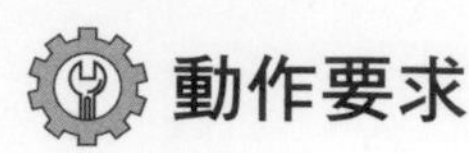

動作要求

❑ 延續實習㉒的結果。

❑ 在Node-RED中加入自建UI元件，拉動slider變更data1、data2、data3設定值，可顯示data1~data3在圓餅圖的百分比。

Node-RED 流程

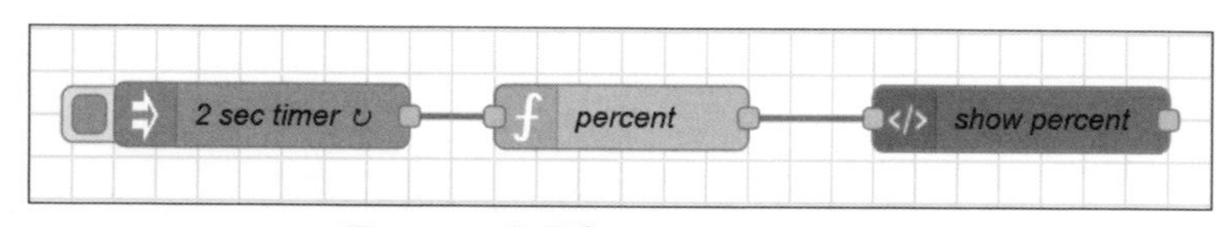

圖 9-21 實習㉓：Node-RED 流程

實習步驟

STEP 01 依序加入inject、function、dashboard群組的template節點。

STEP 02 編輯inject節點。

名稱	設定內容
2 sec timer	msg.payload：時間戳記 重複：週期性執行，每隔2秒

STEP 03 編輯function節點。

❑ 名稱「percent」：此函式可取出slider設定值的global變數data1、data2、data3，並算出其在圓餅圖的百分比，百分比取小數2位，並將計算結果存至msg.payload的p1、p2、p3屬性中。

```
var data1=global.get("data1") || 0;
var data2= global.get("data2") || 0;
var data3=global.get("data3") || 0;
var total=data1+data2+data3;
var p1=Math.round(data1/total*10000)/100;
var p2=Math.round(data2/total*10000)/100;
var p3=Math.round(data3/total*10000)/100;

msg.payload={
    p1:p1+"%",
```

```
    p2:p2+"%",
    p3:p3+"%"
};
return msg;
```


STEP 04 編輯 template 節點，新增名稱為 [Bar] Percent 的 Group 節點。

名稱	設定內容
show percent	Template type：Widget in group Group：[BAR] Percent

樣板內容如下：

```
<div layout="row" layout-align="center">
    <h2>Bar Chart</h2>
</div>
<div layout="row" layout-align="center">
  <span flex>data1</span>
  <span flex>data2</span>
  <span flex>data3</span>
</div>
<div layout="row" layout-align="center">
    <span flex style="border-top: 1px solid"></span>
</div>
<div layout="row" layout-align="center">
  <span flex style="color: red">{{msg.payload.p1}}</span>
  <span flex style="color: red">{{msg.payload.p2}}</span>
  <span flex style="color: red" >{{msg.payload.p3}}</span>
</div>
```

說明

➥ {{msg.payload.p1}} 表示 msg.payload 屬性 p1 的值。

➥ {{msg.payload.p2}} 表示 msg.payload 屬性 p2 的值。

➥ {{msg.payload.p3}} 表示 msg.payload 屬性 p3 的值。

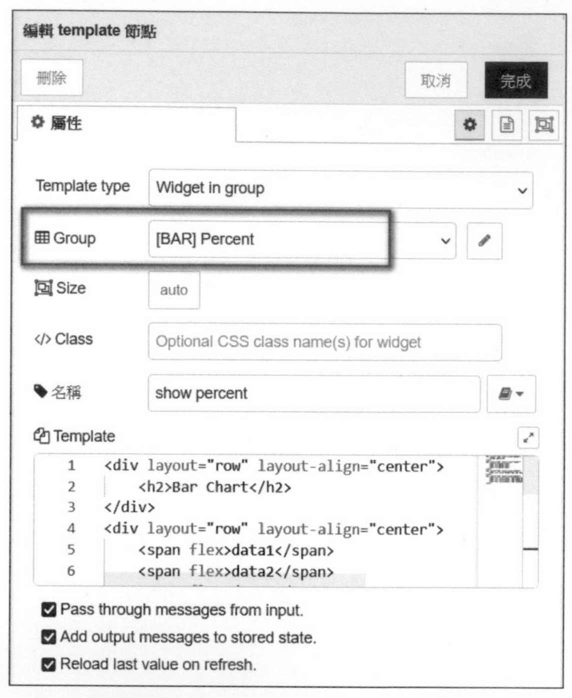

圖 9-22　dashboard 的 template 節點

執行結果

- 按下「部署」按鈕，並開啓瀏覽器，輸入網址：URL http://127.0.0.1:1880/ui，然後點選網頁的「BAR」標籤，即可看到如圖 9-23 所示的畫面。我們在原本的 BAR 網頁中，新增了資料在圓餅圖所占比例的看板。

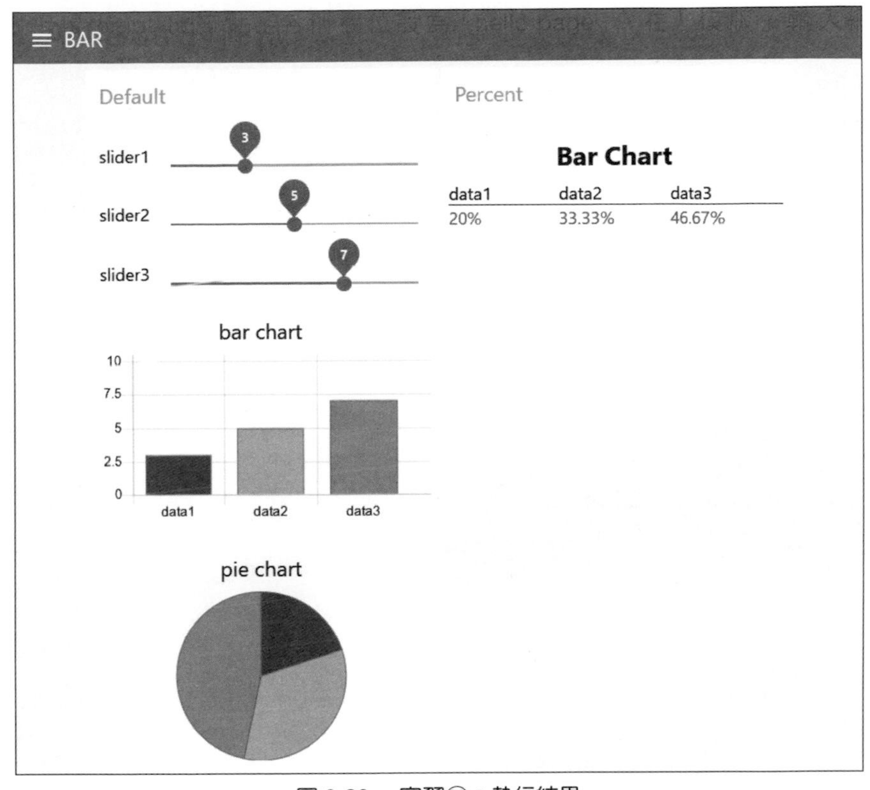

圖 9-23　實習㉓：執行結果

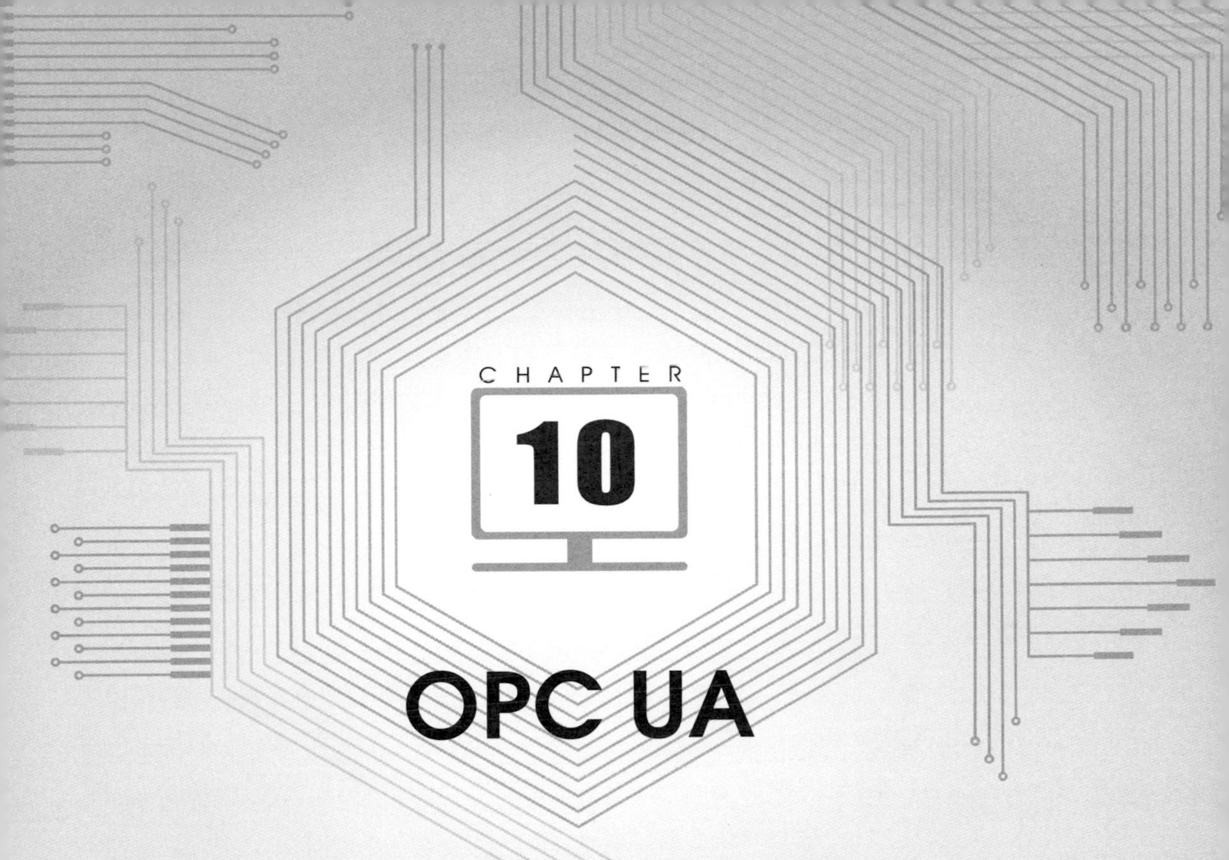

CHAPTER 10

OPC UA

10.1 本章提要

OPC 通訊是一種被工業界及設備製造商廣泛認可的工業通訊標準，它被用來互聯多種的工業及商業系統，SCADA、安全儀表系統（SIS）、可程式邏輯控制器（PLC）、分散式控制系統（DCS）可使用 OPC 來彼此交換資料，並與企業的數據資料庫、MES、ERP 系統交換資料。

OPC 通訊成功的原因很簡單，它是唯一可用於與不同工業設備與應用程式通訊的眞正通用介面，而與控制系統的製造商、軟體或協定無關。多年來，隨著 CIM 金字塔間，不同設備之間的訊息交換需求不斷增加，OPC 通訊變得越來越重要。

OPC 通訊就好像一種語言翻譯機，可以讓說著不同語言的人互相交流。同樣的，OPC 提供的通用介面可讓不同的工業控制產品進行通訊，而與程序軟體或硬體無關。

使用 OPC 通訊，應用程式供應商不再需要為每個工業網路或處理器開發不同的驅動程式，只需要實現 OPC 介面即可。通常，每個製造商會為其特定產品開發 OPC 伺服器，用來服務 OPC 客戶端，或是用來連接其他供應商的 OPC 伺服器。一旦某個設備或應用程式安裝了 OPC 伺服器，即可與其他符合 OPC 的軟體進行資料的整合。

在本章中，我們將探討 OPC 通訊協定的內容，並以實習㉔來讓讀者體會 OPC UA 的實際應用。

10.2 OPC 的演進

OPC 是「OLE（Object Linking and Embedding，物件連結與嵌入）for Process Control」的簡稱，中文稱為「程序控制的 OLE」。最初，OPC 標準是基於 Windows 作業系統，且將微軟的 OLE 技術用於程序控制，稱為「傳統 OPC」。

2006 年，OPC 基金會開發了 OPC UA 規範，使用服務導向的架構來實現以下的功能：

- ❑ 克服傳統 OPC 架構相關的限制。
- ❑ 滿足安全和資料建模的需求。
- ❑ 提供更具伸縮性和靈活性的平台。
- ❑ 構建一個與特定技術無關的獨立開放平台。

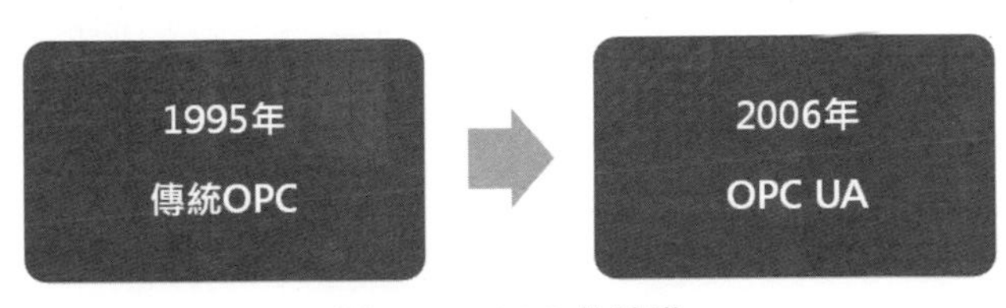

圖 10-1　OPC 的演進

10.3 傳統 OPC

1995 年，許多公司決定成立一個工作小組，希望可以制定一個可在 Windows 作業環境下存取資訊的標準。這些公司如下：

- ❑ Fisher Rosemount。
- ❑ Intellution。
- ❑ Intuitive Technology。
- ❑ Opto22。
- ❑ Rockwell。
- ❑ Siemens AG。
- ❑ Microsoft 成員。

被開發出來的技術，即爲 OPC 通訊。1996 年，定義了 OPC 的第一個版本。OPC 的各個層級，如圖 10-2 所示。

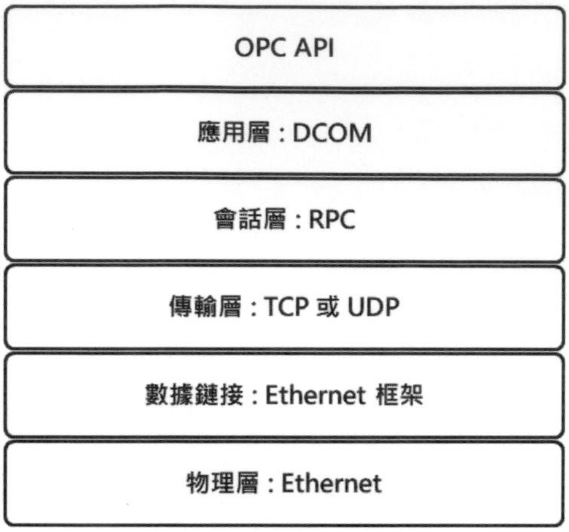

OPC API
應用層：DCOM
會話層：RPC
傳輸層：TCP 或 UDP
數據鏈接：Ethernet 框架
物理層：Ethernet

圖 10-2 傳統 OPC 架構

其中，COM 是一種軟體架構，可用來建構基於元件的應用程式。當時，COM 技術可以讓程式設計師封裝可重用的程式片段，讓其他應用程式可以使用它們，而不必擔心實現的細節。使用者可以更新 COM 物件，而不用重寫他們的應用程式。

DCOM 是 COM 的網路版本，DCOM 允許 COM 物件利用網路來傳輸資料，在早期的微軟分散式應用程式技術中，DCOM 是其中重要的介面之一。

傳統 OPC 的限制

傳統 OPC 有以下的限制：

- 該標準與特定技術結合在一起，實際上傳統 OPC 是依 Microsoft 技術建構而成。
- COM 通訊依賴幾個不確定的網路連接埠來開啓，所以經常被防火牆阻止。
- DCOM 和 RPC 是複雜的機制，DCOM 物件常會有性能不足的困擾，且難以維護。

10.4 傳統 OPC 運作方式

傳統 OPC 採用客戶端 / 伺服器模型，其標準的運作方式如下：

- 伺服器端管理所有有用的資料。
- 伺服器端發送查詢指令給裝置，取得資料後，定期更新內部的緩存區。

- ❑ 每個交換的資料，其值皆標有時間戳記及品質值。
- ❑ 交換資料包含讀取、寫入、自動更新，OPC 客戶端會定期進行讀取及輪詢。

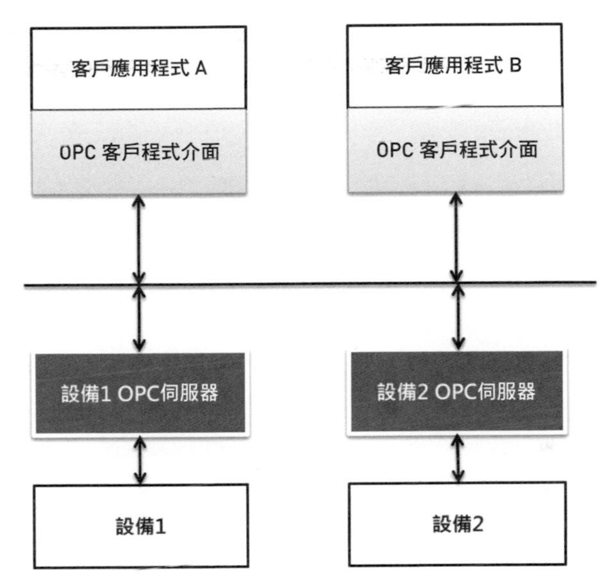

圖 10-3　傳統 OPC 客戶端 / 伺服器模型

10.5 OPC UA

OPC UA 的全名是「OPC Unified Architecture」（OPC 統一架構），開發 OPC UA 的目的是替換現有的 COM 版本，且克服安全性和性能問題，滿足對平台獨立介面的需求，並允許建構豐富的可擴充資料模型來描述複雜的系統。

OPC UA 的特點如下：

- ❑ 著重在資料收集及以控制爲目的的通訊，用在工業設備與系統中。
- ❑ 開源標準：標準可以免費取得，實作設備不需授權費，也沒有其他限制。
- ❑ 跨平台：不限制作業系統或是程式語言。
- ❑ 服務導向的架構。

工作原理

從技術角度來看，OPC UA 也是採用客戶端 / 伺服器模型，其工作原理如下：

- OPC API 以 OPC UA 堆疊，將客戶端和伺服器程式隔離開來。
- OPC UA 堆疊會將 OPC API 的呼叫轉換爲訊息。
- OPC UA 堆疊將接收到的訊息發送到客戶端或伺服器。

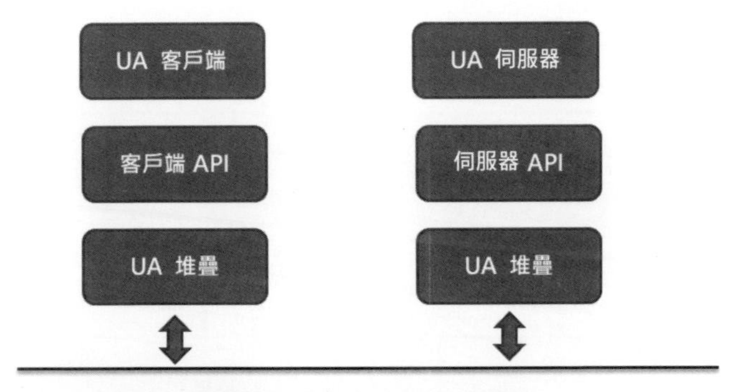

圖 10-4　OPC UA 工作原理

10.6 OPC UA 客戶端

OPC UA 客戶端架構，如圖 10-5 所示。

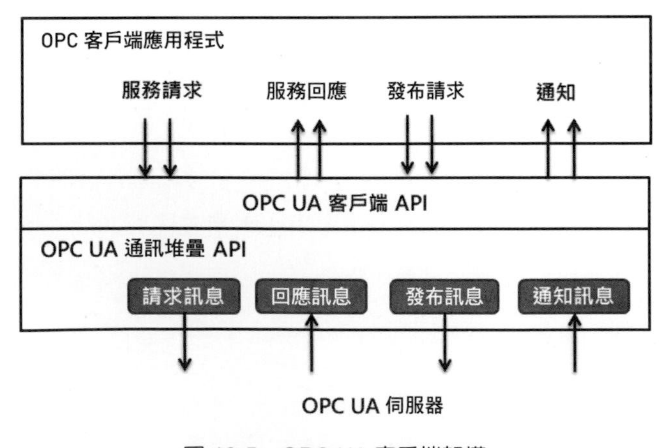

圖 10-5　OPC UA 客戶端架構

OPC UA 客戶端主要包含下列元件：

- OPC UA 客戶端應用程式。
- OPC UA 通訊堆疊。
- OPC UA 客戶端 API。

其中，使用 OPC UA 客戶端 API 與 OPC UA 通訊堆疊，發送及接收 OPC UA 服務請求和回應。

10.7 OPC UA 伺服器

OPC UA 伺服器會接受來自客戶端的訊息，再傳送處理後的資訊給客戶端。OPC UA 伺服器架構，如圖 10-6 所示。

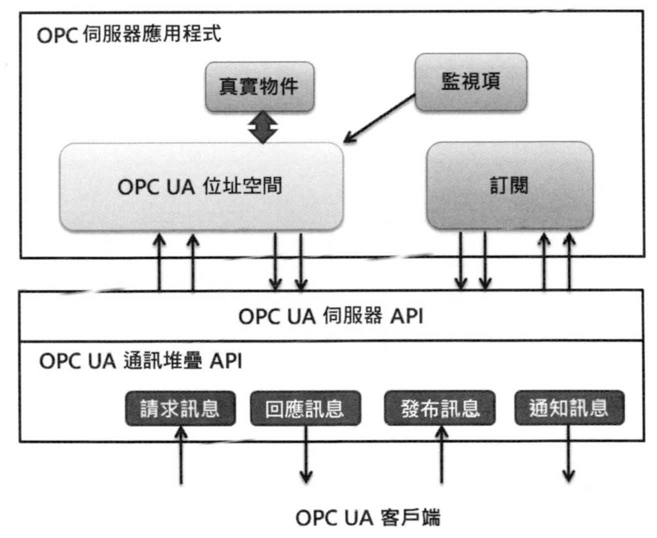

圖 10-6　OPC UA 伺服器架構

OPC UA 伺服器主要包含下列元件：

- OPC UA 伺服器應用程式。
- 真實物件。
- OPC UA 位址空間。

- ❑ 發布 / 訂閱實體。
- ❑ OPC UA 伺服器介面 API。
- ❑ OPC UA 通訊堆疊。

客戶端發送服務請求

STEP 01 客戶端發送服務請求，經底層通訊實體發送給 OPC UA 通訊堆疊，再透過伺服器 API 呼叫「請求 / 回應」服務。

STEP 02 OPC UA 伺服器在位址間的節點上執行指定任務，再傳回一個回應。

客戶端發送發布請求

STEP 01 客戶端發送發布請求，經底層通訊實體發送給 OPC UA 通訊堆疊，再透過伺服器 API 發送給「訂閱」。

STEP 02 訂閱指定的監視項探測到資料變化，或發生「事件 / 警報」，監視項產生一個「通知」發給訂閱，再將通知發送給客戶端。

客戶端可以定義一個或多個訂閱。對於每個訂閱，它可以建立受監視的項目，這些項目會產生儲存在特定佇列中的通知。

根據發布間隔指定的頻率，對於每個訂閱，與訂閱相關的被監視項目的所有佇列的當前內容，會被合併到「通知訊息」中，以傳遞給客戶端。透過發布服務請求，客戶端向伺服器發送請求，期望在發布間隔指定的到期時間內，接收包含「通知訊息」的發布服務回應。

10.8 OPC UA 伺服器的互相存取

OPC UA 支援伺服器之間的互相存取，也就是一台伺服器可以作爲另一台伺服器的客戶端。由於伺服器之間可以互相存取，所以可以實現下列的功能：

- ❑ 基於點對點的伺服器資訊交換。
- ❑ 連接伺服器實現分層體系。
- ❑ 對底層伺服器的資料收集。

❑ 構造更高層次的資料給客戶端。

❑ 用戶提供一個整合的介面來存取多個底層伺服器。

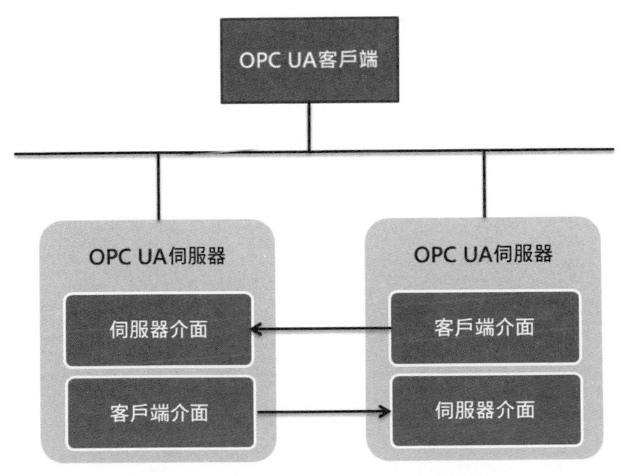

圖 10-7　OPC UA 伺服器的互相存取

10.9 UPC UA 資訊模型

「資訊模型」是一種物件的概念性描述。在傳統OPC中，只可以管理簡單的資料，例如：以感測器量測溫度為例，唯一可以用來理解資料含義的資訊，只有變數名稱及其量測單位。在OPC UA中，提供了可以讓我們依需求來建構資訊模型的基礎，OPC UA還提供內建的、可用的資訊模型，讓我們可以自由依據設備來建立自己的擴充。

OPC UA中，資訊建模的基本原則如下：

❑ 使用物件導向技術，包括層次結構和繼承。

❑ 使用相同的機制來存取類型和實例。

❑ 透過完全連接的節點網路提供訊息。

❑ 資料類型的層次結構和節點之間的連結是可擴充的。

❑ 如何建構資訊模型沒有限制。

❑ 資訊模型始終放在伺服器端。

 位址空間

「位址空間」是OPC UA的基本概念，它爲OPC UA伺服器提供了一種標準方式，來向客戶端表示物件。

物件模型

OPC UA的物件模型可以使用變數及方法來定義物件，並可以表達與其他物件的關係。物件模型相當於物件導向程式設計中的類別，物件可以實例化。

節點模型

OPC UA的位址空間可以組織成節點，節點表示系統中的各種元素，如物件、變數及方法，每個節點都有特定的屬性及參考，而透過參考，節點與節點間可以進行連接。節點、屬性和參考之間的關係，如圖10-8所示。

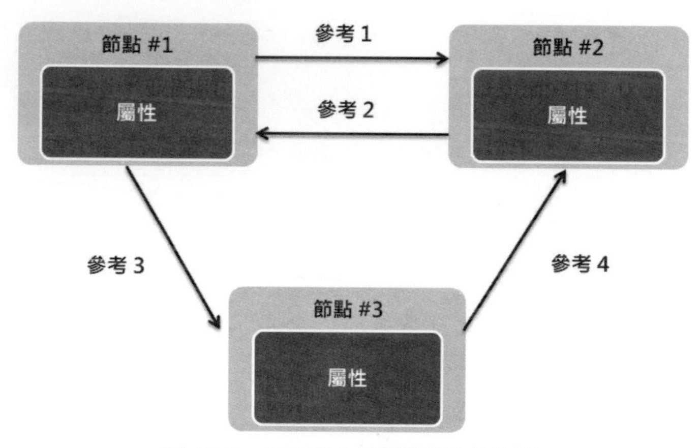

圖10-8　OPC UA伺服器的位址空間

Node類別

在OPC UA中，節點可以依其特定目標而歸類爲不同的節點類別，OPC UA有八個標準節點類別，如物件、變數、方法、視圖、資料類型、變數類型、物件類型和參考類型，其中最重要的節點類別是物件、變數和方法，說明如下：

- ❑ 物件節點是變數節點及方法節點的標準容器。
- ❑ 變數節點表示物件的資料數值，或是表示物件的屬性。

- ❑ 方法節點是可以呼叫的函式，表示物件的行爲。客戶端可以透過呼叫服務來取得結果。透過方法可以進行一些操作，如打開閥門、啓動馬達。

NodeId

在 OPC UA 中，位址空間中的每個實體都是一個節點。爲了唯一標識一個節點，每個節點都有一個 NodeId，該 ID 始終由三個元素組成：

- ❑ **NamespaceIndex**：命名空間索引。原本應該是命名空間字串，但由於命名空間字串太長，所以改以命名空間索引來代替。
- ❑ **IdentifierType**：節點 ID 類型。類型有三種，即「s= 字串」、「i= 數值」、「g=GUID」。
- ❑ **Identifier**：識別碼。

舉例來說，一個節點的 NodeId 可以表示如下：

```
ns=3; s="DataStatic"
```

說明

- ➥ ns=3 爲命名空間索引。
- ➥ s 表示 NodeId 類型爲字串。
- ➥ "DataStatic" 爲 NodeId 的識別碼。

10.10 OPC UA 安全模型

OPC UA 會話

OPC UA 提供客戶端 / 伺服器的通訊模型，並包含了狀態資訊，狀態資訊會伴隨著會話。所謂「會話」，是指客戶端和伺服器之間的邏輯連接，每個會話獨立於底層通訊協定，會話可根據客戶端的明確請求，或客戶端的不活動而終止。

安全模型

OPC UA 的安全模型是基於 OPC UA 的會話，以安全通道的定義來實現。安全通道以不同方式保證資料交換的安全：

- 使用數位簽名確保資料的完整性。
- 透過加密確保機密性。
- 使用 X.509 認證，實現應用程式的身分驗證和授權。

OPC UA 的安全層，如圖 10-9 所示：

- 應用層用於已建立的 OPC UA 會話的客戶端和伺服器之間傳輸訊息。
- OPC UA 會話建立在安全通道（位於通訊層）上，這樣可以安全地交換資料。
- 傳輸層負責透過 socket 連接、傳送和接收資料，而錯誤處理機制可用來確保系統免受諸如拒絕服務（DoS）之類的攻擊。

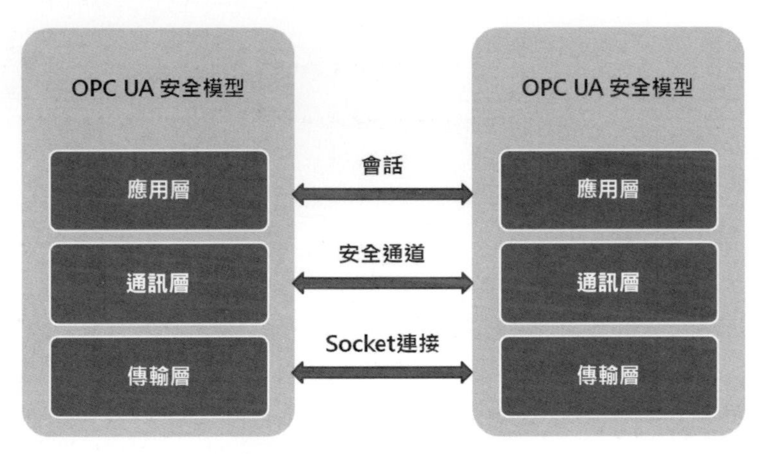

圖 10-9　OPC UA 安全模型

10.11 Python opcua-asyncio 套件

若要以 Python 來實現 OPC UA 的伺服器及客戶端，我們可以使用 opcua-asyncio 套件，opcua-asyncio 套件適用於 Python 3.7 以上的版本，它是原本 python-opcua 套件的非同步版本，改進了原本套件的性能。

安裝 opcua-asyncio 套件

安裝套件的指令如下：

```
pip  install  asyncua
```

NodeId 類別

NodeId 物件是 Node 節點的唯一識別碼。建立 NodeId 時，會傳入 Identifier（識別碼）及 NamespaceIndex（命名空間索引）兩個主要參數，可在 OPC UA 位址空間中進行唯一的映射。建立 NodeId 的範例如下：

```
from asyncua import ua

# Identifier = 1, 整數識別碼, NamespaceIndex = 2
ua.NodeId(1, 2)

# Identifier = 'Test', 字串識別碼, NamespaceIndex = 2
ua.NodeId('Test', 2)

# Identifier= b'Test', 位元組識別碼, NamespaceIndex = 2
ua.NodeId(b'Test', 2)
```

NodeId 也可以從單一字串建立，輸入字串的格式需為「<key>=<val>;[<key>=<val>]」，它必須是鍵值對列表，並以分號分隔。使用範例如下：

```
# Identifier = 4, NamespaceIndex = 2
ua.NodeId.from_string('ns=2;i=4')

# Identifier = 'Text', NamespaceIndex = 2
ua.NodeId.from_string('ns=2;s='Test')
```

Node 類別

Node 類別是伺服器和客戶端使用的核心。在伺服器中，我們建立及設定節點，並進行讀取及寫入；在客戶端中，我們可以瀏覽節點、存取及操作它們的值。每個 Node 皆有一個 NodeId，Node 類別提供了 get_node() 方法，方便我們透過 NodeId 來取得 Node，使用範例如下：

```
# 取得 Node, NodeId(Identifier = 3, NamespaceIndex = 2)
node = client.get_node("ns=2;i=3")
```

取得 Node 後，Node 類別提供了許多方法，讓我們可以存取該 Node，使用範例如下：

```
# 取得 Node 的瀏覽名稱及 value
name = (await node.read_browse_name()).Name
value = (await node.read_value())

# 將數值 5.0 寫入 Node
await node.write_value(5.0)
```

Node 物件也可以用來瀏覽其他節點，使用範例如下：

```
# 取得父節點
parent = await node.get_parent()

# 取得所有子節點
await parent.get_children()

# 取得指定子節點
await parent.get_child("2:MyVariable")
```

10.12 建立簡易 OPC UA 伺服器

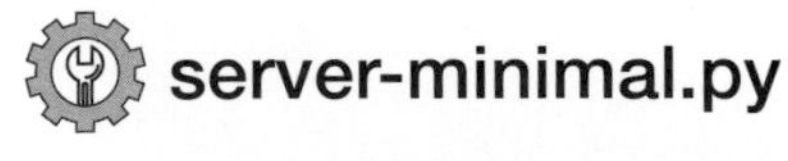

server-minimal.py

opcua-asyncio 套件中的 Sever 類別可用來建立 OPC UA 伺服器實例，套件中提供了 server-minimal.py 程式，此 Python 程式示範如何建立最簡單的 OPC UA 伺服器。程式如下：

```
import asyncio
import logging
from asyncua import Server, ua
from asyncua.common.methods import uamethod
```

```
@uamethod
def func(parent, value):
    return value * 2

async def main():
    _logger = logging.getLogger(__name__)

    # setup our server
    server = Server()
    await server.init()
    server.set_endpoint("opc.tcp://0.0.0.0:4840/freeopcua/server/")

    # set up our own namespace, not really necessary but should as spec
    uri = "http://examples.freeopcua.github.io"
    idx = await server.register_namespace(uri)

    # populating our address space
    # server.nodes, contains links to very common nodes like objects and root
    myobj = await server.nodes.objects.add_object(idx, "MyObject")
    myvar = await myobj.add_variable(idx, "MyVariable", 6.7)

    # Set MyVariable to be writable by clients
    await myvar.set_writable()
    await server.nodes.objects.add_method(
        ua.NodeId("ServerMethod", idx),
        ua.QualifiedName("ServerMethod", idx),
        func,
        [ua.VariantType.Int64],
        [ua.VariantType.Int64],
    )

    _logger.info("Starting server!")
    async with server:
        while True:
            await asyncio.sleep(1)
            new_val = await myvar.get_value() + 0.1
            _logger.info("Set value of %s to %.1f", myvar, new_val)
            await myvar.write_value(new_val)

if __name__ == "__main__":
    logging.basicConfig(level=logging.DEBUG)
    asyncio.run(main(), debug=True)
```

說明

➥ 先匯入套件。

```
import asyncio
import logging
from asyncua import Server, ua
from asyncua.common.methods import uamethod
```

➥ 定義一個 func() 方法，此方法會將傳入的 value 參數乘以 2 後再回傳。

```
@uamethod
def func(parent, value):
    return value * 2
```

➥ 定義 main() 協程函式。

```
async def main():
    ...
```

➥ 在 main() 協程函式中，定義日誌記錄變數 _logger。

```
_logger = logging.getLogger(__name__)
```

➥ 初始化 OPC UA 伺服器，url 為「opc.tcp://0.0.0.0:4840/freeopcua/server/」。要注意的是，由於是非同步方式初始化伺服器，所以要在 server.init() 前加上 await 關鍵字。

```
server = Server()
await server.init()   # 初始化
server.set_endpoint("opc.tcp://0.0.0.0:4840/freeopcua/server/")
```

➥ 接著我們註冊命名空間，回傳命名空間索引 idx。

```
uri = "http://examples.freeopcua.github.io"
idx = await server.register_namespace(uri)
```

➥ 在位址空間中加入一個物件節點，物件節點的瀏覽名稱為「MyObject」，NodeId 只傳入 idx，所以識別碼將由系統分配，在此範例中，識別碼將為 1。

```
myobj = await server.nodes.objects.add_object(idx, "MyObject")
```

➥ 在 myobj 物件中加入一個變數節點，變數節點的瀏覽名稱爲「MyVariable」，NodeId 只傳入 idx，所以識別碼將由系統分配，在此範例中，識別碼將爲 2。變數節點的值爲 6.7，並將變數節點指定給 myvar。

```
myvar = await myobj.add_variable(idx, "MyVariable", 6.7)
```

➥ 由於所有變數節點預設爲唯讀，若要讓 myvar 變數可寫，程式如下：

```
await myvar.set_writable()
```

➥ 在物件節點中加入一個方法節點。方法節點的 NodeId 爲 ("ServerMethod", idx)，其中 NodeId 的識別碼爲 "ServerMethod" 字串，並設定方法節點的限定名稱 (QualifiedName) 爲 "ServerMethod"，內容爲 func() 方法，傳入參數及回傳值皆爲 Int64。

```
await server.nodes.objects.add_method(
    ua.NodeId("ServerMethod", idx),
    ua.QualifiedName("ServerMethod", idx),
    func,
    [ua.VariantType.Int64],
    [ua.VariantType.Int64],
)
```

➥ 印出日誌，訊息爲 Strarting server!。

```
_logger.info("Starting server!")
```

➥ 啓動伺服器，伺服器會每隔 1 秒將 myvar 變數值加 0.1，印出新的變數值，再將新變數值寫入 myvar 變數中。

```
async with server:
    while True:
        await asyncio.sleep(1)
        new_val = await myvar.get_value() + 0.1
        _logger.info("Set value of %s to %.1f", myvar, new_val)
        await myvar.write_value(new_val)
```

➥ 若程式被單獨執行，設定日誌級別爲 DEBUG，並以除錯模式開始執行 main() 協程函式。

```
if __name__ == "__main__":
    logging.basicConfig(level=logging.DEBUG)
    asyncio.run(main(), debug=True)
```


執行結果

程式執行結果如下，首先會印出一些除錯日誌，接著每隔 1 秒顯示 myvar 變數值。我們注意到變數節點的 NodeId 為 ns=2;i=2。

```
DEBUG:asyncio:Using proactor: IocpProactor
INFO:asyncua.server.internal_server:No user manager specified. Using default
permissive manager instead.
...
INFO:asyncua.server.binary_server_asyncio:Listening on 0.0.0.0:4840
DEBUG:asyncua.server.server:OPC UA Server(opc.tcp://0.0.0.0:4840/freeopcua/
server/) server started
INFO:__main__:Set value of ns=2;i=2 to 6.8
INFO:__main__:Set value of ns=2;i=2 to 6.9
INFO:__main__:Set value of ns=2;i=2 to 7.0
...
```

10.13 建立 OPC UA 客戶端

Client 類別

opcua-asyncio 套件中的 Client 類別，提供了 API 來連接 OPC UA 伺服器，並可進行會話管理及存取基本位址空間的服務。客戶端可以使用上下文（context）管理器，以 with 語法來自動連接及斷開伺服器。Client 類別的使用範例如下：

```
from asyncua import Client

async with Client(url='opc.tcp://localhost:4840/freeopcua/server/') as
client:
    while True:
        node = client.get_node('i=85')
        value = await node.read_value()
```

其中，我們以 async with Client(url = OPC UA 伺服器 url) 語法來自動連接及斷開 OPC UA 伺服器。連接伺服器後進入無窮迴圈，取得 OPC UA 伺服器中的節點，並讀取節點中的值。要注意的是，由於是非同步方式讀取節點值，所以要加上 await 關鍵字。

 client-minimal.py

套件中提供了 client-minimal.py 程式，此 Python 程式示範如何建立最簡單的 OPC UA 客戶端，程式如下：

```
import asyncio
from asyncua import Client

url = "opc.tcp://localhost:4840/freeopcua/server/"
namespace = "http://examples.freeopcua.github.io"

async def main():
    print(f"Connecting to {url} ...")

    async with Client(url=url) as client:
        # Find the namespace index
        nsidx = await client.get_namespace_index(namespace)
        print(f"Namespace Index for '{namespace}': {nsidx}")

        # Get the variable node for read / write
        var = await client.nodes.root.get_child(
            f"0:Objects/{nsidx}:MyObject/{nsidx}:MyVariable"
        )

        value = await var.read_value()
        print(f"Value of MyVariable ({var}): {value}")

        new_value = value - 50
        print(f"Setting value of MyVariable to {new_value} ...")
        await var.write_value(new_value)

        # Calling a method
        res = await client.nodes.objects.call_method(f"{nsidx}:ServerMethod", 5)
        print(f"Calling ServerMethod returned {res}")

if __name__ == "__main__":
    asyncio.run(main())
```

說明

➥ 先匯入套件。

```
import asyncio
from asyncua import Client
```


➥ 定義 OPC UA 伺服器的 url 及命名空間。

```
url = "opc.tcp://localhost:4840/freeopcua/server/"
namespace = "http://examples.freeopcua.github.io"
```

➥ 定義 main() 協程函式。

```
async def main():
    ...
```

➥ 以 with 語法連接 OPC UA 伺服器。

```
async with Client(url=url) as client:
    ...
```

➥ 在 async with 語法中，取得及印出命名空間索引。

```
nsidx = await client.get_namespace_index(namespace)
print(f"Namespace Index for '{namespace}': {nsidx}")
```

➥ 取得 OPC UA 伺服器的變數節點，指定給變數 var。我們使用 root.get_child() 方法，從根節點開始，尋找路徑爲「0:Objexts -> {nsidx}:MyObject -> {nsidx}:MyVariable」。

```
var = await client.nodes.root.get_child(
    f"0:Objects/{nsidx}:MyObject/{nsidx}:MyVariable"
)
```

➥ 讀取及印出 var 變數的值。

```
value = await var.read_value()
print(f"Value of MyVariable ({var}): {value}")
```

➥ 由於伺服器中的 MyVariable 變值可以寫入，所以我們可以對其寫入新值。

```
new_value = value - 50
print(f"Setting value of MyVariable to {new_value} ...")
await var.write_value(new_value)
```

➥ 伺服器中還有一個名為「ServerMethod」的方法節點，我們可以呼叫此方法，傳入數值 5，並印出它回傳的結果。

```
res = await client.nodes.objects.call_method(f"{nsidx}:ServerMethod", 5)
print(f"Calling ServerMethod returned {res}")
```

➥ 若 client-minimal.py 程式是單獨被執行，則執行 main() 協程函式。

```
if __name__ == "__main__":
    asyncio.run(main())
```

執行結果

執行結果如下，會取得及印出伺服器中變數節點 MyVariable(ns=2;i=2) 的值，將其減去 50 後再寫入，同時呼叫伺服器中的 ServerMethod 方法，並印出其回傳值。

```
Connecting to opc.tcp://localhost:4840/freeopcua/server/ ...
Namespace Index for 'http://examples.freeopcua.github.io': 2
Value of MyVariable (ns=2;i=2): 9.499999999999991
Setting value of MyVariable to -40.50000000000001 ...
Calling ServerMethod returned 10
```

10.14 實習㉔：OPC UA 伺服器與客戶端

實習目的

❑ 練習以 Python opcua-asyncio 撰寫 OPC UA 伺服器。

❑ 練習以 Node-RED 作為 OPC UA 客戶端，讀取 OPC UA 伺服器中的資料。

實習架構圖

本實習的實習架構圖，如圖 10-10 所示。其中，我們以 Python 撰寫 OPC UA 伺服器，以 Node-RED 當作客戶端，會每隔一段時間向伺服器取得資料。

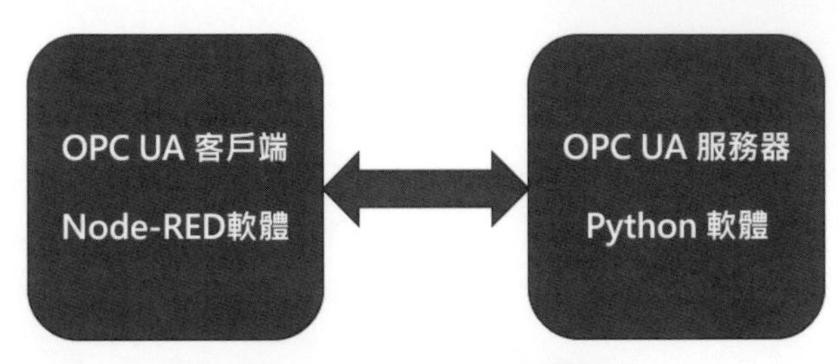

圖 10-10　實習㉔：架構圖

動作要求

- ❑ OPC UA 伺服器會建立物件節點，並在物件節點中加入二個變數節點。
- ❑ OPC UA 伺服器會模擬一個 sin(x) 及 cos(x) 信號，將其寫入變數節點。
- ❑ 以 Node-RED 的 OPC UA 節點，讀取 OPC UA 伺服器的二個變數節點，並在 chart 元件中顯示 sin 及 cos 的圖形。

Python 程式

Python 程式的名稱為「opcua_server.py」，程式流程如下：

- ❑ 初始化 OPC UA 伺服器，建立端點（endpoint）。
- ❑ 註冊命名空間字串，回傳命名空間索引。
- ❑ 建立位址空間，加入物件節點，在物件節點中再加入二個變數節點。
- ❑ 啓動伺服器，進入無窮迴圈，每隔 1 秒生成 sin(x) 及 cos(x) 的資料，將其寫入二個變數節點中。

```
import asyncio
from asyncua import Server, ua
import math
import numpy as np

async def main():
    # 初始化OPC UA伺服器
    server = Server()
```

```
    await server.init()
    server.set_endpoint("opc.tcp://0.0.0.0:4840")

    # 註冊命名空間字串，回傳命名空間索引
    uri = "http://www.iiot.com.tw"
    idx = await server.register_namespace(uri)

    # 建立位址空間
    myobj = await server.nodes.objects.add_object(idx, "MyObject")
    myvar1 = await myobj.add_variable(ua.NodeId(5, idx), "MyVariable1", 0.0)
    myvar2 = await myobj.add_variable(ua.NodeId(6, idx), "MyVarialbe2", 0.0)
    print(myvar1, myvar2)

    # 變數節點設為可寫入
    await myvar1.set_writable()
    await myvar2.set_writable()

    print("Starting server!")

    async with server:
        t = 0
        while True:
            # 生成 sin(x) 及 cos(x) 資料，將其寫入二個變數節點中
            new_val1 = np.sin(2*np.pi*t/20)
            new_val2 = np.cos(2*np.pi*t/20)
            t += 1
            print(
                f"t = {t}\t sin: {myvar1}: {new_val1:.4f}\t cos: {myvar2}:
{new_val2:.4f}")
            await myvar1.write_value(new_val1)
            await myvar2.write_value(new_val2)
            await asyncio.sleep(2)

if __name__ == "__main__":
    asyncio.run(main())
```

- 執行結果如下，OPC UA 伺服器會啟動，並每隔 2 秒產生一筆 sin(x) 及 cos(x) 的資料。

```
ns=2;i=5 ns=2;i=6
Starting server!
Endpoints other than open requested but private key and certificate are not
```

```
set.
t = 1    sin: ns=2;i=5: 0.0000   cos: ns=2;i=6: 1.0000
t = 2    sin: ns=2;i=5: 0.3090   cos: ns=2;i=6: 0.9511
t = 3    sin: ns=2;i=5: 0.5878   cos: ns=2;i=6: 0.8090
t = 4    sin: ns=2;i=5: 0.8090   cos: ns=2;i=6: 0.5878
t = 5    sin: ns=2;i=5: 0.9511   cos: ns=2;i=6: 0.3090
t = 6    sin: ns=2;i=5: 1.0000   cos: ns=2;i=6: 0.0000
...
```

在程式中，二個變數節點的NodeId設定如下：

變數節點 NodeId	儲存資料
ns=2; i=5	sin(x)
ns=2; i=6	cos(x)

安裝 node-red-contrib-opcua 套件

若要讓Node-RED可以經由OPC UA與伺服器進行通訊，需要在Node-RED中安裝node-red-contrib-opcua套件。

啓動Node-RED，開啓「節點管理」視窗，請點選「安裝」標籤，搜尋「node-red-contrib-opcua」，並在找到的node-red-contrib-opcua選項中按下「安裝」按鈕，如圖10-11所示。

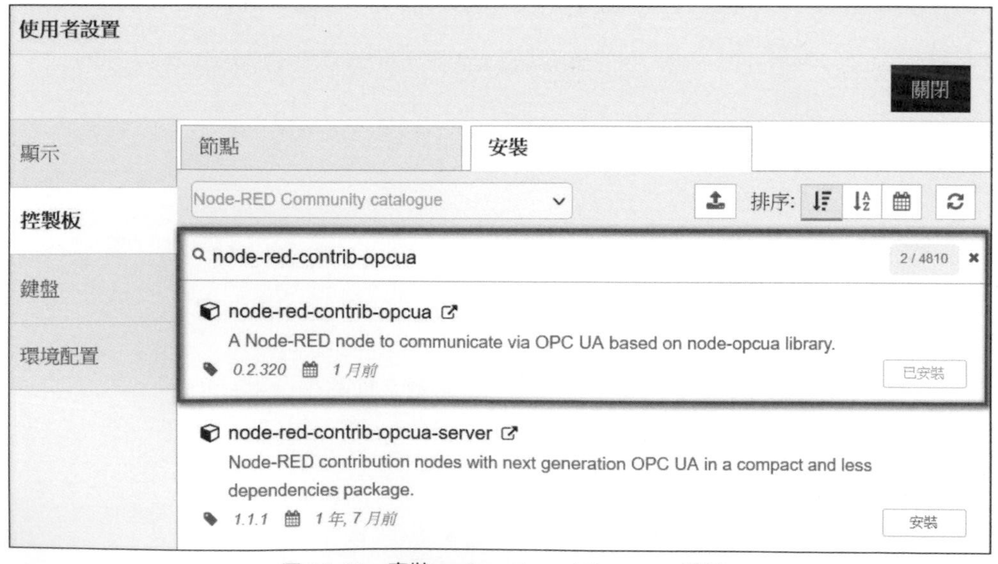

圖 10-11　安裝 node-red-contrib-opcua 模組

Node-RED 流程

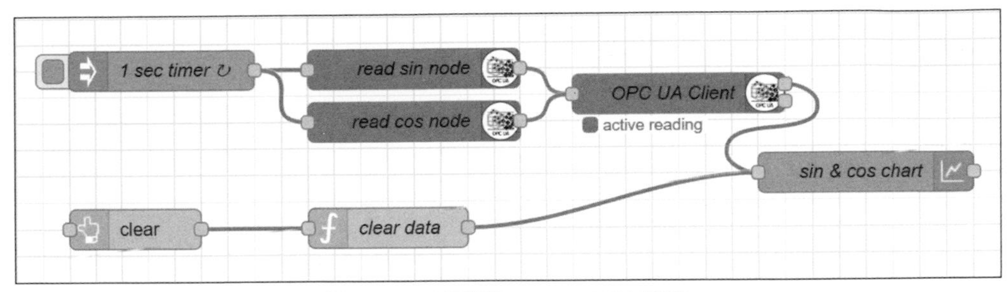

圖 10-12　實習㉔：Node-RED 流程

實習步驟

STEP 01 依序加入 inject、OPC UA Item×2、OPC UA Client、button、function、chart 節點。

STEP 02 編輯 inject 節點。

名稱	設定內容
1 sec timer	msg.payload：時間戳記 重複：週期性執行，每隔 1 秒

STEP 03 編輯 OPC UA Item 節點。

名稱	設定內容
read sin node	Item：ns=2;i=5 Type：Double
read cos node	Item：ns=2;i=6 Type：Double

STEP 04 編輯 OPC UA Client 節點。

名稱	設定內容
OPC UA Client	EndPoint：opc.tcp://localhost:4840 Action：READ Certificate：None, use generated self-signed certificate

STEP 05 新增 [OPC UA] Default 群組節點。

STEP 06 編輯 button 節點。

名稱	設定內容
clear	Group：[OPC UA] Default Lable：clear

STEP 07 編輯 function 節點。

- 名稱「clear data」：此函式用來清除 chart 圖形中的資料，函式內容如下：

```
msg.payload=[]
return msg;
```

STEP 08 編輯 chart 節點。

名稱	設定內容
sin & cos chart	Group：[OPC UA] Default Label：sin & cos chart Type：Linear chart

執行結果

- 按下「部署」按鈕，並開啟瀏覽器，輸入網址：URL http://localhost:1880/ui。
- 切換至 UPC UA 標籤，查看 UI 畫面，如圖 10-13 所示，可看到 chart 圖形會顯示從 OPC UA 伺服器接收到的 sin(x) 及 cos(x) 資料。若我們點選「CLEAR」按鈕，可以清除 chart 圖形。

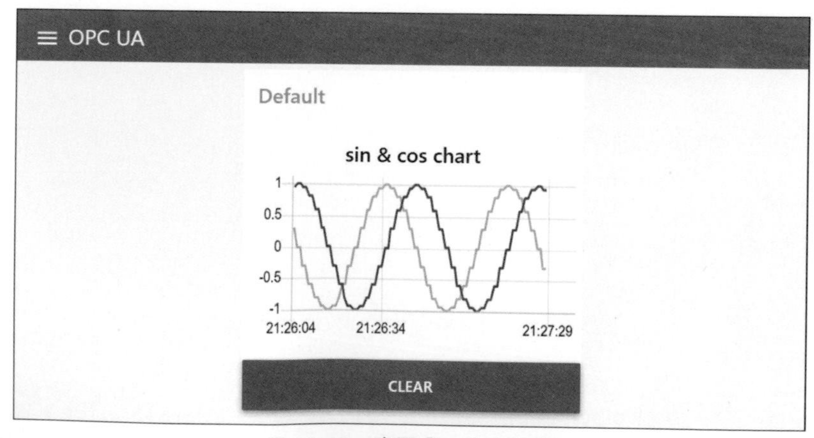

圖 10-13　實習㉔：執行結果

CHAPTER

11

MQTT 協定

11.1 本章提要

想像一下，若我們有數十種不同的設備需要交換資料，這些設備可能是物聯網的微控制板，其中連接了數十個感測器，我們希望這些 IoT 板都能透過 Web 即時發送及接收資料，且希望可以儘量節省頻寬，此時，我們應該採用何種協定才好呢？

我們可以使用 HTTP 協定，建立一個「發布 - 訂閱」模型，在不同設備之間交換資料，但是有一個專門設計的協定，它比 HTTP 協定更輕量，適合許多設備透過網際網路以近乎即時的方式交換資料，且消耗較少的網路頻寬，那就是 MQTT 協定。

MQTT 是一種機器對機器（M2M）及 IoT 連接的協定，它是一種輕量級的訊息傳遞協定，採用「發布 - 訂閱」機制，並且在 TCP/IP 之上運行。

MQTT 協定具有以下的優點：

- 輕量，可傳輸大量資料，但無需大量的頻寬。
- 可大量分發最小的資料封包。
- 支援事件導向模型，具非同步、雙向、低延遲推送傳送能力。
- 事件發生時可監聽事件。
- 支援始終連接或有時連接的模型。
- 可在不可靠的網路發布訊息，提供可靠的傳送
- 可與電池供電的設備或要求低功耗的設備配合。
- 可以近乎即時方式傳遞訊息。
- 可爲所有資料提供安全性及隱私性。

在本章中，我們將探討 MQTT 通訊協定的內容，並說明如何在 Windows 作業環境中架設 MQTT 伺服器。

11.2 發布 - 訂閱機制

在深入研究 MQTT 前，我們先介紹「發布 - 訂閱」機制。此機制有三種角色：

- **Publisher**：訊息發布者。
- **Subscriber**：訊息接收者。
- **Broker**：代理人。

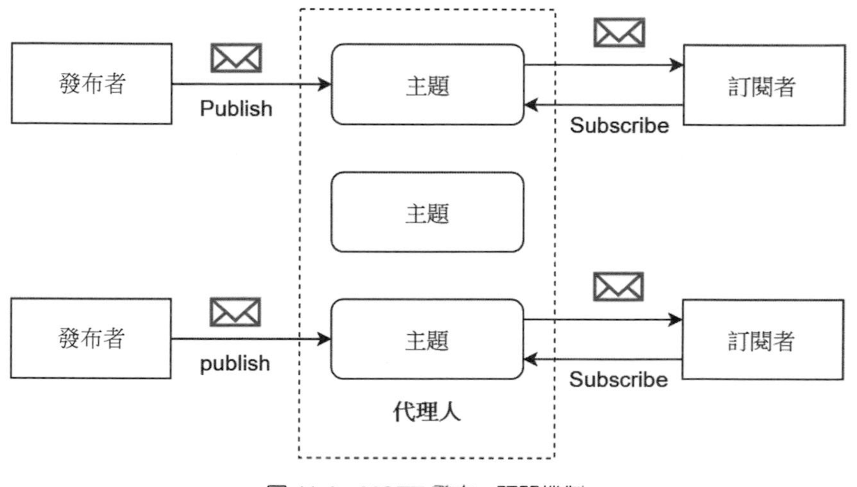

圖 11-1　MQTT 發布 - 訂閱機制

發布訊息的客戶端，與其他一個或多個接收訊息的客戶端彼此分離，客戶端不知道其他客戶端的存在。客戶端可以發布特定類型的訊息，只有對特定類型的訊息感興趣的客戶端，才會接收已發布的訊息。

「發布 - 訂閱」機制需要代理人，也稱爲「伺服器」。透過代理人，發送訊息的客戶端稱爲「發布者」，代理人會過濾傳入的訊息，並將它們分發給對接收訊息類型感興趣的客戶端；在伺服器上，註冊爲對特定類型的訊息感興趣的客戶，稱爲「訂閱者」。發布者和訂閱者都需與代理人建立連接。

發布者和訂閱者在空間上是分離的，發布者不需要知道是否有任何訂閱者會監聽它要發送的訊息。發布者可以發布訊息，訂閱者可以之後再接收它，發布操作與接收操作可以是不同步的。

11.3 MQTT 主題

伺服器爲了可以確保訂閱者只收到他們感興趣的訊息，會以「主題」(topic) 爲條件來進行訊息的過濾。每個訊息都屬於一個主題，當發布者請求伺服器發布訊息時，必須同時指定主題及訊息的有效負載（即訊息內容），而伺服器接收該訊息，並將其傳遞給已訂閱該訊息所屬主題的所有訂戶。

訂戶可以訂閱多個主題，此時伺服器必須確保訂閱者接收到屬於其訂閱的所有主題的訊息。

主題命名

- ❑ 主題名稱請使用英文，並取個有意義的名字。
- ❑ 區分英文大小寫。
- ❑ 主題名稱請勿使用「$」、「#」、「+」、「-」、「*」、「空格」等字元。
- ❑ 階層數沒有固定。
- ❑ 長度不可超過 65536 個字元。

範例❶ 以下為合法的主題命名：

- ❑ Sensor/Temperature/Room1
- ❑ Sensor/Humidity/Room2

解答 其中，我們以「/」作爲分隔符號，但請注意上述命名在 macOS 或是 Linux 作業系統下是有效的，而在 Windows 中，請將主題命名爲「sensor_temperature_room1」，因爲 Windows 會以反斜線「/」作爲系統路徑名稱的分隔符號。

主題萬用字元

我們可以使用兩個萬用字元來建立主題過濾器：

- ❑ +：這是一個單級萬用字元，可與特定主題級別的任何名稱匹配。
- ❑ #：這是一個多級萬用字元，只能在主題過濾器的末尾使用，它可匹配任何第一級與在左側指定的主題級號。

範例❷ 考慮以下的主題命名階層：

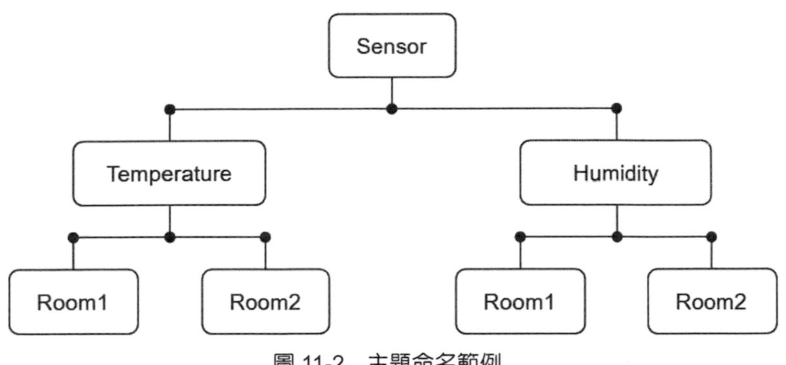

圖 11-2 主題命名範例

解答 若我們要取得Room1的溫度，主題過濾器可設定爲「Sensor/Temperature/Room1」。

若我們要取得Room1的溫度及濕度，主題過濾器可以設定爲「Sensor/+/Room1」。此時，訂閱者可收到下列發布的主題：

- Sensor/Temperature/Room1
- Sensor/Humidity/Room1

若我們要取得全部房間的溫度及濕度，則主題過濾器可以設定爲「Sensor/#」，此時訂閱者可收到下列發布的主題：

- Sensor/Temperature/Room1
- Sensor/Temperature/Room2
- Sensor/Humidity/Room1
- Sensor/Humidity/Room2

11.4 服務品質

基於 QoS（服務質量）級別，MQTT 協定中成功傳遞的訊息含義上有些差異，QoS 級別是發送與接收訊息時的實際傳遞訊息的保證協定，這些保證可能包括訊息可能到達的次數及重複的可能性。MQTT 支援以下三種可能的 QoS 級別，說明如下：

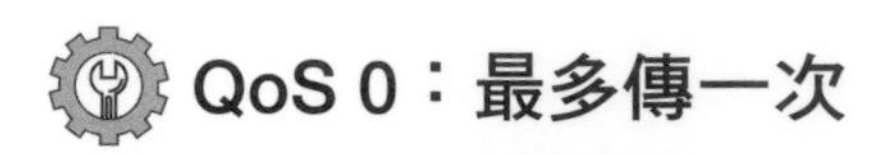

QoS 0：最多傳一次

此級別不保證訊息會送達。接收方或目的地不會確認該訊息，發送方只是將訊息發送到目的地，發送方既不會爲可能無法到達目的地的任何訊息進行儲存，也不會安排新的遞送。

- ❑ 優點：占用頻寬與傳送時間較少。
- ❑ 缺點：會有遺漏資料的可能性。

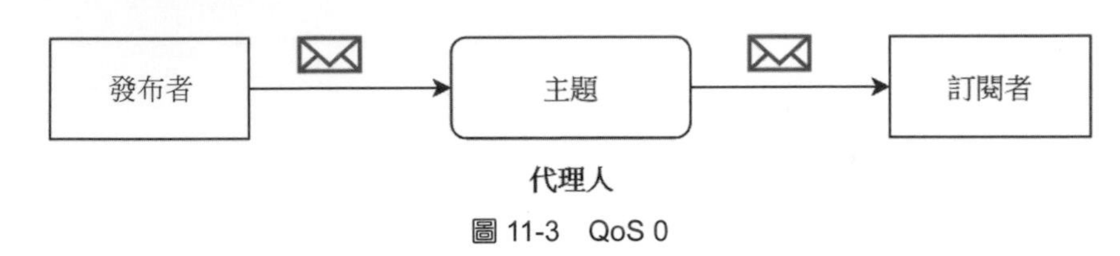

圖 11-3　QoS 0

QoS 1：至少傳送一次

此級別必須接收方增加確認要求，所以 QoS 1 提供了保證訊息，將至少發送一次給訂戶。此 QoS 級別的一個主要缺點是，同一個訊息可能會多次發送到同一目標，發送方會儲存訊息，直到收到訂戶的確認；如果發送方在特定時間內未收到確認，則發送方將再次發送訊息給接收方。

- ❑ 代理人從發布者收到訊息後，會回應發布者一個 PUBACK 訊息，以確認有收到要發布的訊息。
- ❑ 當發布者沒有收到 PUBACK 訊息，則發布者會再重送此訊息。
- ❑ 優點：保證訊息將至少發送一次給訂戶。
- ❑ 缺點：訂戶有可能會重複收到相同訊息，需要自行篩選所接收到的相同訊息

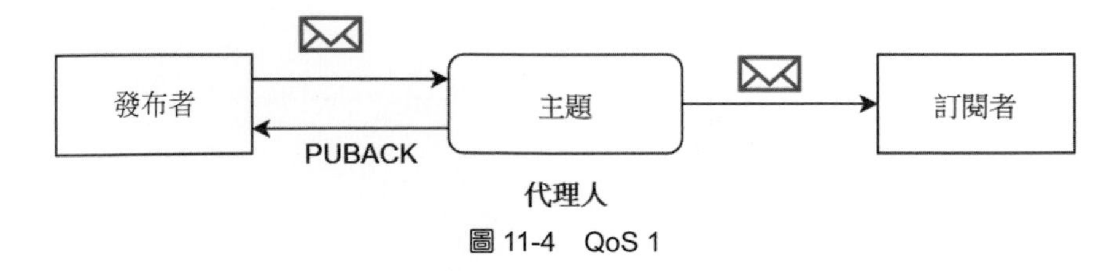

圖 11-4　QoS 1

QoS 2：確實傳送一次

此級別保證訊息僅傳送到目的地一次。與其他 QoS 級別相比，QoS 2 會占用較高的頻寬，此級別需要發送方和接收方之間的兩個資料流，在發送方確定目標已成功接收到一次後，才會認爲已成功發送訊息。

- ❑ 代理人從發布者收到訊息後，將回應發布者一個 PUBREC 訊息，以確認有收到要發布的訊息。
- ❑ 發布者收到代理人傳送的 PUBREC 訊息時，會再傳送 PUBREL 訊息給發布者，告訴代理人可以將訊息傳給訂戶。
- ❑ 代理人訊息傳送完成後，會回應 PUBCOMP 訊息給發布者，告知已經發送完畢。
- ❑ 優點：不會重複傳送相同訊息。
- ❑ 缺點：占用頻寬與傳送時間較長。

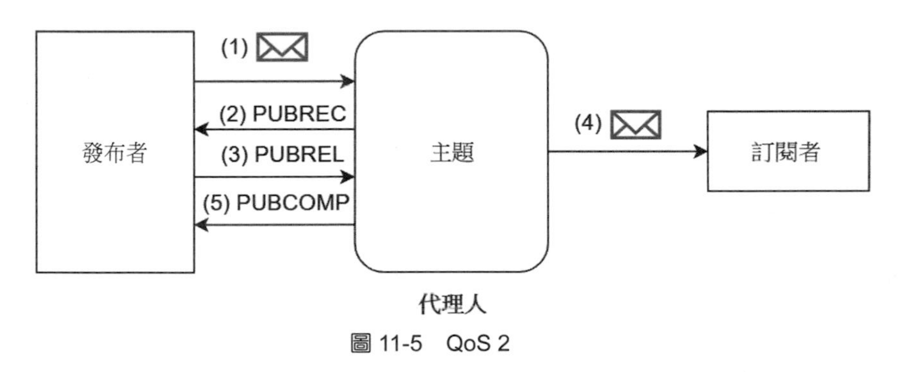

圖 11-5　QoS 2

11.5 安裝 MQTT 伺服器

Mosquitto

Mosquitto 是頗受歡迎的開放原始碼 MQTT 伺服器，它是非營利軟體供應商聯盟 Eclipse 基金會的開源物聯網專案計畫。Mosquitto 支援 MQTT 3.1 和 3.1.1 版通訊協定，可在 Windows、macOS 和 Linux 等作業系統上安裝執行。

 Windows 安裝 Mosquitto

適用於 Windows 系統的安裝程式，可直接在 Mosquitto 官網內下載：URL http://mosquitto.org/download。這裡我們下載的軟體版本是 mosquitto-2.0.18-install-windows-x64.exe，下載後進行安裝。

圖 11-6　Mosquitto 下載網頁

 啟動 Mosquitto 伺服器

STEP 01 啟動 Windows「服務」程式，在「服務」項目中找到 mosquitto 服務，並按滑鼠右鍵，選擇「啟動」。

STEP 02 啟動後的畫面，如圖 11-7 所示。MQTT 伺服器啟動後，會使用網路的 1883 埠進行通訊。

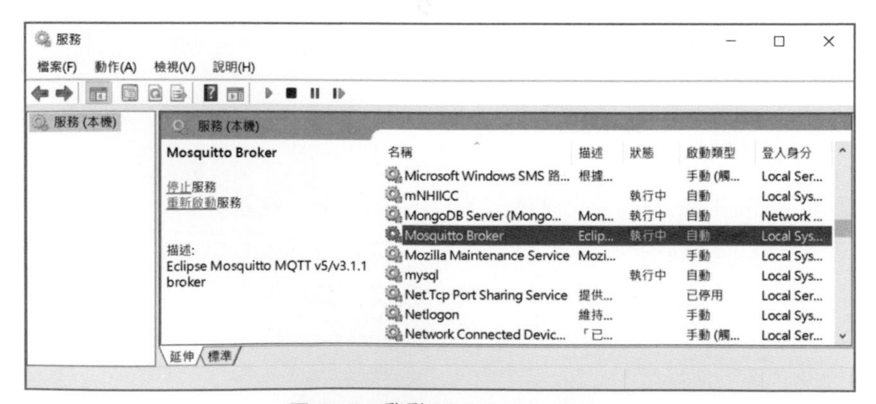

圖 11-7　啟動 Moquitto Broker

確認 MQTT 伺服器狀態

若要確認 Mosquitto 伺服器是否在運作狀態。可在「命令提示字元」視窗中執行「netstat -an | find "1883"」，列舉 MQTT 伺服器是否是作用中的連線。

```
C:\Users\user>netstat -an | find "1883"
  TCP    0.0.0.0:1883           0.0.0.0:0              LISTENING
  TCP    [::]:1883              [::]:0                 LISTENING
```

開通防火牆埠號 1883

Windows 的防火牆預設並沒有開通 1883 埠號，因此本機電腦以外的 MQTT 裝置無法和 Mosquitto 伺服器連線。要開通 Windows 防火牆的 1883 埠，步驟如下：

STEP 01 啟動 Windows 防火牆程式，點選「進階設定」。

圖 11-8　設定 Windows 防火牆

STEP 02 選擇「輸入規則」，再點選「新增規則」。

圖 11-9　新增輸入規則

STEP 03 選擇「連接埠」，並按下「下一步」按鈕。

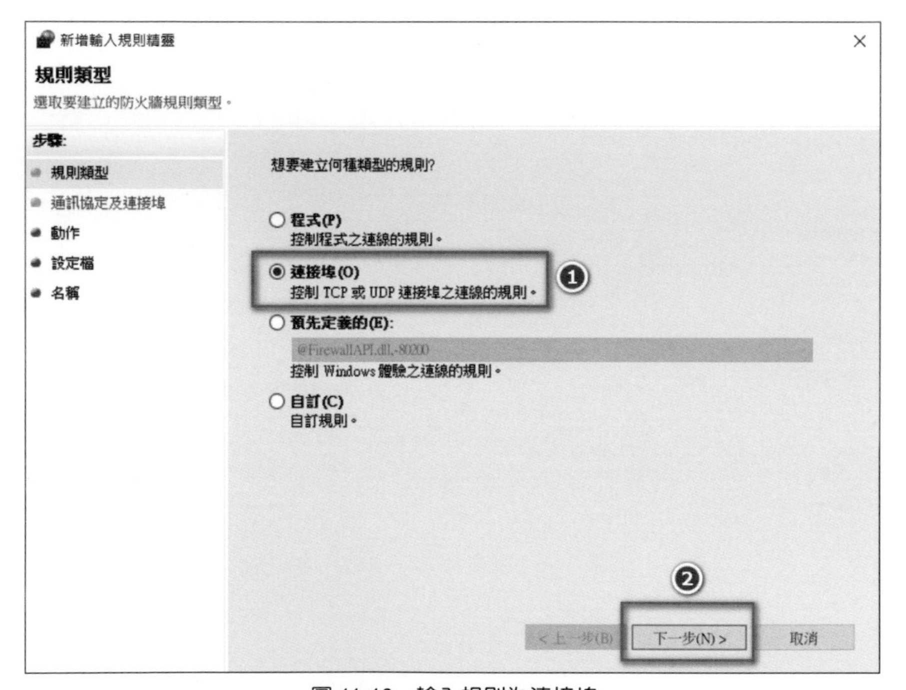

圖 11-10　輸入規則為連接埠

STEP 04 選擇「TCP」，並輸入「1883」連接埠，然後按下「下一步」按鈕。

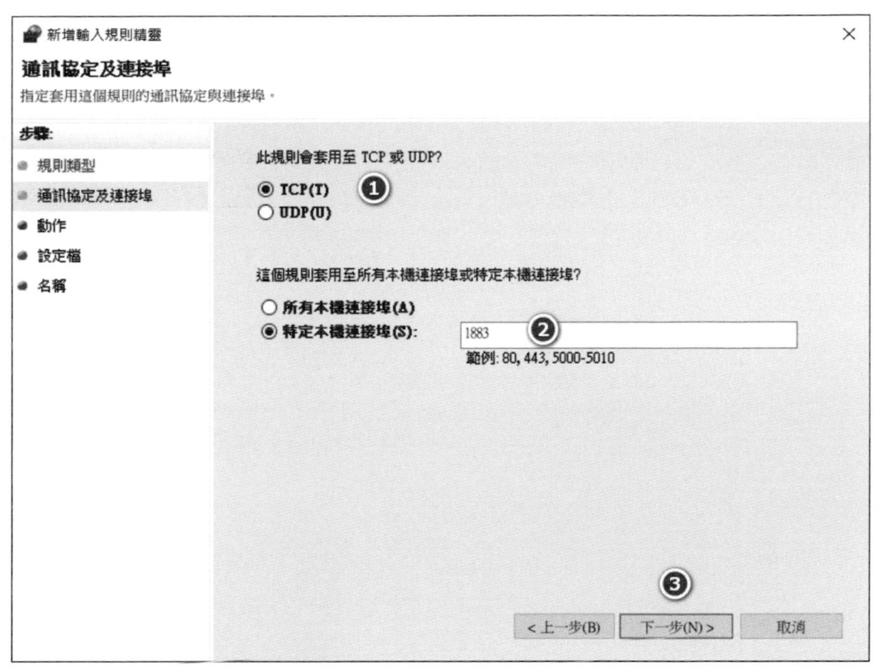

圖 11-11　指定 1883 通訊埠

STEP 05 選擇「允許連線」，並按下「下一步」按鈕。

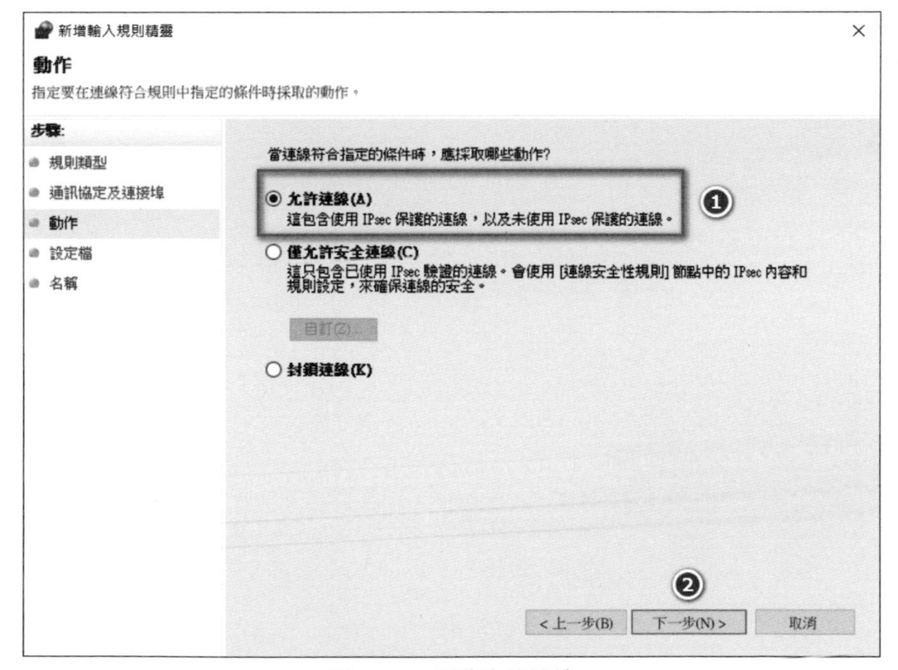

圖 11-12　設定允許連線

STEP 06 將套用此規則的時機全部勾選，並按下「下一步」按鈕。

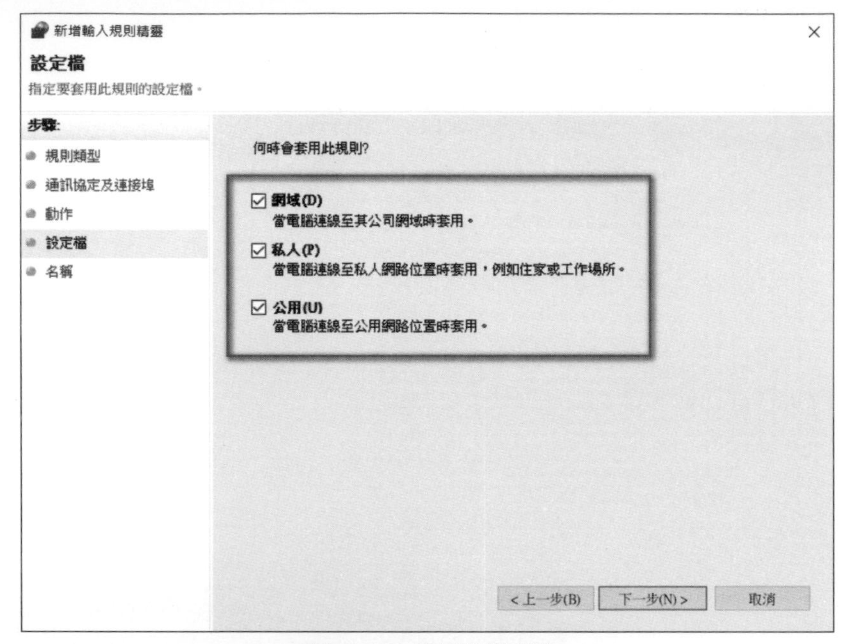

圖 11-13　套用規則時機

STEP 07 為此規則設定一個名稱，這裡我們將名稱命名為「MQTT INPUT」，然後按下「完成」按鈕。

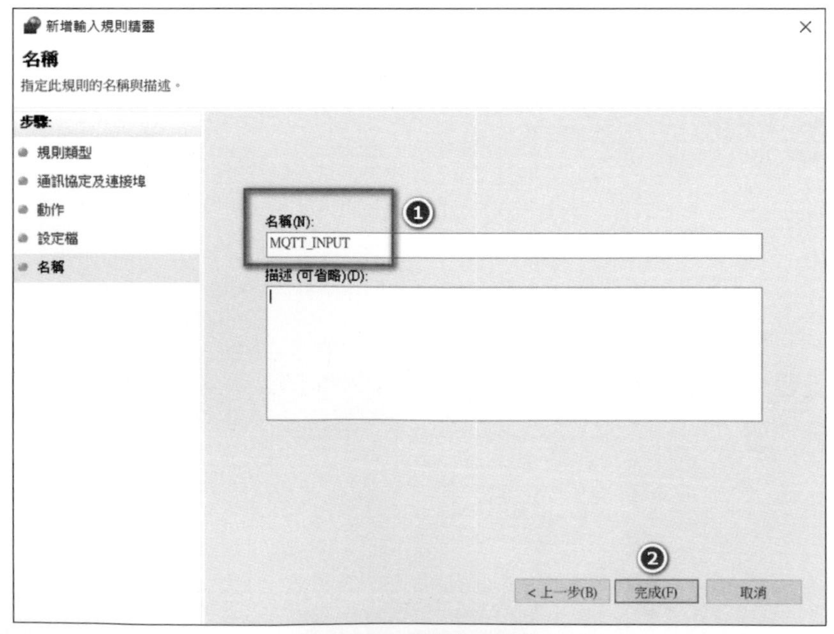

圖 11-14　命名輸入規則

STEP 08 完成後可以看到，我們新增了一個「MQTT_INPUT」輸入規則。

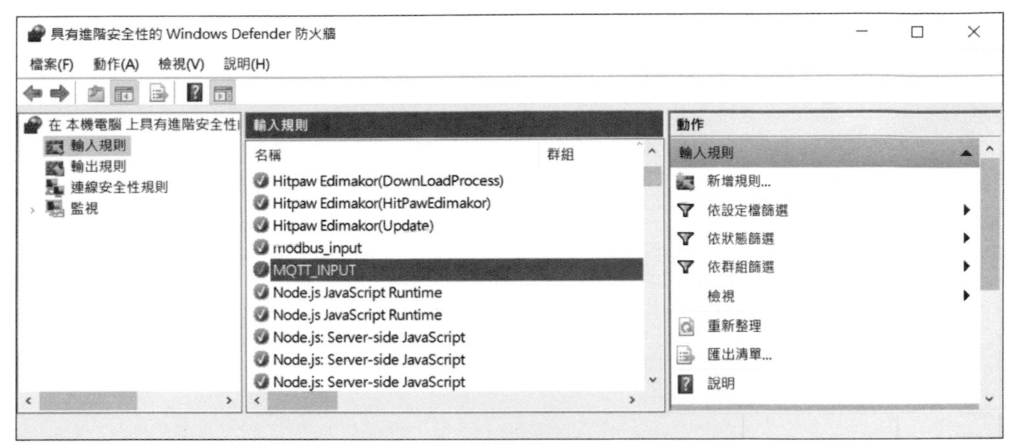

圖 11-15　輸入規則新增完成

STEP 09 以類似的操作來為輸出規則也新增一個「MQTT_OUTPUT」的新規則。

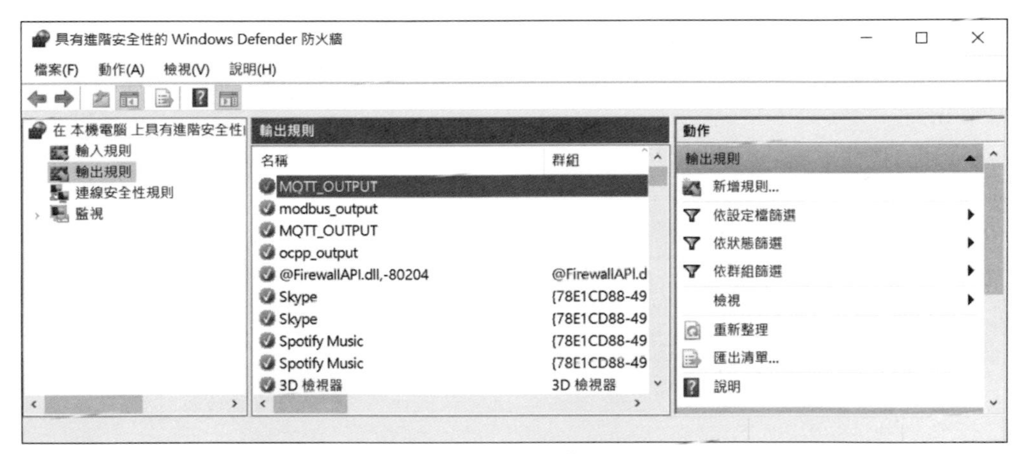

圖 11-16　再新增輸出規則

11.6 使用 Mosquitto MQTT 伺服器

現在，讓我們來測試一下 Mosquitto MQTT 伺服器是否可以正常運作。測試步驟如下：

STEP 01 以管理員身分開啟兩個終端機命令視窗，用來模擬訂閱者及發布者。

STEP 02 兩個終端機視窗都進入 mosquitto 資料夾。

```
cd  C:\Program Files\mosquitto
```

STEP 03 在第一個終端機視窗中輸入下列指令，模擬訂閱了一個「testTopic」主題。

```
c:\Program Files\mosquitto>mosquitto_sub  -t  testTopic
```

STEP 04 在第二個終端機視窗中輸入下列指令，以模擬發布訊息。訊息主題為「testTopic」，訊息內容為「Hello」。

```
c:\Program Files\mosquitto>mosquitto_pub  -h  127.0.0.1  -p  1883  -t
testTopic  -m  "Hello"
```

STEP 05 此時，在訂閱者的終端機畫面上，可收到發布者傳來的訊息。

```
Hello
```

STEP 06 要查看 mosquitto 指令參數，指令如下：

```
mosquito  --help
```

說明

- -h：後接的是 MQTT 伺服器的 ip 位址。
- -p：後接的是 MQTT 伺服器的連接埠。
- -t：後接的是 topic 主題名稱。
- -m：後接的是要傳送的訊息內容。

11.7 實習㉕：Node-RED 測試 MQTT

實習目的

練習在 Node-RED 中訂閱及發布訊息。

準備工作

- ❑ 完成 MQTT 伺服器的安裝。
- ❑ 啓動 MQTT 伺服器（假設伺服器的 IP 為「127.0.0.1」）。

動作要求

- ❑ 在 mqtt in 節點設定訂閱主題為「testTopic」，並印出接收到的 payload。
- ❑ 按一下 inject 節點，會發布主題「testTopic」，訊息內容為「Hello, node-red」。

Node-RED 流程

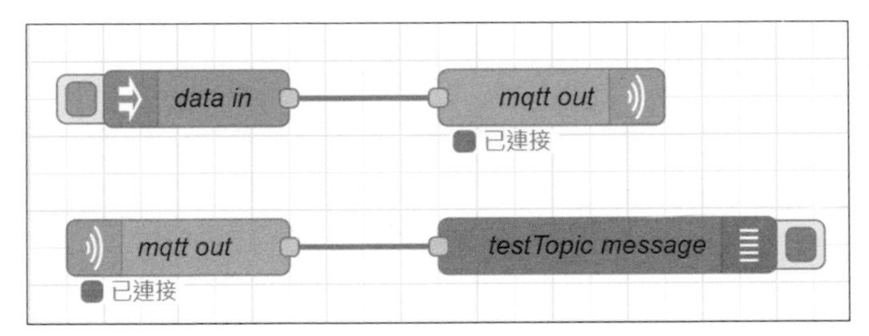

圖 11-17　實習㉕：Node-RED 流程

實習步驟

STEP 01 依序加入 inject、mqtt out、mqtt in、debug 節點。

STEP 02 編輯「inject」節點。

名稱	設定內容
data in	msg.payload：文字列，Hello, node-red

STEP 03 編輯 mqtt out 節點。

名稱	設定內容
mqtt out	伺服器端：127.0.0.1:1883 主題：testTopic QoS：2

STEP 04 編輯 mqtt in 節點。

名稱	設定內容
mqtt in	伺服器端：127.0.0.1:1883 主題：testTopic QoS：2

STEP 05 編輯 debug 節點。

名稱	設定內容
testTopic message	輸出：msg.payload

執行結果

- ❑ 按下「部署」按鈕，mqtt in 節點與 mqtt out 節點下方出現「已連接」，表示 MQTT 伺服器連線成功。
- ❑ 按一下 inject 節點，會從 mqtt out 發布訊息「Hello, node-red」文字。
- ❑ 觀察除錯視窗，會收到訂閱訊息，topic 爲「testTopic」，payload 爲「Hello, node-red」的訊息，如圖 11-18 所示。

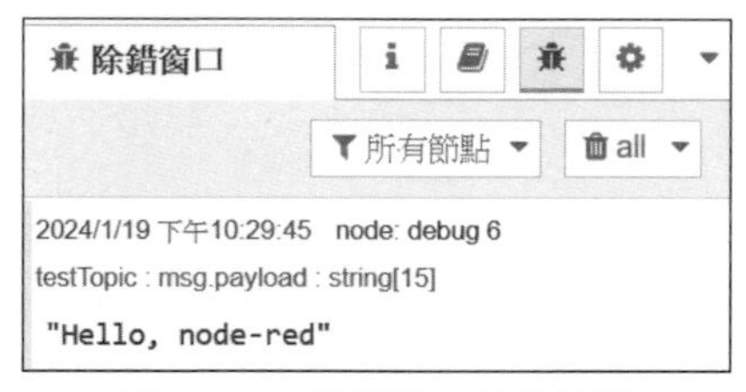

圖 11-18　實習㉕：執行結果

Arduino MQTT 應用

12.1 本章提要

在前一章中，我們探討了 MQTT 通訊協定的內容，並在 Windows 環境中架設了一台 MQTT 伺服器。在本章中，我們將以 Arduino UNO R4 WiFi 開發板爲例，說明如何以 Arduino 開發板作爲物聯網節點，將收集到的資料透過 MQTT 協定，以無線方式傳送給後端 Node-RED 顯示。

12.2 掃描無線網路

要使用 Arduino UNO R4 WiFi 開發板，需要使用 Arudino IDE 安裝 Arduino UNO R4 WiFi 開發板套件，若是尚未安裝，請參考本書第 4 章的說明進行安裝。

Arduino UNO R4 WiFi 開發板內建 ESP32-S3 模組，可以讓我們以內建的 WiFiS3 函式庫連接到 WiFi 網路，並執行網路操作。當我們安裝好 Arduino UNO R4 WiFi 開發板套件後，可點選 IDE 的「檔案→範例」，來查看 Arduino UNO R4 WiFi 開發板提供的多個範例，在本節中，我們將說明 ScanNetworks 範例。

開啟 WiFiS3 範例

請選擇「檔案→範例→ WiFiS3 → ScanNetworks」，開啓 ScanNetworks 範例，如圖 12-1 所示。

圖 12-1 開啟 WiFiS3 範例

Arduino 程式

ScanNetworks 程式如下，我們加入了一些註解來說明此程式。

```
#include <WiFiS3.h>

void setup() {
  // 設定序列埠視窗鮑率
  Serial.begin(9600);

  # 等待序列埠連接
  while (!Serial) {;}
```

```
  // 檢查WiFi模組是否正常
  if (WiFi.status() == WL_NO_MODULE) {
    Serial.println("Communication with WiFi module failed!");

    // 若不正常，進入無窮迴圈
    while (true);
  }
}

void loop() {
  byte mac[6];

  // 掃描網路
  Serial.println("Scanning available networks...");

  // 印出網路列表
  listNetworks();

  // 印出Arduino WiFi模組的mac
  WiFi.macAddress(mac);
  Serial.println();
  Serial.print("Your MAC Address is: ");
  printMacAddress(mac);
  delay(10000);
}

void listNetworks() {
  // 掃描附近的無線網路
  Serial.println("** Scan Networks **");
  int numSsid = WiFi.scanNetworks();
  if (numSsid == -1) {
    Serial.println("Couldn't get a WiFi connection");
    while (true);
  }

  // 印出掃描到的無線網路列表
  Serial.print("number of available networks:");
  Serial.println(numSsid);

  // 印出網路列表中的網路訊息
  for (int thisNet = 0; thisNet < numSsid; thisNet++) {
    Serial.print(thisNet);
```

```
    Serial.print(") ");
    Serial.print(WiFi.SSID(thisNet));
    Serial.print(" Signal: ");
    Serial.print(WiFi.RSSI(thisNet));
    Serial.print(" dBm");
    Serial.print(" Encryption: ");

    // 印出加密類型
    printEncryptionType(WiFi.encryptionType(thisNet));
  }
}

void printEncryptionType(int thisType) {
  // 印出無線網路加密類型
  switch (thisType) {
    case ENC_TYPE_WEP:
      Serial.println("WEP");
      break;
    case ENC_TYPE_WPA:
      Serial.println("WPA");
      break;
    case ENC_TYPE_WPA2:
      Serial.println("WPA2");
      break;
    case ENC_TYPE_WPA3:
      Serial.print("WPA3");
      break;
    case ENC_TYPE_NONE:
      Serial.println("None");
      break;
    case ENC_TYPE_AUTO:
      Serial.println("Auto");
      break;
    case ENC_TYPE_UNKNOWN:
    default:
      Serial.println("Unknown");
      break;
  }
}


void printMacAddress(byte mac[]) {
```

```
  for (int i = 0; i < 6; i++) {
    if (i > 0) {
      Serial.print(":");
    }
    if (mac[i] < 16) {
      Serial.print("0");
    }
    Serial.print(mac[i], HEX);
  }
  Serial.println();
}
```

執行結果

- 將 Arduino 程式上傳至 Arduino UNO R4 WiFi 開發板。
- 開啟序列埠監控窗，會看到掃描無線網路的結果，並可以得知開發板無線模組的 mac。

```
** Scan Networks **
number of available networks:10
0) Pee0904 Signal: -40 dBm Encryption: WPA2
1) Tony Signal: -51 dBm Encryption: WPA2
...
Your MAC Address is: F4:12:FA:6F:43:14
```

12.3 PubSubClient 函式庫

PubSubClient 是 MQTT 前端函式庫，可以讓 Arduino 發送 MQTT 主題訊息給 Mosquitto 伺服器，或是從 Mosquitto 伺服器訂閱訊息。

安裝 PubSubClient 函式庫

進入 Arduino IDE，點選「Sketch→程式庫→管理程式庫」，在搜尋列輸入「mqtt」，可看到 PubSubClient 套件，接著點選「安裝」，即可安裝 PubSubClient 套件，如圖 12-2 所示。

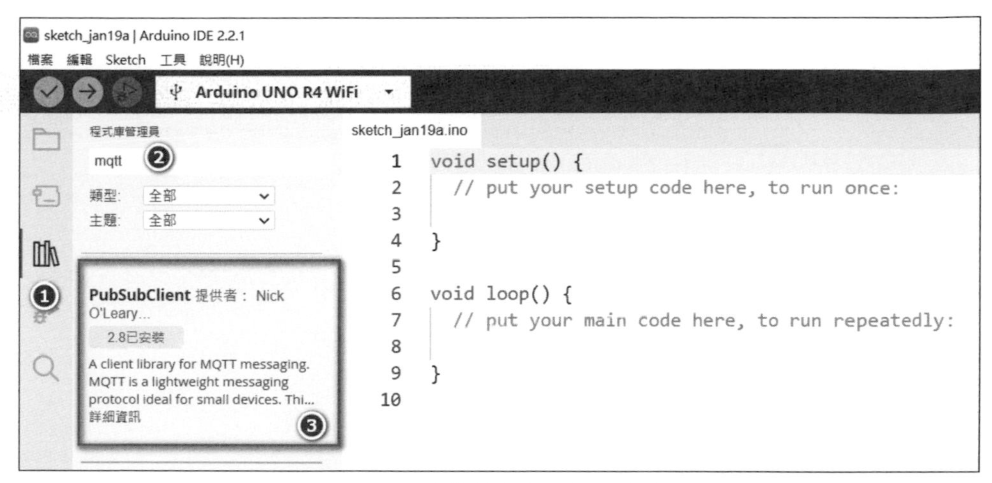

圖 12-2　安裝 PubSubClient 套件

PubSubClient 功能限制

PubSubClient 套件在使用時有一些功能限制，說明如下：

- 只能發布 QoS 0 訊息，但可以訂閱 QoS 0 或 QoS 1 的主題。
- 最大訊息長度（含標頭）預設為 128 位元組，可透過 PubSubClient.h 裡的 MQTT_MAX_PACKET_SIZE 常數值調整。
- keepalive（保持連線）間隔時間預設為 15 秒，可透過 PubSubClient.h 裡的 MQTT_KEEPALIVE 常數值調整。
- 用戶端預設採用 MQTT 3.1.1 標準。

12.4 PubSubClient 常用函式

在撰寫程式之前，我們先來探討一下 PubSubClient 常用函式的用法。

建立 PubSubClient 物件

建立 PubSubClient 物件，語法如下：

```
WiFiClient  wifi_lient;
PubSubClient  client(wifi_client);
```

由於我們要以 WiFi 方式連接 MQTT 伺服器，所以先建立一個 WiFiClient 物件，再接著建立 PubSubClient 物件。

 connect()

PubSubClient 物件與 MQTT 伺服器建立連接，語法如下：

```
client.connect(clientID)
```

說明

➥ clientID：客戶端 ID，請設定一個唯一識別碼。

 disconnect()

與 MQTT 伺服器斷開連接，語法如下：

```
client.disconnect()
```

 publish()

發布一個主題訊息，語法如下：

```
client.publish(topic, payload, retained)
```

說明

➥ topic：主題。

➥ payload：訊息負載。

➥ retained：true 表示要保留訊息，false 表示不保留。

 subscribe()

要訂閱一個主題，語法如下：

```
client.subscribe(topic, [qos])
```

說明

➥ topic：主題。

➥ qos：品質，只能 0 或 1。

loop()

需定期呼叫，讓客戶端可以處理接收的訊息，並保持與伺服器的連接，語法如下：

```
client.loop()
```

connected()

檢查客戶端是否已連接至伺服器，語法如下：

```
client.connected()
```

setServer()

設定 MQTT 伺服器，語法如下：

```
client.setServer(server, port)
```

說明

- server：伺服器 IP 位址。
- port：伺服器通訊埠。

setCallback()

設定訊息回呼函式，語法如下：

```
client.setCallback(callback)
```

說明

- callback：回呼函式。

callback

當訊息到達時，會呼叫回呼函式，函式原型宣告如下：

```
void  callback(const char[] topic,  byte* payload,  unsigned int length)
```

說明

➥ topic：訊息到達時的主題。

➥ payload：訊息負載。

➥ length：訊息負載長度。

12.5 DHT11 簡介

DHT11 是一款價格便宜、適合基礎應用、經過校準過且直接以數字訊號輸出的溫濕度感測器，內含一個電阻式感濕元件和一個 NTC 測溫元件，並與一個 8bit 單晶片相連接，體積小、功耗低，傳輸距離最遠可達 20 公尺以上。它的溫度偵測範圍為 0~50℃（精確度 ±2℃），濕度範圍 20~80%（精確度 5%），大約每 1~2 秒才能讀取一次。

圖 12-3　DHT11 外觀圖

如圖 12-3 所示，DHT11 正面有孔洞，讓裡面的感測器可以接觸空氣，面對正面，腳位說明如下：

- 腳位 1：接電源（3.5V~5V）。
- 腳位 2：資料線，連接至 Arduino 時，為提高穩定性，建議在腳位 1 與腳位 2 間，接一個 4.7KΩ 的上拉電阻。
- 腳位 3：空接腳。
- 腳位 4：接地線（GND）

匯入 DHT 函式庫

雖然 DTH11 的資料線只有一個腳位，但自成一套傳輸規則，在一條線上控制時序，傳送溫濕度的數值。為了讓我們容易撰寫溫濕度程式，我們可以下載 DHT11 的 Arduino 程式庫，點選「Sketch→程式庫→管理程式庫」，在搜尋列輸入「DHT11」，可看到 DFRobot_DHT11 套件，接著點選「安裝」，即可安裝 DFRobot_DHT11 套件，如圖 12-4 所示。

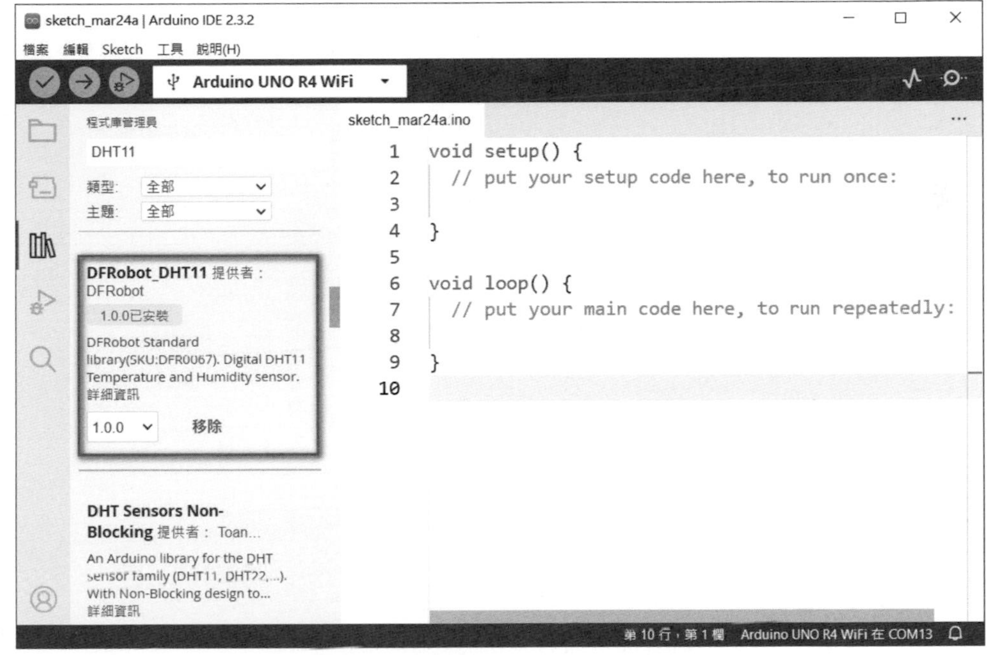

圖 12-4　安裝 DFRobot_DHT11 套件

開啟 DHT11 範例檔

點選「檔案→範例→DFRobot_DHT11→readDHT11」，開啓 readDHT11 範例。

Arduino 程式

- readDHT11 程式如下，其中我們將 DHT11 的資料腳連接至 Arduino UNO R4 WiFi 開發板的腳位 7。

```
#include <DFRobot_DHT11.h>
DFRobot_DHT11 DHT;
```

```
#define DHT11_PIN 7

void setup(){
  Serial.begin(115200);
}

void loop(){
  DHT.read(DHT11_PIN);
  Serial.print("temp:");
  Serial.print(DHT.temperature);
  Serial.print("  humi:");
  Serial.println(DHT.humidity);
  delay(1000);
}
```

說明

程式內容很簡單，使用下列函式來啓動 DHT 及讀取溫濕度。

- DHT.read()：初始化並啓動 DHT。
- DHT.temperature：讀取溫度。
- DHT.humidity：讀取濕度。

執行結果

- 將 Arduino 程式上傳至 Arduino UNO R4 WiFi 開發板。
- 開啓序列埠視窗，可看到每隔 1 秒 DHT11 量測到的溫濕度值。

```
temp:26  humi:77
temp:26  humi:77
...
```

12.6 實習㉖：Arduino 發布溫濕度值

實習目的

練習將 Arduino UNO R4 WiFi 開發板收到的溫濕度值，發布至 MQTT 伺服器。

實習材料

- ❑ Arduino UNO R4 WiFi 開發板 ×1。
- ❑ DHT11×1。

動作要求

- ❑ DHT11 溫濕度感測器的輸出，接至 Arduino UNO R4 WiFi 開發板的接腳 7。
- ❑ Arduino 每隔 5 秒讀取一次溫濕度值，並透過 WiFi 將溫濕度值發布至 MQTT 伺服器。
  - ◆ 溫度：發布主題為「sensor/temperature」，payload 為溫度值，字串格式。
  - ◆ 濕度：發布主題為「sensor/humidity」，payload 為濕度值，字串格式。

允許 Arduino UNO R4 WiFi 開發板連接 MQTT 伺服器

mosquitto 預設只允許 localhost 進行 MQTT 伺服器的連接，若要允許 Arduino UNO R4 WiFi 開發板連接 MQTT 伺服器，需要修改 mosquitto.conf 設定檔的設定。步驟如下：

STEP 01 停止 Windows 中的 Mosquitto 伺服器的運作。

STEP 02 轉到 Mosquitto 安裝目錄，如「c:\program files\mosquitto」目錄。

STEP 03 開啟 mosquitto.conf 設定檔，在檔案的末尾增加下列內容：

```
listener 1883 0.0.0.0
allow_anonymous true
```

STEP 04 儲存 mosquitto.conf 檔案，並再次啟動 Mosquitto 伺服器。

Arduino 程式

```
#include "WiFiS3.h"
#include "arduino_secrets.h"
#include <DFRobot_DHT11.h>
#include <PubSubClient.h>

#define DHT11_PIN 7
#define humi_topic "sensor/humi"
#define temp_topic "sensor/temp"

DFRobot_DHT11 DHT;

// 設定無線網路的SSID及密碼
char ssid[] = SECRET_SSID;
char pass[] = SECRET_PASS;

// 設定MQTT伺服器的IP位址
const char* mqtt_server = "192.168.1.119";

int status = WL_IDLE_STATUS;

// 建立PubSubClient物件
WiFiClient wifi_client;
PubSubClient client(wifi_client);

void setup() {
  Serial.begin(9600);
  while (!Serial) { ; }
  if (WiFi.status() == WL_NO_MODULE) {
    Serial.println("Communication with WiFi module failed!");
  }

  // 連接無線網路
  while (status != WL_CONNECTED) {
    Serial.print("Attempting to connect to SSID: ");
    Serial.println(ssid);

    // 初始化WiFi網路
    status = WiFi.begin(ssid, pass);
    delay(10000);
  }
```

```
  // 印出WiFi狀態
  printWifiStatus();

  // 設定client要連接的MQTT伺服器
  client.setServer(mqtt_server, 1883);

}

// 重新連接函式
void reconnect() {
  while (!client.connected()) {
    Serial.println("Attempting MQTT connection...");

    // client連接MQTT伺服器，clientID為MQTT_dht
    if (client.connect("MQTT_dht")) {
      Serial.println("connected");
    } else {
      Serial.print("MQTT connection failed, retry count: ");
      Serial.print(client.state());
      Serial.println(" try again in 5 seconds");
      delay(5000);
    }
  }
}

long lastMsg=0;
int temp=0;
int humi=0;

void loop() {
  // 若client還未連接MQTT伺服器，呼叫reconnct()函式
  if (!client.connected()) {
      reconnect();
  }

  // client處理接收的訊息
  client.loop();

  long now=millis();
  if (now - lastMsg > 5000) {
    lastMsg = now;
```

```
    // 每5秒讀取DHT11的溫濕度
    DHT.read(DHT11_PIN);
    temp = DHT.temperature;
    humi = DHT.humidity;

    Serial.print("temp:");
    Serial.print(temp);
    Serial.println(" °C");

    Serial.print("humi:");
    Serial.print(humi);
    Serial.println(" %");

    // 發布溫濕度值
    client.publish(temp_topic, String(temp).c_str(), true);
    client.publish(humi_topic, String(humi).c_str(), true);
  }
}

// 印出WiFi狀態
void printWifiStatus() {
  // 印出SSID
  Serial.print("SSID: ");
  Serial.println(WiFi.SSID());

  // 印出開發板取得的IP位址
  IPAddress ip = WiFi.localIP();
  Serial.print("IP Address: ");
  Serial.println(ip);

  // 印出訊號強度
  long rssi = WiFi.RSSI();
  Serial.print("signal strength (RSSI):");
  Serial.print(rssi);
  Serial.println(" dBm");
}
```

 建立 arduino_secrets.h

本實習的 Arduino 程式中，需要輸入環境中無線網路的 SSID 及 PASSWORD。在本實習中，我們將建立一個名為「arduino_secrets.h」檔案來儲存 SSID 及 PASSWORD。

STEP 01 新增 arduino_secrets.h 檔案的方法，如圖 12-5 所示。點選 Arduino IDE 右上方的「...」按鈕，再點選「新索引標籤」。

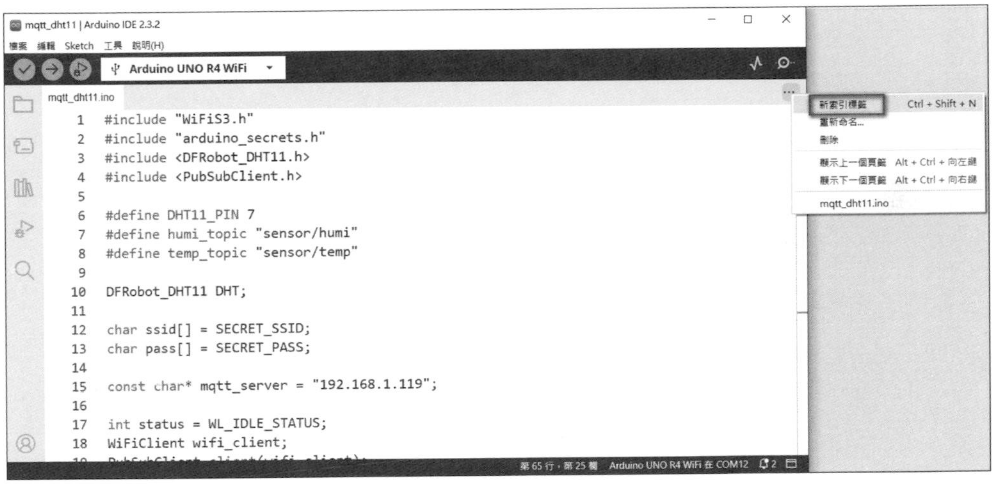

```
1  #include "WiFiS3.h"
2  #include "arduino_secrets.h"
3  #include <DFRobot_DHT11.h>
4  #include <PubSubClient.h>
5
6  #define DHT11_PIN 7
7  #define humi_topic "sensor/humi"
8  #define temp_topic "sensor/temp"
9
10 DFRobot_DHT11 DHT;
11
12 char ssid[] = SECRET_SSID;
13 char pass[] = SECRET_PASS;
14
15 const char* mqtt_server = "192.168.1.119";
16
17 int status = WL_IDLE_STATUS;
18 WiFiClient wifi_client;
```

圖 12-5　在 IDE 中新增檔案

STEP 02 出現圖 12-6 的畫面，請在新檔案名稱欄位輸入「arduino_secrets.h」。

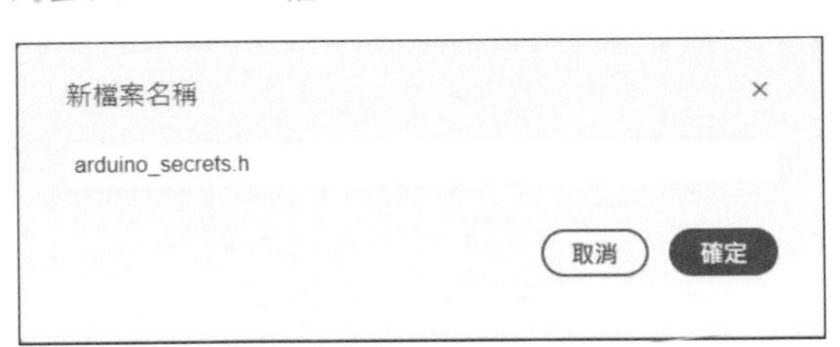

圖 12-6　輸入檔案名稱

STEP 03 在 arduino_secrets.h 檔案中，輸入下列內容：

```
#define SECRET_SSID "你的無線網路 SSID"
#define SECRET_PASS "你的無線網路密碼"
```

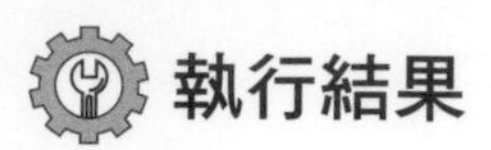

執行結果

- ❑ 將 Arduino 程式編譯及上傳至 Arduino UNO R4 WiFi 開發板。
- ❑ 開啓序列埠監控視窗，可看到 Arduino 開發板已連接至無線網路，並印出開發板取得的 IP 位址，並印出 DHT11 量測的溫濕度值。

```
SSID: Tony
IP Address: 192.168.1.122
signal strength (RSSI):-42 dBm
Attempting MQTT connection...
connected
temp:27 °C
humi:75 %
temp:27 °C
humi:78 %
...
```

12.7 實習㉗：Node-RED 顯示溫濕度值

實習目的

練習在 Node-RED 中，接收 Arduino UNO R4 WiFi 傳來的 MQTT 溫濕度值，並將其顯示。

動作要求

- ❑ mqtt in 節點，訂閱主題「sensor/temperature」，接收來自 Arduino 傳送過來的溫度值，並顯示在 gauge 計量儀表上。
- ❑ mqtt in 節點，訂閱主題「sensor/humidity」，接收來自 Arduino 傳送過來的濕度值，並顯示在 gauge 計量儀表上。

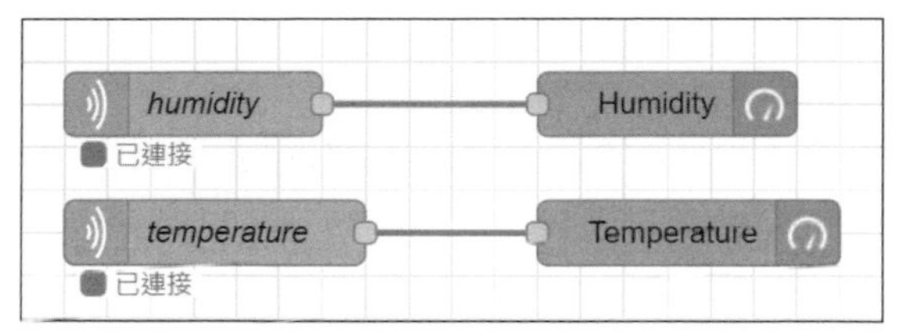

圖 12-7　實習㉗：Node-RED 流程

STEP 01 依序加入 mqtt in×2、gauge×2 節點。

STEP 02 編輯 mqtt in 節點。

名稱	設定內容
humidity	伺服器端：127.0.0.1:1883 主題：sensor/humi QoS：0
temperature	伺服器端：127.0.0.1:1883 主題：sensor/temp QoS：0

STEP 03 編輯 gauge 節點。新增 [MQTT] Default，並將二個 Gauge 元件的 Group 設為「[MQTT] Default」。

名稱	設定內容
humidity	Group：[MQTT] Default Label：Humidity Units：% Range：min 0, max 100
temperature	Group：[MQTT] Default Label：Temperature Units：C Range：min 0, max 100

STEP 04 按下「部署」按鈕，開啟瀏覽器，輸入網址：URL http://192.168.1.119:1880/ui。其中，192.168.1.119 為 MQTT 伺服器的 IP 位址。

STEP 05 切換至 MQTT 標籤，可以看到顯示溫濕度的畫面。

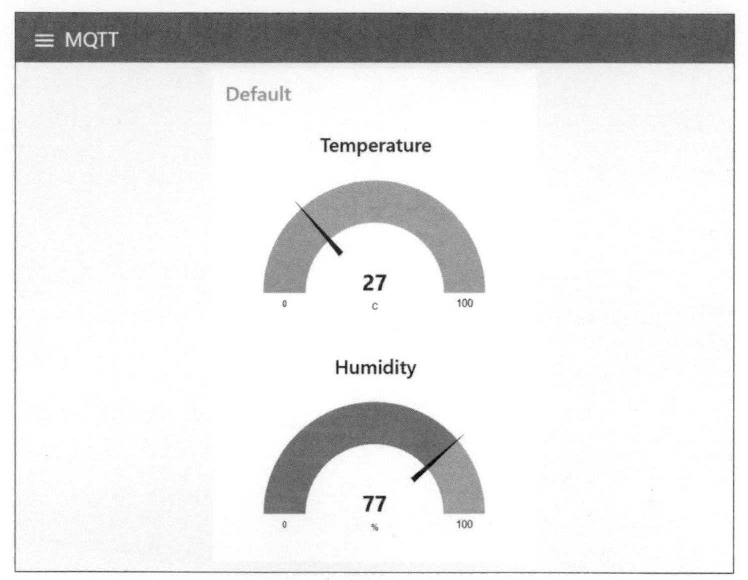

圖 12-8　實習㉗：執行結果

12.8 實習㉘：Arduino 發布及接收 MQTT 訊息

實習目的

- 練習將 Arduino UNO R4 WiFi 開發板收到的光照值，發布至 MQTT 伺服器。
- 練習在 Arduino UNO R4 WiFi 開發板訂閱 MQTT 主題，並處理收到的訊息。

實習材料

- Arduino UNO R4 WiFi 開發板 ×1。
- 光敏電阻（CDS）×1。
- 10KΩ 電阻 × 1。

- ❑ 330Ω 電阻 ×1。
- ❑ LED×1。

動作要求

- ❑ 光敏電阻的輸出，接至 Arduino 的接腳 A0。
- ❑ Arduino 的接腳 2 接 LED。
- ❑ Arduino 每隔 2 秒讀取亮度值（發布主題「sensor/cds」，payload 爲 0 至 16383 字串值），並將訊息透過 WiFi 發布至 MQTT 伺服器。
- ❑ Arduino 訂閱主題「sensor/led」，若 payload 爲 1，LED 亮；若 payload 爲 0，LED 滅。

實習接腳圖

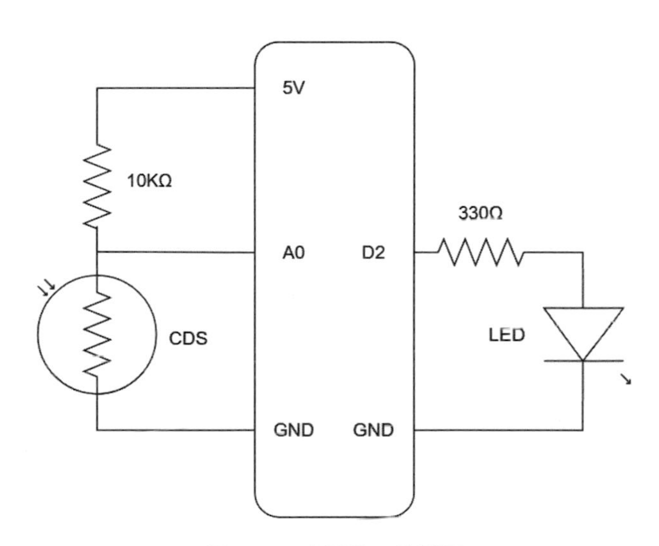

圖 12-9　實習㉘：接腳圖

Arduino 程式

```
#include "WiFiS3.h"
#include "arduino_secrets.h"
#include <PubSubClient.h>

// 定義主題
#define cds_topic "sensor/cds"
#define led_topic "sensor/led"
```

```
// cds
const byte cdsPin = A0;
int cdsValue = 0;

// led
const byte ledPin = 2;

char ssid[] = SECRET_SSID;
char pass[] = SECRET_PASS;

const char* mqtt_server = "192.168.1.119";

int status = WL_IDLE_STATUS;

// 建立 PubSubClient 物件
WiFiClient wifi_client;
PubSubClient client(wifi_client);

void setup() {
  Serial.begin(9600);
  while (!Serial) {}
  if (WiFi.status() == WL_NO_MODULE) {
    Serial.println("Communication with WiFi module failed!");
  }

  // 連接 WiFi network:
  while (status != WL_CONNECTED) {
    Serial.print("Attempting to connect to SSID: ");
    Serial.println(ssid);
    status = WiFi.begin(ssid, pass);
    delay(10000);
  }

  // 印出 WiFi 狀態
  printWifiStatus();

  // 變更解析度為 14 位元
  analogReadResolution(14);
  pinMode(ledPin,OUTPUT);

  // 設定要連接的 MQTT 伺服器
```

```
  client.setServer(mqtt_server, 1883);
  // 設定收到訊息時的回呼函式
  client.setCallback(callback);
}

// 重新連接MQTT伺服器
void reconnect() {
  while (!client.connected()) {
    Serial.println("Attempting MQTT connection...");

    // client連接MQTT伺服器，clientId為MQTT_cds
    if (client.connect("MQTT_cds")) {
      Serial.println("connected");

      // 訂閱led_topic主題
      client.subscribe(led_topic);
    } else {
      Serial.print("MQTT connection failed, retry count: ");
      Serial.print(client.state());
      Serial.println(" try again in 5 seconds");
      delay(5000);
    }
  }
}

// 收到訊息回呼函式
void callback(char* topic, byte* payload, unsigned int length) {
  // 印出主題及內容
  Serial.print("Input Message arrived [");
  Serial.print(topic);
  Serial.print(" ]");
  Serial.print((char)payload[0]);

  // 若內容為1，Led ON；若為0，Led Off
  if ((char)payload[0] == '1') {
    digitalWrite(ledPin, HIGH);
  } else if ((char)payload[0] == '0') {
    digitalWrite(ledPin, LOW);
  } else {
    Serial.print("value error");
  }
  Serial.println();
```

```
}

long lastMsg=0;
void loop() {
  if (!client.connected()) {
    reconnect();
  }

  client.loop();
  long now=millis();
  if (now - lastMsg > 5000) {
    lastMsg = now;

    // 讀取及印出光敏電阻類比電壓輸入
    cdsValue = analogRead(cdsPin);
    Serial.print("cds Vaule: ");
    Serial.println(cdsValue);

    // 發布 cds 電壓值
    char buf[4];
    sprintf(buf, "%d", cdsValue);
    client.publish(cds_topic, buf);
  }
}

// 印出 WiFi 狀態
void printWifiStatus() {
  // SSID
  Serial.print("SSID: ");
  Serial.println(WiFi.SSID());

  // 開發板 IP 位址
  IPAddress ip = WiFi.localIP();
  Serial.print("IP Address: ");
  Serial.println(ip);

  // 訊號強度
  long rssi = WiFi.RSSI();
  Serial.print("signal strength (RSSI):");
  Serial.print(rssi);
  Serial.println(" dBm");
}
```

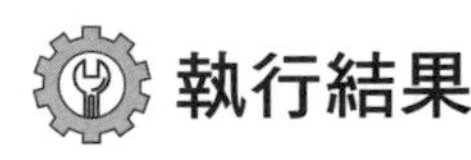

執行結果

- ❑ 將 Arduino 程式編譯及上傳至 Arduino 開發板。
- ❑ 開啓序列埠監控視窗，可看到目前的亮度值。

```
SSID: Tony
IP Address: 192.168.1.123
signal strength (RSSI):-47 dBm
Attempting MQTT connection...
connected
cds Vaule: 9941
...
```

12.9 實習㉙：Node-RED 顯示光照值及控制 LED

實習目的

- ❑ 練習在 Node-RED 中，經由 MQTT 收集 Arduino 傳來的光照值，並以折線圖顯示光照值。
- ❑ 練習在 Node-RED 設定臨界值，來改變 Arduino 開發板上的 LED 的亮滅。

動作要求

- ❑ mqtt in 節點，訂閱主題「sensor/cds」，接收來自 Arduino 發布過來的亮度值，並顯示在 line chart 圖形中。
- ❑ 按下「Clear」按鈕，會清除 chart 圖形資料。
- ❑ 使用者可以拉動 slider 來設定臨界值。
- ❑ Node-RED 會發布主題「sensor/led」，payload 值依接收到的亮度值進行判斷。若亮度值大於等於臨界值，payload 值為 1，會顯示 LED ON 的訊息；若亮度值小於臨界值，payload 值為 0，會顯示 LED OFF 的訊息。

Node-RED 流程

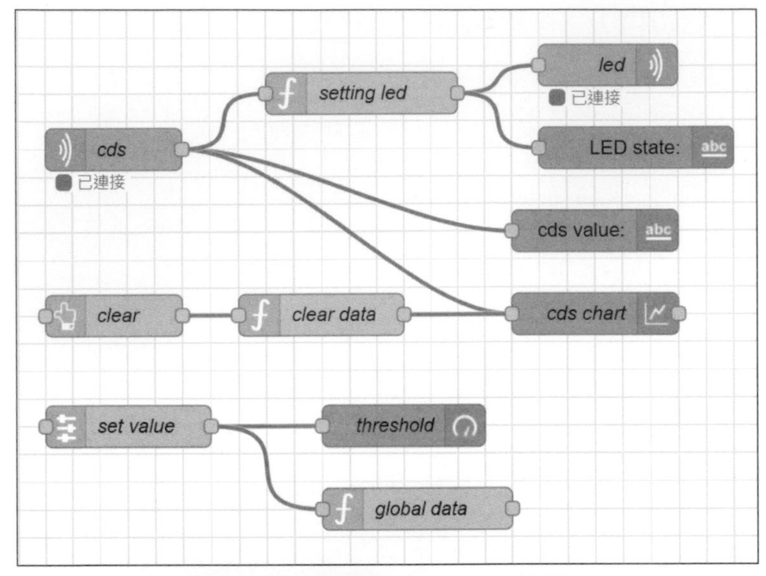

圖 12-10　實習㉙：Node-RED 流程

顯示亮度值

顯示亮度值的 Node-RED 流程，如圖 12-11 所示。

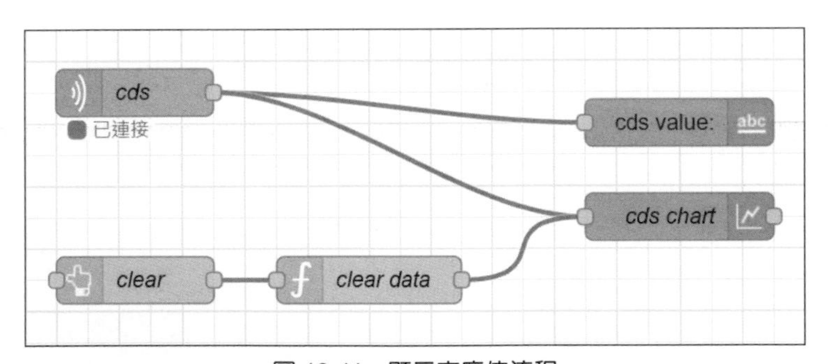

圖 12-11　顯示亮度值流程

STEP 01 依序加入 mqtt in、text、chart、button、function 節點。

STEP 02 編輯 mqtt in 節點。

名稱	設定內容
cds	伺服器端：127.0.0.1:1883 主題：sensor/cds QoS：0

STEP 03 建立 [MQTT]Cds 群組。

STEP 04 編輯 text 節點。

名稱	設定內容
cds value	Group：[MQTT]Cds Label：cds value:

STEP 05 編輯 chart 節點。

名稱	設定內容
cds chart	Group：[MQTT]Cds Label：Cds Type：Line chart

STEP 06 編輯 button 節點。

名稱	設定內容
clear	Group：[MQTT]Cds Label：clear

STEP 07 編輯 function 節點。

❑ 名稱「clear data」：此函式用來清除 chart 圖形中的資料。函式內容如下：

```
msg.payload=[];
return msg;
```

STEP 08 按下「部署」按鈕，開啟瀏覽器，並輸入網址：URL http://localhost:1880/ui。

STEP 09 切換至 MQTT 標籤，可看到如圖 12-12 所示的畫面。

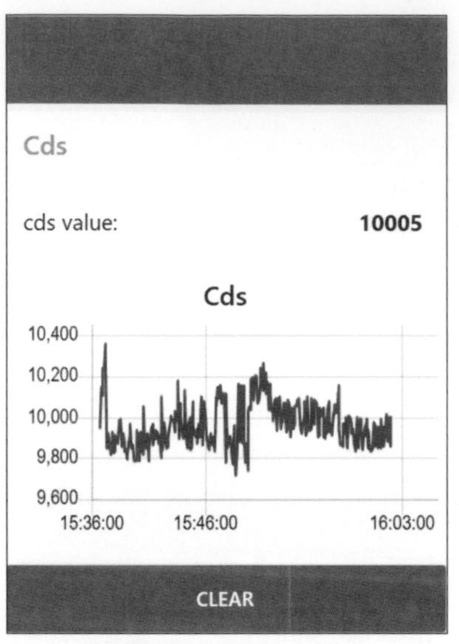

圖 12-12　顯示亮度值

設定 slider 及整體變數

要設定 Arduino LED 亮滅的臨界值，Node-RED 流程如圖 12-13 所示。

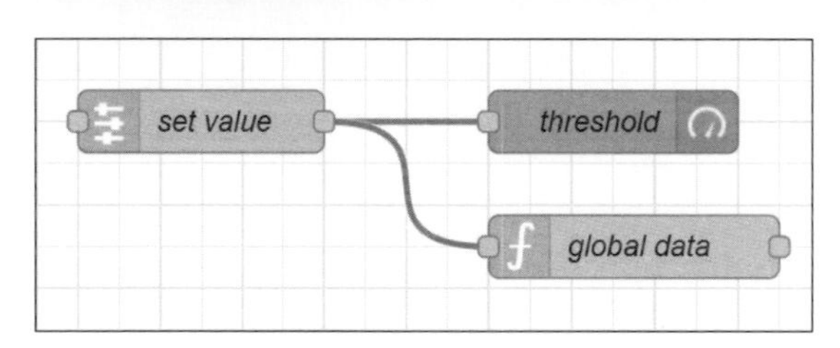

圖 12-13　設定臨界值流程

STEP 01 依序加入 slider、gauge、function 節點。

STEP 02 建立 [MQTT]Control 群組。

STEP 03 編輯 slider 節點。

名稱	設定內容
set value	Group：[MQTT]Control Label：CDS Value Threshold Range：min 0, max 16383, step 1 Output：only on release

STEP 04 編輯 gauge 節點。

名稱	設定內容
threshold	Group：[MQTT]Control Label：Set Value Range：min 0, max 16383

STEP 05 編輯 function 節點。

❑ 名稱「global data」：此函數可以將 slider 的滑動值，存入 global 變數 threshold 中。

```
var value =msg.payload || 0;
global.set("threshold", value) || 0;
return msg;
```

STEP 06 按下「部署」按鈕，開啟瀏覽器，並輸入網址：URL http://localhost:1880/ui。

STEP 07 切換至 MQTT 標籤，可看到如圖 12-14 所示的畫面。

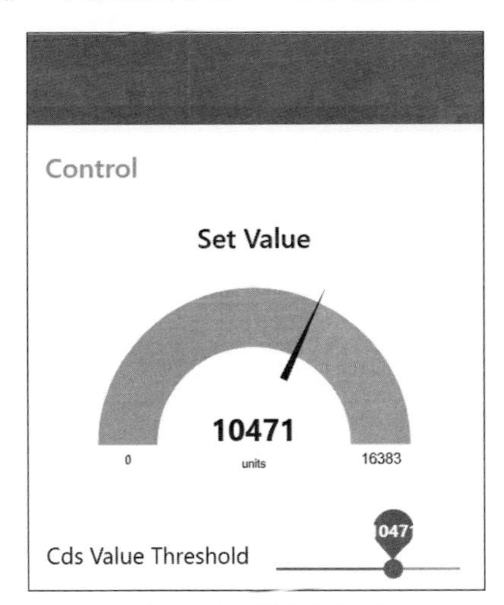

圖 12-14　設定臨界值

依設定的臨界值決定 Arduino LED 的亮滅

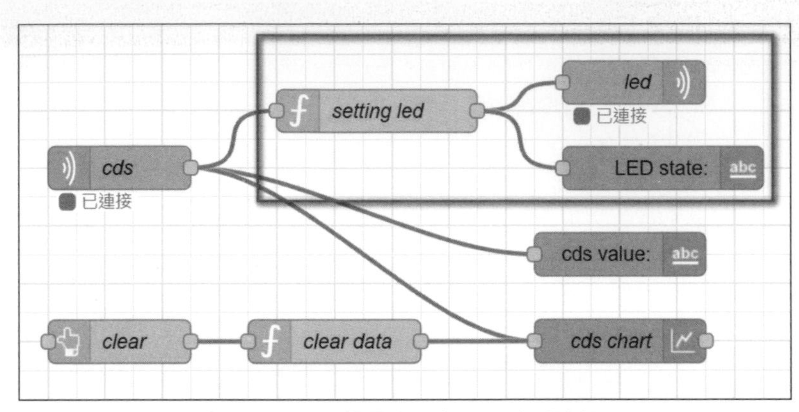

圖 12-15　以臨界值決定 LED 亮滅流程

STEP 01 依序加入 function、mqtt out、text 節點。

STEP 02 編輯 function 節點。

❑ 名稱「setting led」：此函式會讀取 global 變數 threshold 的值，再讀取 Arduino 開發板發布的 cds 的亮度值，若 cds 大於等於 threshold 值，則設定 state 爲 1，mess 爲 ON；反之，則設定 state 爲 0，mess 爲 OFF。我們將 state 值存入 msg.payload，傳至 mqtt out 節點進行發布，同時將 mess 的值存入 msg.mess，傳至 text 節點顯示在網頁上。

```
let th=global.get("threshold");
let cds=msg.payload;
let state=0;
let mess="";
if (cds >= th) {
    state='1';
    mess="ON";
} else {
    state='0';
    mess="OFF";
}
msg.payload=state;
msg.mess=mess;
return msg;
```

STEP 03 編輯 mqtt out 節點。

名稱	設定內容
led	伺服器端：127.0.0.1:1883 主題：sensor/led QoS：0

STEP 04 編輯 text 節點。

名稱	設定內容
LED state	Group：[MQTT]Control Label：LED state: Value format：{{msg.mess}}

STEP 05 按下「部署」按鈕，開啟瀏覽器，並輸入網址：URL http://localhost:1880/ui。

STEP 06 切換至 MQTT 標籤，可看到如圖 12-16 所示的畫面。可調整 cds 臨界值，當 Cds 亮度值大於臨界值時，Arduino UNO R4 WiFi 開發板上的 LED 會亮，且 Node-RED 網頁上的 LED state 會顯示 ON。

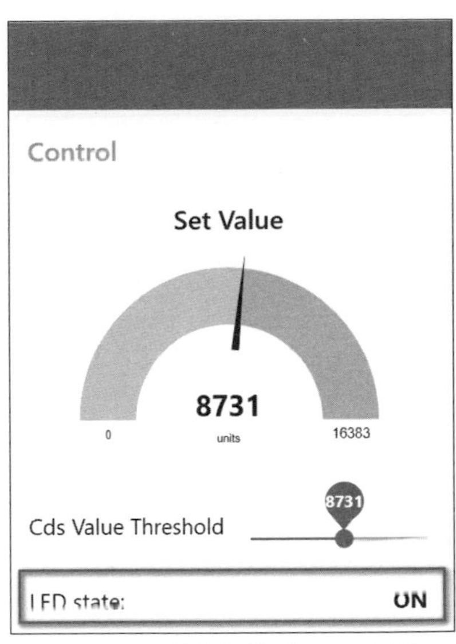

圖 12-16　臨界值決定 LED 亮滅

Node-RED 顯示

實習完成後，Node-RED 接收 MQTT 伺服器傳來的光照值及溫濕度值，並以圖形顯示結果，如圖 12-17 所示。

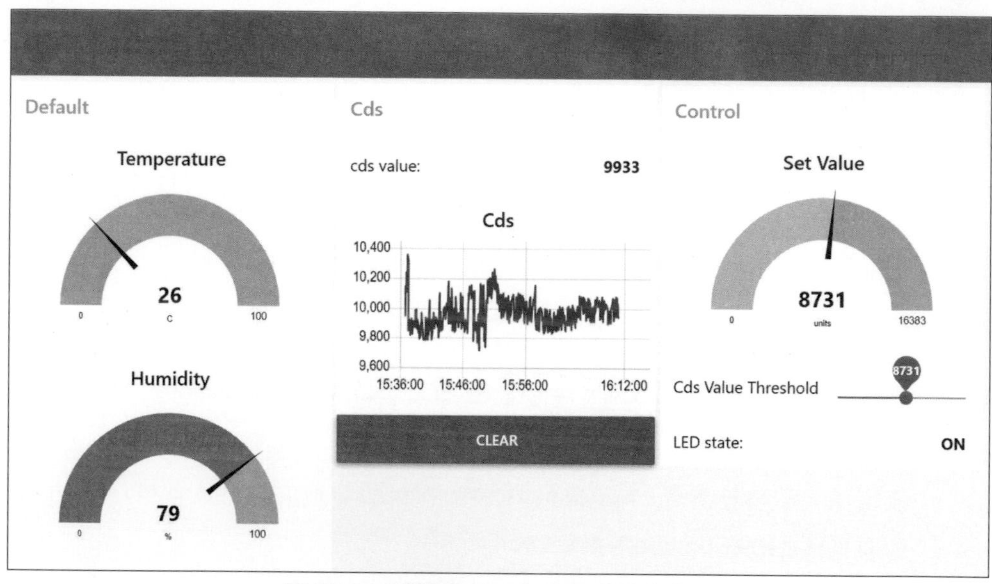

圖 12-17　實習㉙：Node-RED 完整儀表圖

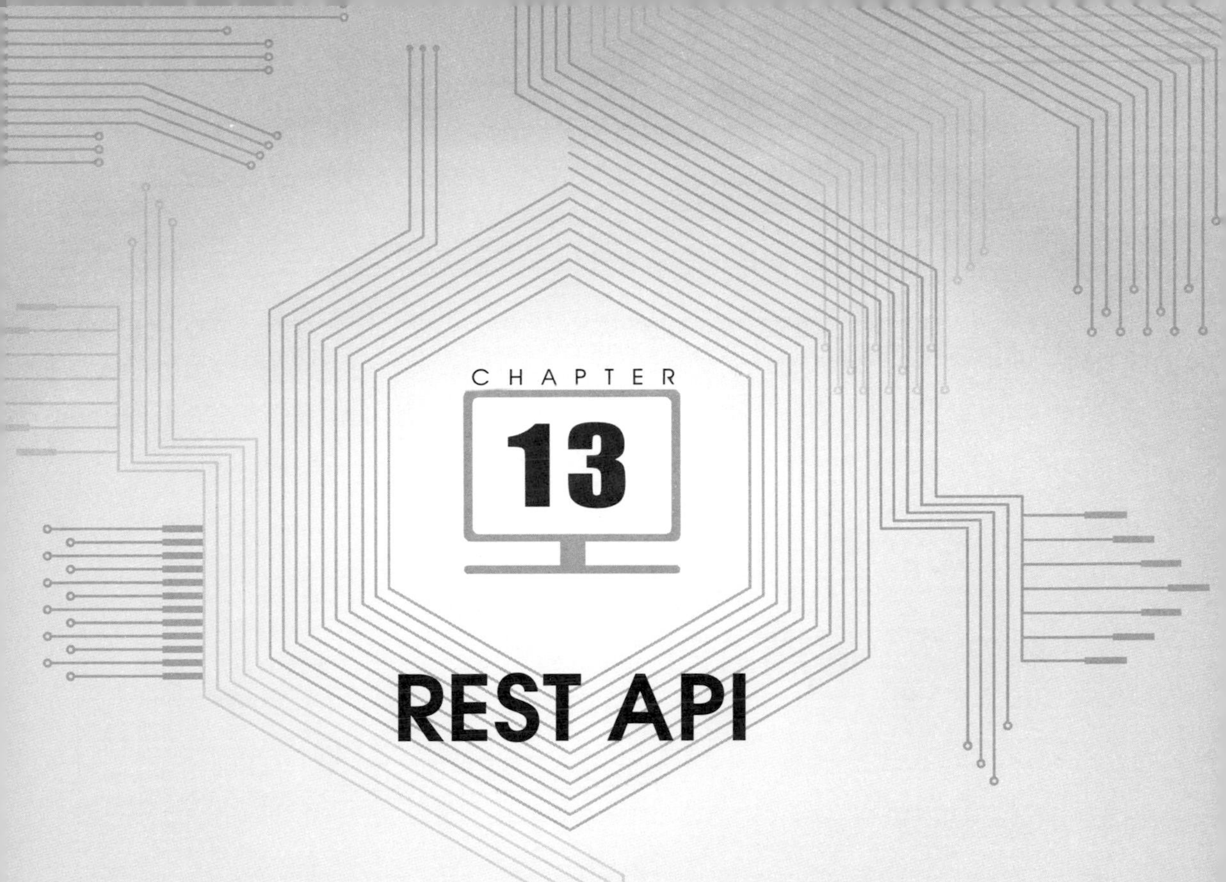

REST API

13.1 本章提要

REST 是「Representation State Transfer」的縮寫，即「代表性狀態傳輸」，其是爲了描述現代 WEB 執行原理而提出，它是一種網路架構風格，不是一種標準。

美麗的事物稱爲「Beautiful」，若我們設計的系統符合 REST 理念，則稱此系統爲「RESTful」。在本章中，我們將介紹 REST API 的概念，並以實例說明 REST API 的用法。

13.2 何謂 API

所謂「API」，是指應用程式的介面，其是網站與後台程式進行通訊的介面。API 會接收客戶端傳來的請求，再傳送到後台系統，然後將後台系統的回應訊息傳送給客戶端。

爲何要有 API 呢？主要的好處是可以進行「封裝」，將程式邏輯封裝起來，讓外面的人看不到它，如此擁有敏感資訊的公司才願意透過 API 爲我們提供服務，並確信不會洩漏內部的訊息。

API 也是一種標準的介面，可以與不同類型的前端設備進行通訊，例如：網站或行動裝置的應用程式。只要將前端的相同請求發送到 API，皆可以獲得相同的結果。

13.3 REST 架構風格

REST 架構風格描述了五個約束，這些約束最初是由 Roy Fielding 在其博士論文中描述，說明如下。

客戶端 - 伺服器（Client-Server）架構

REST 風格將客戶端與伺服器分開，若有必要更換伺服器或客戶端時，事情就應該自然進行，因爲兩者之間沒有耦合。客戶端不必關心資料的儲存，而伺服器端也不必關心與客戶端的介面。

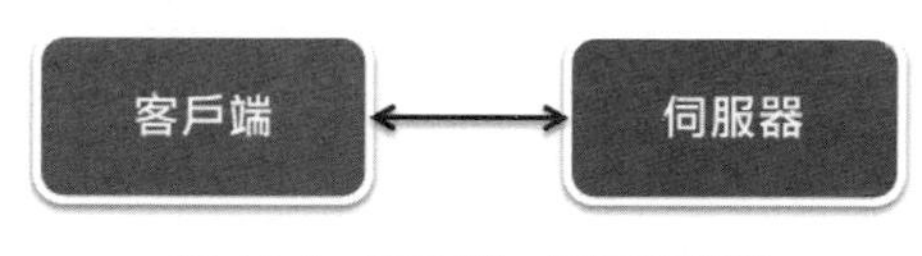

圖 13-1　客戶端 - 伺服器架構

無狀態（Stateless）

伺服器端不會保留任何先前的請求狀態，客戶端在進行請求時，需要傳遞整個請求，以獲取資源。

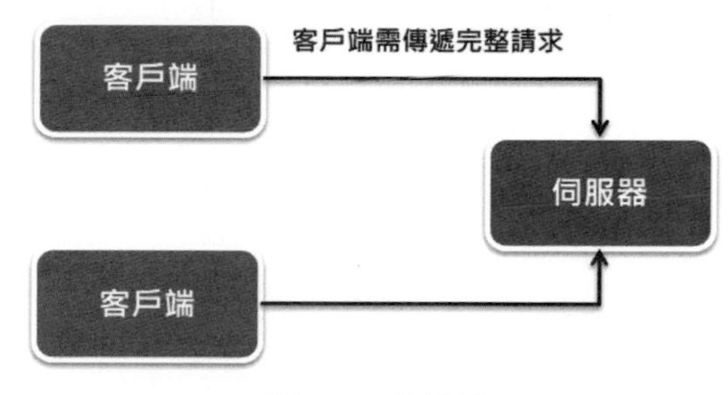

圖 13-2　無狀態

可快取（Cacheable）

快取的目的是讓伺服器不必多次產生相同的回應，使用快取可以減少伺服器的處理，提高回應的速度。基本上，客戶端的請求會流經一個或多個快取，如本地端快取、代理快取（proxy caching）、反向代理快取。如果請求符合條件，則會從快取層傳回資料；如果快取不能滿足請求，則將該請求轉到伺服器。

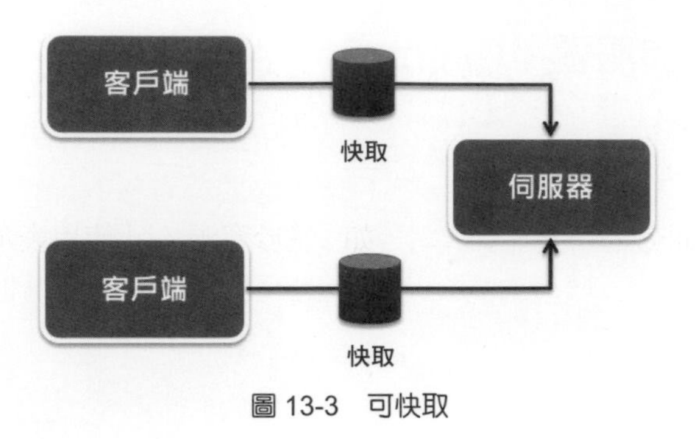

圖 13-3　可快取

分層系統（Layered system）

系統中可以有很多層，每個層皆獨立運作，且只能與相連的層進行交互運作，快取即是在另一層執行的例子。另一個例子是我們可以使用代理（proxy）作爲負載平衡器，讓傳入的請求可以直接傳送至適當的伺服器實例，客戶端無須了解伺服器的工作方式，只需要向相同的 URI 發出請求即可。

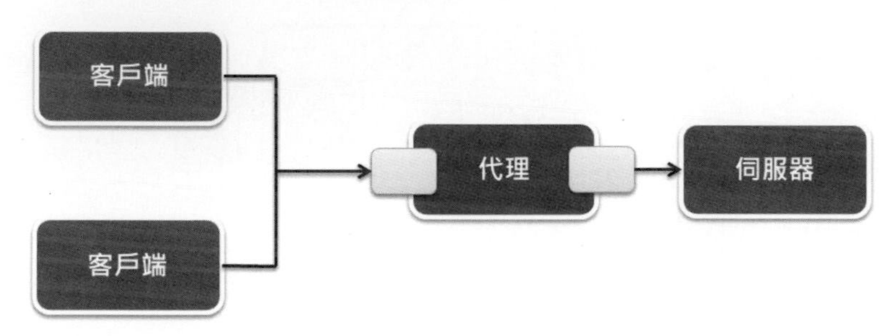

圖 13-4　分層系統

統一介面（Uniform interface）

統一介面描述了客戶端與伺服器之間的合約約束。客戶端與伺服器之間可以建立介面，就如同客戶端與伺服器之間簽訂了合約，它們之間的溝通方式將完全基於該介面。

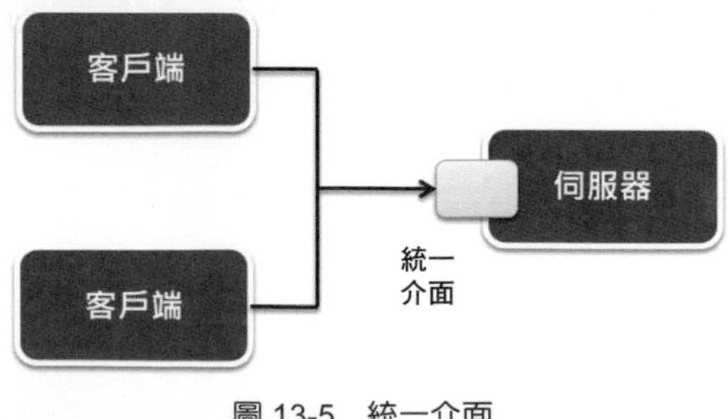

圖 13-5　統一介面

13.4 統一介面的主要群組

REST的統一介面分為四個主要群組，如「基於資源」、「使用表示式來操作資源」、「自描述訊息」、「超媒體作為應用程式狀態的引擎」，稱為「原則」。

基於資源

資源在建模時，最重要的是URI的定義，URI定義了資源的唯一性。資源傳回給客戶端的表示式，一般為JSON或XML表示式。

JSON是「JavaScript Object Notation」的簡寫，是一種簡單的純文字格式，可用來表示複雜的資料結構，我們可以使用這種格式來表示字串、數字、陣列及物件。JSON語法有一些規定：

- ❑ 陣列用 [ ] 括起來。
- ❑ 物件用 { } 表示。
- ❑ 鍵 / 值始終成對，以「:」分隔，且鍵必須由「" "」括起來。
- ❑ 字串用「" "」括起來。

若我們想對商品URI進行GET，則傳回的資源可以為JSON表示式，例如：

```
{
    "id" : 1234,
    "name" : "test",
    ...
}
```

使用表示式來操作資源

當客戶端向伺服器發出請求時，伺服器會回應目前狀態的資源，客戶端可以操作此資源。一般而言，客戶端可以請求它想要的傳回資源表示式（representation），例如：JSON、XML或純文字形式。

自描述訊息

RESTful 服務提供的訊息，不只包含了客戶端關注的所有訊息，也可能包含比資源更多的訊息，例如：訊息中包含了連結（link），所以請求者需要宣告其正在等待回應的媒體類型。在 HTTP 協定中，使用了 content-type 標頭來宣告媒體類型，且接收者必須同意接收該媒體類型。

超媒體作為應用程式狀態的引擎

此原則是客戶端與回應進行交互運作的一種方式，客戶端可以在層次結構中進行導航，以獲取補充的訊息。

例如：客戶端對訂單 URI 進行 GET。

```
GET  https://<主機IP>/orders/1234
```

回應的資源如下所示：

```
{
    "id ": 1234,
    "links": [
        {
            "href": "1234/items",
            "type": "GET"
        }
    ]
}
```

此時，客戶端須能導航至「1234/item」，以便查詢所有屬於 1234 訂單的項目。

13.5 以 HTTP 協定實現 REST

我們可以使用 HTTP 協定來實現 REST 架構樣式。在 HTTP 協定中，有不同類型的服務請求方法，每個請求方法都有一個特殊定義。下表是 HTTP 請求方法：

HTTP 方法	服務類型
GET	讀取資料。
POST	建立資料。
PUT	更新資料，以新的資料更新資料。
PATCH	更新資料，但只修改部分屬性。
DELETE	刪除資料。

利用 HTTP 協定提供的功能，我們便可以建構 RESTful API。

範例❶ 若我們要設計 RESTfull API，以建立一個「食譜」平台，則我們可以設計一組 API，對食譜進行不同的操作。

舉例如下：

HTTP 方法	API	說明
GET	http://localhost/recipes	取得所有食譜資料。
GET	http://localhost/recipes/20	取得 ID=20 的食譜資料。
POST	http://localhost/recipes	加入一個食譜。
PUT	http://localhost/recipes/20	更新 ID=20 的食譜資料。
DELETE	http://localhost/recipes/20	刪除 ID=20 的食譜資料。

而 API 回應的資源，如食譜資料的 JSON 語法可以定義如下：

```
{
    "recipes" :  [
        {
            "id" : 1,
            "name" : "Egg Salad",
            "description" : "Place an egg …"
        },
        {
            "id" : 2,
            "name" : "Tomato Pasta",
            "description" : "Bring a large pot …"
        }
    ]
}
```

其中，我們定義了兩個食譜配方，每個食譜配方皆有 ID、名稱及內容描述。

13.6 使用 Postman 測試 API

Postman 是一個可以模擬 HTTP Request 的工具，包含常見的 HTTP 請求方式，如 GET、POST、PUT、DELETE 等 REST 請求。使用 Postman 工具，可以讓我們測試我們的 API 是否可以正常接收請求的資料，且能正確傳回請求的結果。Postman 有 Chrome 線上版本及桌面版本，這裡我們將安裝桌面版本。

 下載 Postman 軟體

STEP 01 進入官方下載網址：URL https://www.postman.com/downloads/?utm_source=postman-home，並點選「Download」按鈕來下載及安裝軟體。

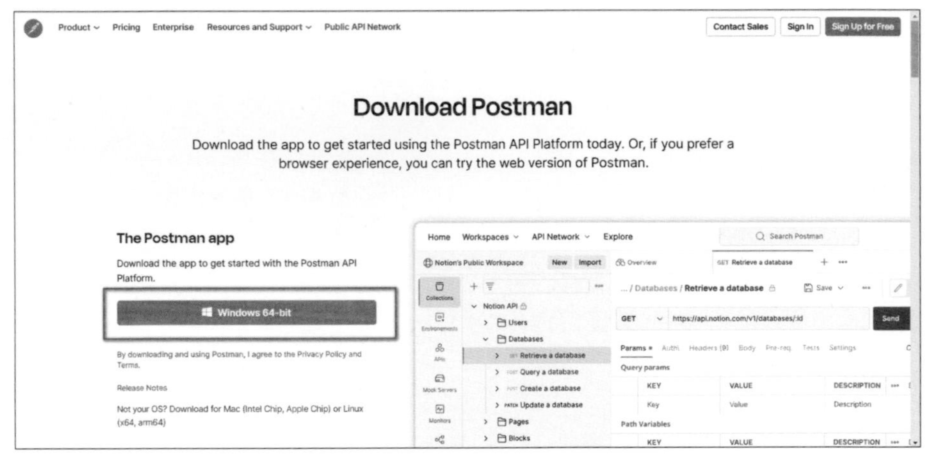

圖 13-6　下載 Postman 軟體

STEP 02 開啟 Postman 軟體，畫面如圖 13-7 所示。

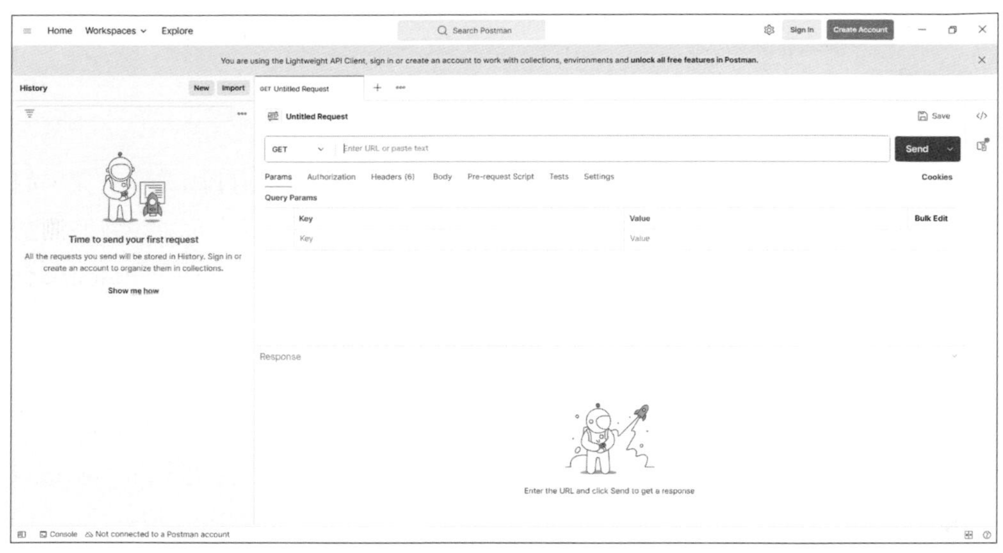

圖 13-7　Postman 啟動畫面

13.7 使用 Curl 測試 API

要測試 Restful API，除了使用 Postman GUI 工具外，也可以使用 Curl 工具來測試。Curl 原本是一個在 Linux 上透過 HTTP 協定下載及上傳檔案的指令，也支援各種不同 HTTP 請求方法。

 在 Windows 下使用 Curl

STEP 01 Curl 工具也有 Windows 的版本，下載網址：URL https://curl.se/windows/。

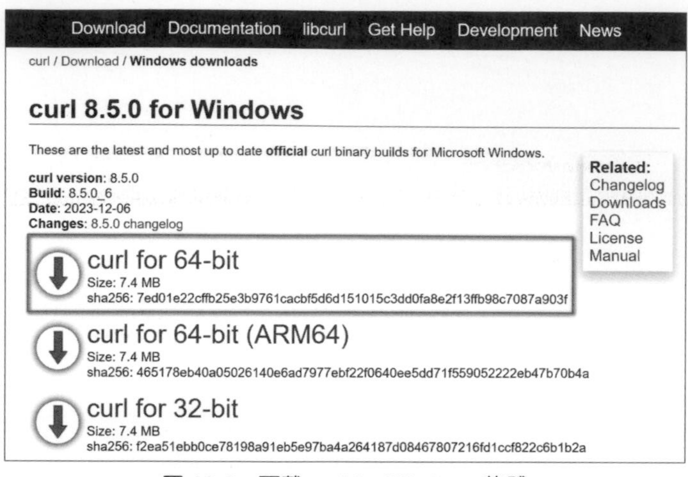

圖 13-8　下載 curl for Windows 軟體

STEP 02 下載檔案後，將其解壓縮，再找到該檔案目錄下的 bin 資料夾，複製資料夾位址，將其加入環境變數，即可在 Windows 的命令提示字元環境下，使用 Curl 工具。

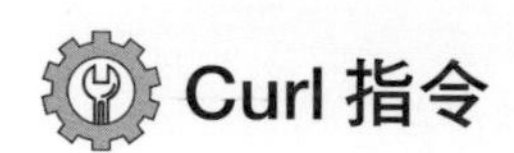

Curl 指令

curl 指令格式如下：

```
curl  [options]  [URL …]
```

使用 curl 來進行 HTTP 請求的常用指令選項如下：

選項	另一種選項寫法	說明
-X	--request	發出 http 請求方法，請求方法可以是 GET、POST、PUT、DELETE。
-H	--header	設定請求中的 Header。
-i	include	在 output 中顯示 response 的 Header。
-d	--data	攜帶 HTTP POST Data。

13.8 實習㉚：建立 REST API 訊息回應

實習目的

練習在 Node-RED 中建立 REST API。

動作要求

❑ 建立一個 REST API：

```
POST  /pub/:topic/:payload
```

❑ REST API 中有二個輸入參數：

- topic：主題參數。
- payload：資訊負載參數。

❑ 輸出回應，回應訊息如下：

```
success : true,
message : "published " + m_topic + "/" + m_payload
```

而 m_topic 及 m_payload 是使用者輸入至 REST API 的主題參數及資訊負載資訊。

Node-RED 流程

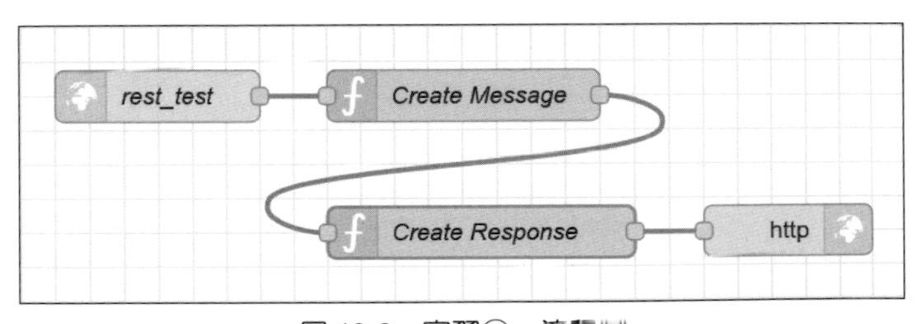

圖 13 0　實習㉚．流程圖

實習步驟

STEP 01 依序加入 http in、function×2、http response 節點。

STEP 02 編輯 http in 節點。

名稱	設定內容
rest_test	請求方式：POST URL：/pub/:topic/:payload

STEP 03 編輯 function 節點。

❑ 名稱「Create Message」：此函式用來取得路由路徑參數，並將其存至 msg 物件中。

```
msg.topic = msg.req.params.topic;
msg.payload = msg.req.params.payload;
return msg;
```

❑ 名稱「Create Response」：此函式用來產生回應訊息。

```
var m_topic = msg.topic;
var m_payload = msg.payload;

msg.payload={
    success:true,
    message:"published " + m_topic + "/" + m_payload
};

return msg;
```

執行結果

❑ 按下「部署」按鈕，並以 curl 工具進行測試，輸入指令：

```
curl -X POST "http://localhost:1880/pub/testTopic/Hello_World" -i
```

說明

輸入參數如下：

➥ topic：testTopic

➥ payload：Hello_World

❑ 執行結果如下：

```
C:\Users\user>curl -X POST "http://localhost:1880/pub/testTopic/Hello_World" -i
Out:
HTTP/1.1 200 OK
Access-Control-Allow-Origin: *
X-Content-Type-Options: nosniff
Content-Type: application/json; charset=utf-8
Content-Length: 59
ETag: W/"3b-WS9VWfMA1hjxYYbVgkPNY/mPkHI"
Vary: Accept-Encoding
Date: Fri, 26 Jan 2024 03:57:28 GMT
Connection: keep-alive
Keep-Alive: timeout=5
{"success":true,"message":"published testTopic/Hello_World"}
```

 以 Postman 進行測試

STEP 01 啟動 Postman 軟體，選擇「POST」方法，並輸入網址：URL http://localhost:1880/pub/testTopic/Hello_World。

STEP 02 選擇「Body」標籤，點選「x-www-form-urlencoded」，並按下「Send」按鈕，可看到回應訊息，如圖 13-10 所示。

```
{
    "success": true,
    "message": "published testTopic/Hello_World"
}
```

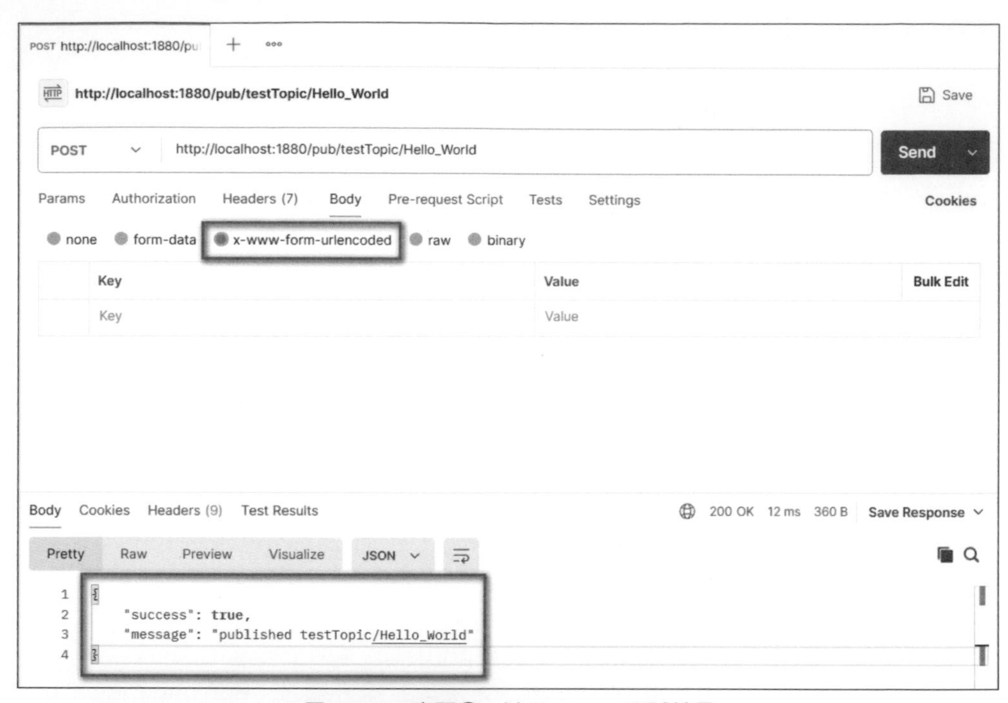

圖 13-10 實習㉚：以 Postman 測試結果

13.9 路由路徑

在上個實習中，我們在 http in 節點中加入了路由路徑：「POST /pub/:topic/:payload」。所謂「路由路徑」，是指當網頁發送請求時，透過請求的路徑便可以找到適合的方法來執行後續的處理。當使用者以 REST API 進行請求時，我們需要路由路徑引導後端來進行處理及回應，像是下列的 REST API：

```
GET  http://localhost/recipes
```

當使用者以 GET 方法呼叫上述 API 進行請求時，我們的後端可以設定如下的路由路徑：

```
GET  /recipes
```

此路徑用來呼應使用者的請求，可引導後端相對應的程式進行處理，並回應訊息。

路由路徑參數

我們可以在後端的路由路徑上加上參數，讓後端可以接收前端請求的參數，並回傳適當的資料，設定方法是在路徑後方加上「:」號及參數名稱，像是下列的 REST API：

```
GET  http://localhost/recipes/20
```

其中，「20」即爲路由路徑的參數，表示 ID=20。我們的後端接收到上述的請求時，可以將路由路徑設爲：

```
GET  /recipes/:ID
```

此時，「:ID」即爲路由路徑參數，可以接收使用者在呼叫 API 時傳入的 ID 參數值 20。

msg.req 請求

req 爲 request 的縮寫，表示請求的物件，用來存放一個請求的所有資訊，包括請求參數、內容等。在 Node-RED 中，我們可以透過 msg.req 屬性來取得請求物件的內容：

屬性	說明
msg.req.body	取得 POST 請求中 Body 的內容。
msg.req.query	取得 GET 或 POST 請求中要查詢的內容。
msg.req.params	取得 GET 或 POST 請求中 API 帶入的參數。

範例❶ 取得 Body 內容。

當前端發送了一個 POST 請求，請求的 Body 的資料格式如下：

```
{ account: 'Tony', password:'abc123"}
```

當後端接收到請求後，若要使用 Body 內容時，便可以透過 msg.req.body 來取得。

```
msg.req.body.account   // Tony
msg.req.body.password  // abc123
```

範例❷ 取得要查詢的內容。

若要查詢商品的 API 如下：

```
http://localhost/myrouter?product_ID=P001
```

當請求進入後端後，後端要取得商品 ID 以查詢商品詳細資訊時，可以透過 msg.req.query 來取得。


```
msg.req.query.product_ID  //P001
```

範例❸ 取得參數內容。

API 如下：

```
http://localhost/recipes/20
```

當上述的請求進入後端後，若要取得參數內容時，便可以透過 msg.req.params 來取得參數值：

```
msg.req.params.ID  // 20
```

13.10 資料傳輸

在實習㉚中，我們以 curl 及 Postman 軟體來測試我們設計的 REST API，這裡我們要說明如何讓前端與後端進行資料的傳輸。

一般在進行資料的傳輸時，需要將整個網頁內容傳至伺服器端，此時將會浪費很多的頻寬及時間，所以目前網頁的主流技術是使用非同步傳輸，不需要傳送整個網頁資料至伺服器端，即可透過 JavaScript 動態更新頁面，達到即時資料傳輸的效果，此技術稱爲「AJAX」。

AJAX

AJAX的英文是「Asynchronous JavaScript and XML」，中文是「非同步的 JavaScript 與 XML」。AJAX 是非同步請求資料的 Web 開發技術，它可以在不重新整理頁面的情況下，進行後台資料的下載及更新頁面的資料，對於改善客戶端的體驗與頁面執行效率上，有很大的幫助。AJAX 的資料傳輸流程，如圖 13-11 所示。

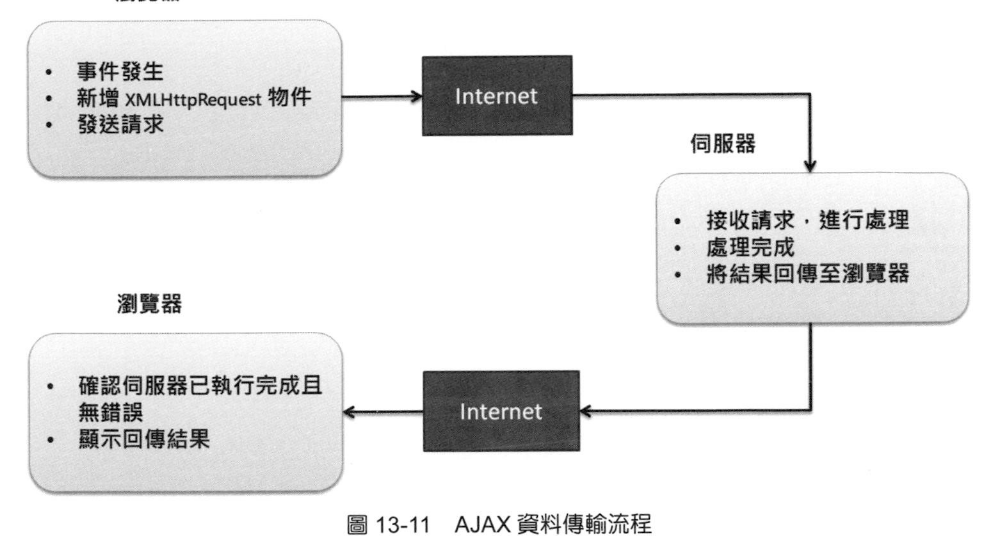

圖 13-11　AJAX 資料傳輸流程

AJAX 的核心是瀏覽器提供的 XMLHttpRequest 物件，當瀏覽器向伺服器發出 HTTP 請求時，瀏覽器可以接著做其他事情，等 XMLHttpRequest 物件收到伺服器傳回的資料時，再進行網頁資料的更新。

$.ajax()

我們可以使用 jQuery 提供的 $.ajax() 函式來實作 AJAX，語法如下：

```
$.ajax({
    url : "http://localhost:1880/test",
    contentType : "application/x-www-form-urlencoded",
    data : "DATA",
    type : "POST",
    datatype : "資料類型"
    success: function(res) {
        // code
    },
    error: function() {
        //code
    }
});
```

ajax 傳入的是一個物件，物件有許多屬性及方法，說明如下：

屬性	說明
url	欲呼叫的位址。
contentType	欲傳輸的資料型別。
data	欲傳輸的資料。
datatype	後台傳回前端的資料型別。
type	請求方式。
success	請求成功時的回呼函式。
error	請求失敗時的回呼函式。

$.get()

為了避免 $.ajax() 方法在使用上的複雜，jQuery 另外提供了 $.get() 方法，使用 HTTP GET 方法，從伺服器請求資料，語法如下：

```
var  API = "http://localhost:1880/test";
$.get(API, function(data, status) {
    // 完成請求資料後，便會執行此處的程式碼
});
```

$.post()

$.post() 方法是 jQuery 提供的另一種請求伺服器資料的方法，它使用 HTTP POST 來請求資料，語法如下：

```
var  API = "http://localhost:/login";
var  payload = { account:'Tony', password:'123'};
$.post(API, payload, function(data, status) {
    // 完成請求資料後，便會執行此處的程式碼
});
```

13.11 實習㉛：前端與後端資料傳輸

實習目的

- 練習在前端使用 jQuery 的 $.get() 方法及 $.post() 方法，至伺服器請求資料。
- 練習在後端的 Node-RED 中，以 REST API 語法接收前端的請求資料，並進行處理及回應訊息。

動作要求

- 前端網頁提供二個文字方塊，可讓使用者輸入二個數值。
- 前端網頁提供「加總」按鈕，按下後使用 $.post() 方法將二個數值傳送至伺服器，進行加總及傳回結果。
- 前端網頁提供「相減」按鈕，按下後使用 $.get() 方法將二個數值傳送至伺服器，進行相減及傳回結果。
- 前端網頁提供「相乘」按鈕，按下後使用 $.get() 方法將二個數值以路徑參數方式傳送至伺服器，進行相乘及傳回結果。
- 在 Node-RED 中，設定 REST API 的路由路徑進行處理，並回應處理結果。

前端網頁

- test_route.html

```
<!doctype html>
<html>
<head>
    <meta charset="utf-8">
    <meta name="viewport" content="width=device-width, initial-scale=1,
        shrink-to-fit=no">
    <title>Routing Test</title>
    <link rel="stylesheet" type="text/css" href="css/bootstrap.min.css">
    <script type="text/javascript" src="js/jquery-3.7.1.min.js"></script>
    <script type="text/javascript" src="js/bootstrap.min.js"></script>
    <script src="js/test_route.js"></script>
</head>
```

```
<body>
    <div class="container">
    <div class="mt-4 p-5 bg-primary text-white rounded text-center">
        <h1>路由測試</h1>
    </div>

    <form class="mt-4" >
        <div class="mb-3">
            <label for="num1" class="form-label">Num1</label>
            <input type="text" class="form-control" id="num1">
        </div>
        <div class="mb-3">
            <label for="num2" class="form-label">Num2</label>
            <input type="text" class="form-control" id="num2">
        </div>
        <button type="button" class="btn btn-primary mx-3" id="sum">加總</
button>
        <button type="button" class="btn btn-primary mx-3" id="sub">相減</
button>
        <button type="button" class="btn btn-primary mx-3" id="mul">相乘</
button>
    </form>
    <p><h4>結果： <span id="result" class="text-primary mx-3">
        </span></h4></p>
    </div>
</body>
</html>
```

❑ test_route.js

```
$(function(){
    $("#sum").click(function(){
        console.log("button click");
        var n1 = $("#num1").val();
        var n2 = $("#num2").val();
        var API="http://localhost:1880/test/sum";
        $.post(API,{num1:n1, num2:n2}, function(res){
            $("#result").text(res.mySum);
        });
    });

    $("#sub").click(function(){
        var n1 = $("#num1").val();
```

```
        var n2 = $("#num2").val();
        var API="http://localhost:1880/test/sub?num1="+n1+"&num2="+n2;
        $.get(API, function(res){
            $("#result").text(res.mySub);
        });
    });

    $("#mul").click(function(){
        var n1 = $("#num1").val();
        var n2 = $("#num2").val();
        var API="http://localhost:1880/test/mul/"+n1+"/"+n2;
        $.get(API, function(res){
            $("#result").text(res.myMul);
        });
    });
});
```


Node-RED 流程

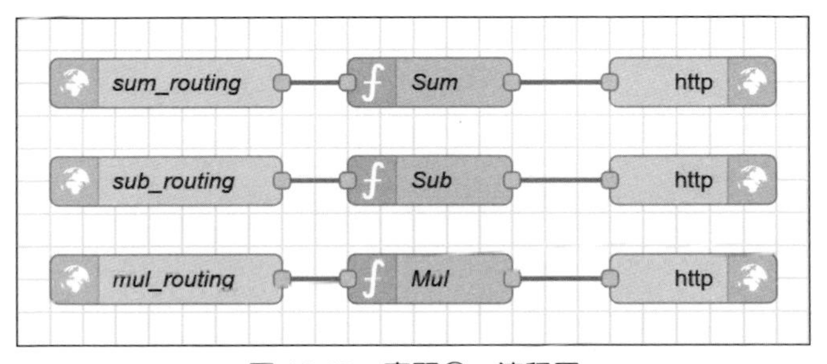

圖 13-12　實習㉛：流程圖

STEP 01 依序加入 http in×3、function×3、http response×3 節點。

STEP 02 編輯 http in 節點。

名稱	設定內容
sum_routing	請求方式：POST URL：/test/sum
sub_routing	請求方式：GET URL：/test/sub
mul_routing	請求方式：GET URL：/test/mul/:num1/:num2

STEP 03 編輯 function 節點。

❑ 名稱「Sum」：此函式可以接收前端的 POST 請求，取得 POST body 內容後進行相加。


```
var n1=parseInt(msg.req.body.num1);
var n2=parseInt(msg.req.body.num2);
var sum=n1+n2;
msg.payload={"mySum":sum};

return msg;
```

❑ 名稱「Sub」：此函式可接收前端的 GET 請求，取得查詢內容後進行相減。

```
var n1=parseInt(msg.req.query.num1);
var n2=parseInt(msg.req.query.num2);
var sub=n1-n2;
msg.payload={"mySub":sub};

return msg;
```

❑ 名稱「Mul」：此函式可接收前端的 GET 請求，取得路徑參數值後進行相乘。

```
var n1=parseInt(msg.req.params.num1);
var n2=parseInt(msg.req.params.num2);
var mul=n1*n2;
msg.payload={"myMul":mul};
return msg;
```

執行結果

❑ 按下「部署」按鈕，開啓瀏覽器，執行 test_route.html。

❑ 出現圖 13-13 的畫面，在網頁中輸入二個數值，並按下「加總」按鈕，可以看到伺服器回應加總值。

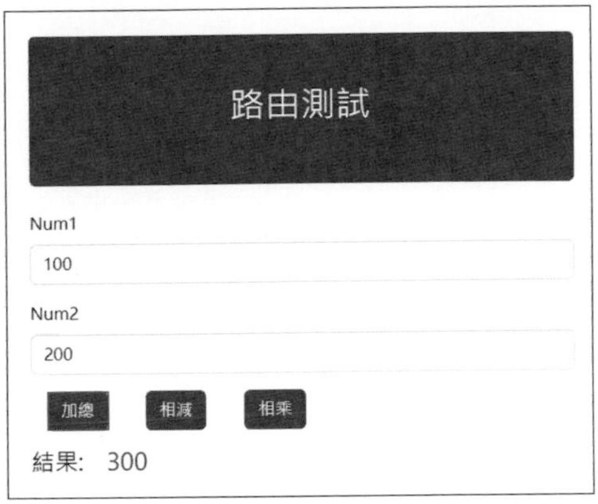

圖 13-13　加總測試

❑ 在網頁中輸入二個數值，按下「相減」按鈕，可以看到伺服器回應相減值。

圖 13-14　相減測試

❑ 在網頁中輸入二個數值，按下「相乘」按鈕，可以看到伺服器回應相乘值。

圖 13-15　相乘測試

Node-RED 與 MySQL

14.1 本章提要

在前一章中，我們介紹了REST API的用法。在本章中，我們將說明如何在Node-RED內以REST API語法進行MySQL資料庫的存取。

14.2 建立MySQL資料庫

新增MySQL資料庫的步驟如下：

STEP 01 我們可以在Winodws安裝XAMPP軟體，軟體內便有包含MySQL資料庫。XAMPP的網址：URL https://www.apachefriends.org/zh_tw/download.html。

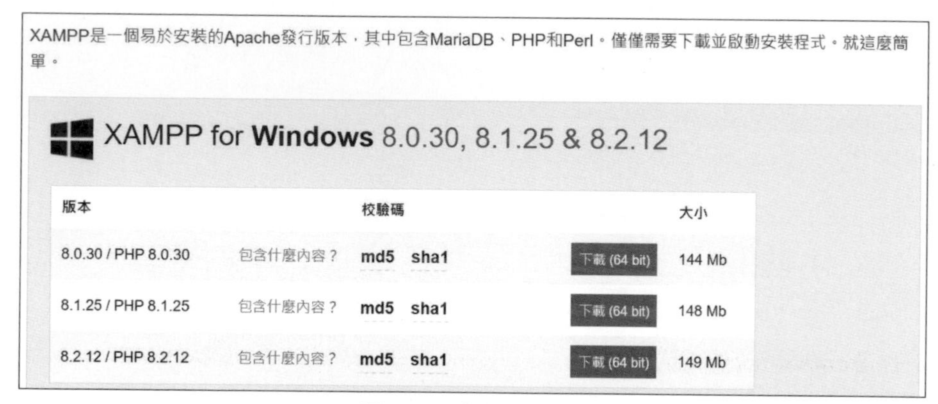

圖 14-1　安裝 XAMPP

STEP 02 登入phpmyadmin管理介面，新增資料庫。這裡我們將資料庫名稱設為「mymqtt」，編碼格式設為「utf8mb4_general_ci」。

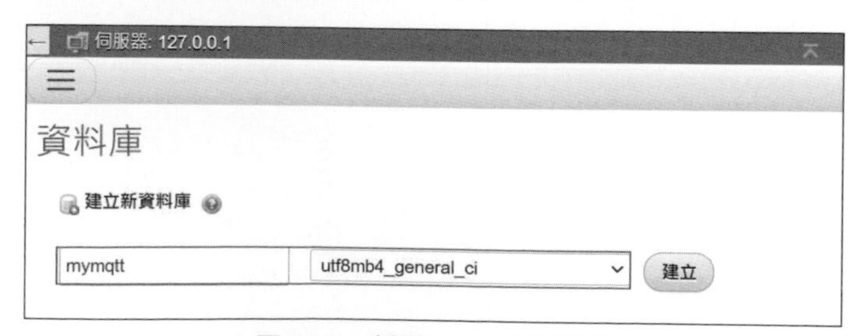

圖 14-2　新增 mymqtt 資料庫

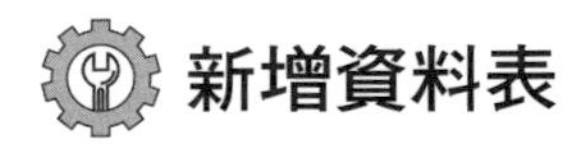

新增資料表

STEP 01 在 mymqtt 資料庫下新增資料表。這裡我們將名稱設為「mytable」，並將欄位數設為「6」。

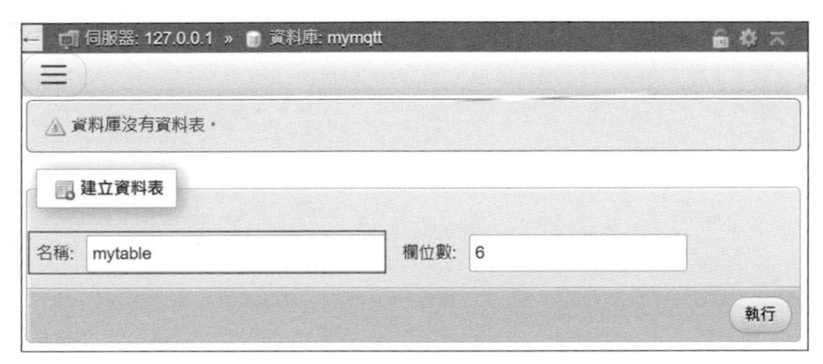

圖 14-3　新增 mytable 資料表

STEP 02 新增 mytable 資料表的欄位定義。

名稱	型態 (長度)	說明
id	int(11)	編號：AUTO_INCREMENT，主索引。
topic	varchar(1024)	主題。
paload	varchar(2048)	資訊負載。
mdate	date	日期。
mtime	time	時間。
deleted	tinyint(1)	是否刪除：0 否，1 是。

伺服器: 127.0.0.1 » 資料庫: mymqtt » 資料表： mytable

瀏覽 結構 SQL 搜尋 新增 匯出 匯入 權限 操

資料表結構 關聯檢視

#	名稱	類型	編碼與排序	屬性	空值(Null)	預設值	備註	額外資訊
1	id	int(11)			否	無		AUTO_INCREMENT
2	topic	varchar(1024)	utf8mb4_general_ci		否	無		
3	payload	varchar(2048)	utf8mb4_general_ci		否	無		
4	mdate	date			否	無		
5	mtime	time			否	無		
6	deleted	tinyint(4)			否	無		

圖 14-4　mytable 資料表欄位定義

14.3 安裝 mysql 套件

要在Node-RED中進行MySQL資料庫的存取，需在Node-RED中安裝mysql套件，步驟如下：

STEP 01 執行 node-RED。

```
node-red
```

STEP 02 開啟網頁：URL http://127.0.0.1:1880。

STEP 03 開啟右上角的選單，選擇「節點管理」。

STEP 04 開啟「使用者設置」視窗，點選「安裝」標籤。在搜尋列輸入「mysql」，選擇「node-red-node-mysql」，然後按下「安裝」按鈕。

圖 14-5　安裝 node-red-node-mysql 模組

STEP 05 安裝完成後，在網頁左邊的工具面板的「存儲」群組，會出現 mysql 節點。

圖 14-6　mysql 節點

mysql 節點使用方法

mysql 節點可對 MySQL 資料庫進行查詢操作，允許插入及刪除紀錄。mysql 節點的使用方法如下：

- **msg.topic**：存放 SQL 指令。
- **msg.payload**：傳回查詢 SQL 指令執行結果，結果內容通常為陣列。

在以下的章節中，我們以實作方式來熟悉 mysql 節點的用法。

14.4 實習㉜：新增紀錄

實習目的

練習在 Node-RED 中，新增 MySQL 資料庫的紀錄。

動作要求

有二個 inject 節點，名稱為「add1」及「add2」。

- 按一下 add1 節點，可以新增主題訊息，並在 mymqtt 資料庫的 mytable 資料表中新增一筆紀錄，紀錄內容如下：
  - topic：topic_room1。
  - payload：模擬溫度訊號，會隨機產生 15 度至 35 度的溫度，溫度值取小數兩位。
  - date：目前日期。
  - time：目前時間。
  - deleted：0 (false)。
- 按一下 add2 節點，可以新增主題訊息，並在 mymqtt 資料庫的 mytable 資料表中，新增一筆紀錄，紀錄內容如下：
  - topic：mytopic。
  - payload：模擬溫度訊號，會隨機產生 15 度至 35 度的溫度，溫度值取小數兩位。
  - date：目前日期。

- time：目前時間。
- deleted：0 (false)。

 Node-RED 流程

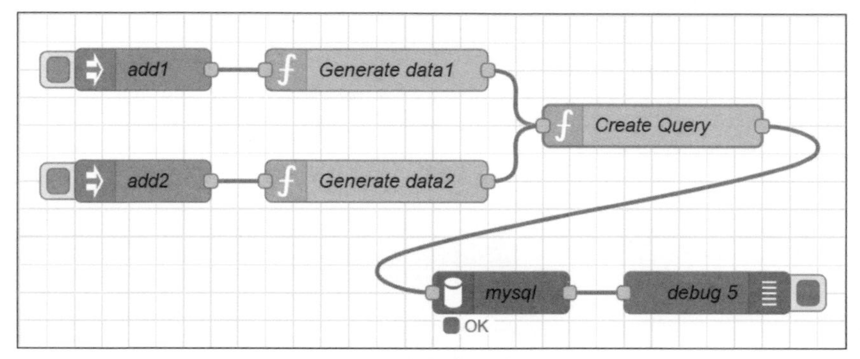

圖 14-7　實習㉜：流程圖

實習步驟

STEP 01 依序加入 inject×2、function×3、mysql、debug 節點。

STEP 02 編輯 inject 節點。

名稱	設定內容
add1	msg.payload：時間戳記
add2	msg.payload：時間戳記

STEP 03 編輯 function 節點。

❑ 名稱「Generate data1」：此函式用來模擬溫度訊號，會隨機產生 15 度至 35 度的溫度，溫度值取小數兩位，並設定訊息的主題及負載。

```
let x=Math.random()*20+15;
let temperature=Math.round(x*100)/100;
msg.payload=temperature;
msg.topic="topic_room1";
return msg;
```

❑ 名稱「Generate data2」：此函式與 Generate data1 函式類似，差別只在主題不同。

```
let x=Math.random()*20+15;
let temperature=Math.round(x*100)/100;
msg.payload=temperature;
msg.topic="mytopic";
return msg;
```

❑ 名稱「Create Query」：此函式會建立 MySQL 的 Insert 指令，將隨機產生的溫度訊號，存入 MySQL 資料庫中。

```
let d = new Date();
let myear = d.getFullYear();
let mmonth = d.getMonth() + 1;
let mday = d.getDate();
let mhour = d.getHours();
let mmin = d.getMinutes();
let msec = d.getSeconds();

let mdate = myear + "/" + mmonth + "/" + mday;
let mtime = mhour + ":" + mmin + ":" + msec;

let m_topic = msg.topic;
let m_payload = msg.payload;

let strQuery = `
insert into mytable (topic, payload, mdate, mtime, deleted)
 values('${m_topic}','${m_payload}','${mdate}','${mtime}',0);
`;

msg.topic = strQuery;

return msg;
```

STEP 04 編輯 mysql 節點。按二下 mysql 節點，會出現圖 14-8 的畫面，在名稱欄位輸入「mysql」，並點選 Database 欄位旁的「編輯」按鈕來新增資料庫。

圖 14-8　mysql 節點

STEP 05 設定 mysql 節點的名稱為「mymqtt」，並設定 MySQL 資料庫的連線資料如下：

- Host : 127.0.0.1。
- Port : 3306。
- User : MySQL 帳號。
- Password : MySQL 密碼。
- Database : mymqtt。

圖 14-9　設定 MySQL 連線資料

STEP 06 輸入好後，按下「添加」按鈕，再按下「完成」按鈕，即可完成 MySQL 資料庫的新增。

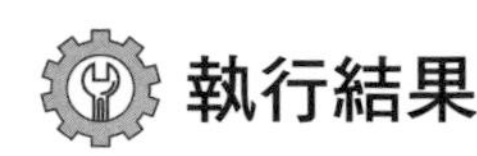

執行結果

- ❑ 按下「部署」按鈕，並分別按一下 add1 節點及 add2 節點，可看到除錯訊息，在此查看一下 SQL 語法是否正確，如圖 14-10 所示。

圖 14-10 實習㉜：除錯訊息

- ❑ 進入 phpMyAdmin 來查看 MySQL 資料庫，可看到新增了幾筆紀錄，如圖 14-11 所示。

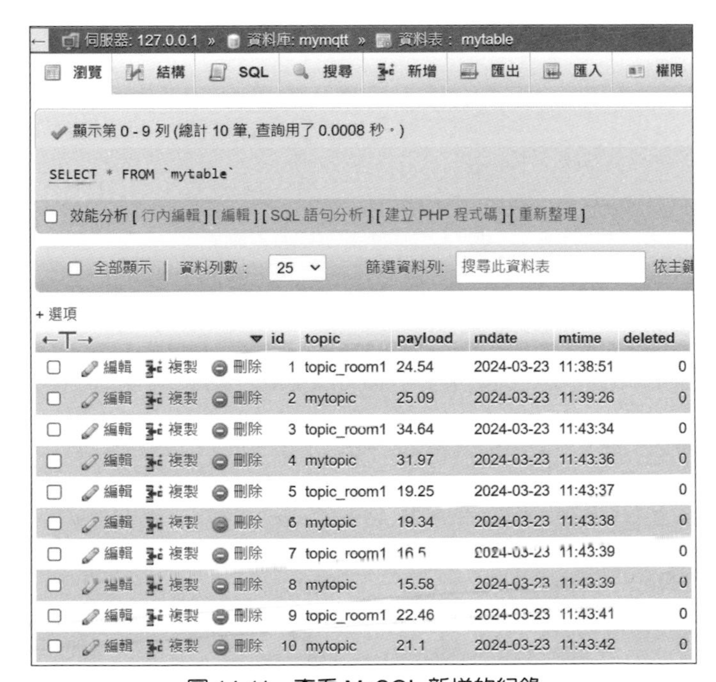

	id	topic	payload	mdate	mtime	deleted
編輯 複製 刪除	1	topic_room1	24.54	2024-03-23	11:38:51	0
編輯 複製 刪除	2	mytopic	25.09	2024-03-23	11:39:26	0
編輯 複製 刪除	3	topic_room1	34.64	2024-03-23	11:43:34	0
編輯 複製 刪除	4	mytopic	31.97	2024-03-23	11:43:36	0
編輯 複製 刪除	5	topic_room1	19.25	2024-03-23	11:43:37	0
編輯 複製 刪除	6	mytopic	19.34	2024-03-23	11:43:38	0
編輯 複製 刪除	7	topic_room1	16.5	2024-03-23	11:43:39	0
編輯 複製 刪除	8	mytopic	15.58	2024-03-23	11:43:39	0
編輯 複製 刪除	9	topic_room1	22.46	2024-03-23	11:43:41	0
編輯 複製 刪除	10	mytopic	21.1	2024-03-23	11:43:42	0

圖 14-11 查看 MySQL 新增的紀錄

14.5 實習㉝：紀錄查詢 API

實習目的

練習在 Node-RED 中，以 REST API 方法查詢 MySQL 資料庫的最新紀錄。

動作要求

- ❑ 建立一個 REST API，方法爲 GET，路由路徑爲「/get/:topic」。其中，「:topic」爲路由路徑參數，可依傳入的 topic 參數值進行資料庫的查詢，查詢結果爲最新的一筆紀錄。
- ❑ 建立一個 REST API，方法爲 GET，路由路徑爲「/get/:topic/num/:count」。可依傳入 topic 及 count 參數進行資料庫的查詢，count 參數可以設定傳回的紀錄筆數。

Node-RED 流程

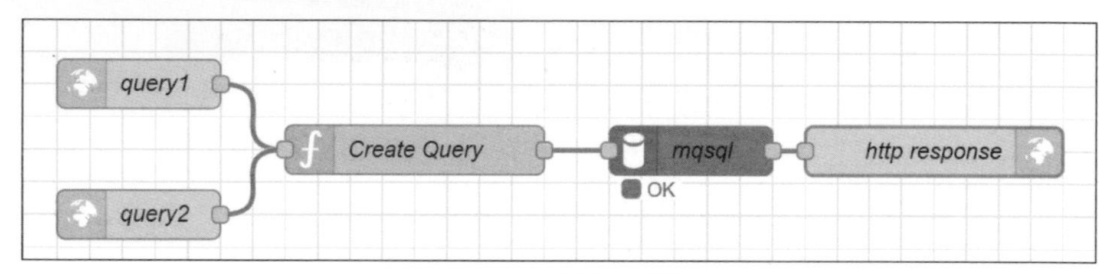

圖 14-12　實習㉝：流程圖

實習步驟

STEP 01 依序加入 http in×2、function、mysql、http response 節點。

STEP 02 編輯 http in 節點。

名稱	設定內容
query1	請求方式：GET URL：/get/:topic
query2	請求方式：GET URL：/get/:topic/num/:count

STEP 03 編輯 function 節點。

❑ 名稱「Create Query」：此函式用來建立 Select 查詢命令。

```
let m_topic = msg.req.params.topic;
let m_count = msg.req.params.count;

if (!m_count) m_count = 1;

let strQuery = `
select * from mytable where topic='${m_topic}'
 and deleted=0 order by id desc limit ${m_count};
`
msg.topic = strQuery;

return msg;
```

STEP 04 編輯 mysql 節點。

名稱	設定內容
mysql	Database：mymqtt

STEP 05 編輯 http response 節點，在名稱欄位輸入「http response」。

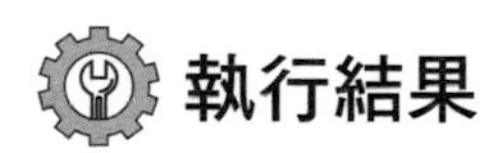

❑ 我們以 curl 命令進行測試，輸入 GET 命令時，可以指定 topic 主題，若不指定 count 參數，則只會顯示最新的第一筆紀錄。

```
C:\Users\USER>curl -X GET "http://localhost:1880/get/mytopic" -i

Out:
HTTP/1.1 200 OK
Access-Control-Allow-Origin: *
X-Content-Type-Options: nosniff
Content-Type: application/json; charset=utf-8
Content-Length: 112
ETag: W/"70-5rPOpBuRuTULPUKUpca2TdDEhBE"
Vary: Accept-Encoding
Date: Sat, 23 Mar 2024 03:54:55 GMT
Connection: keep-alive
Keep-Alive: timeout=5
```

```
[{"id":10,"topic":"mytopic","payload":"21.1","mdate":"2024-03-22T16:00:
00.000Z","mtime":"11:43:42","deleted":0}]
```

❑ 若指定 count 參數，如設定爲「5」，則會顯示最新的前五筆紀錄。


```
C:\Users\USER>curl -X GET "http://localhost:1880/get/mytopic/num/5" -i

Out:
HTTP/1.1 200 OK
Access-Control-Allow-Origin: *
X-Content-Type-Options: nosniff
Content-Type: application/json; charset=utf-8
Content-Length: 556
ETag: W/"22c-zGGl+AjssUucqa/E60Au6xugGH4"
Vary: Accept-Encoding
Date: Sat, 23 Mar 2024 03:58:20 GMT
Connection: keep-alive
Keep-Alive: timeout=5

[{"id":10,"topic":"mytopic","payload":"21.1","mdate":"2024-03-22T16:00:00.
000Z","mtime":"11:43:42","deleted":0},{"id":8,"topic":"mytopic","payload":"
15.58","mdate":"2024-03-22T16:00:00.000Z","mtime":"11:43:39","deleted":0},
{"id":6,"topic":"mytopic","payload":"19.34","mdate":"2024-03-22T16:00:00.00
0Z","mtime":"11:43:38","deleted":0},{"id":4,"topic":"mytopic","payload":
"31.97","mdate":"2024-03-22T16:00:00.000Z","mtime":"11:43:36","deleted":0},
{"id":2,"topic":"mytopic","payload":"25.09","mdate":"2024-03-22T16:00:00.000Z",
"mtime":"11:39:26","deleted":0}]
```

14.6 實習㉞：萬用字元查詢 API

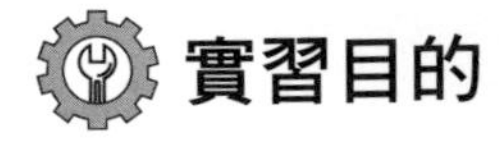

實習目的

練習在 Node-RED 中，以 REST API 格式進行萬用字元的查詢。

動作要求

❑ 建立一個 REST API，方法為 GET，路由路徑為「/get/topicLike/:topic/:count」。其中，在傳入 topic 參數時，可以加入萬用字元「*」，表示模糊查詢，並傳回 count 參數指定的紀錄筆數。

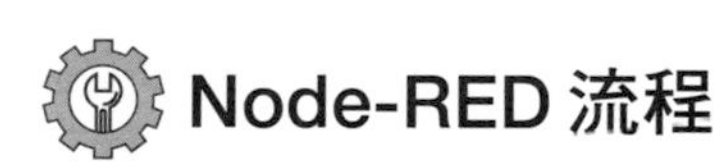

Node-RED 流程

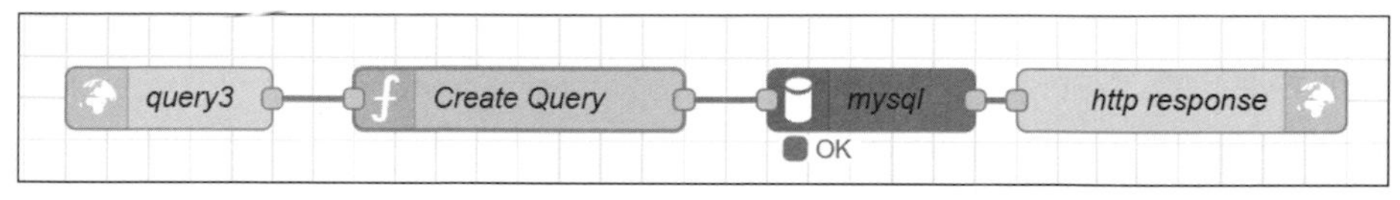

圖 14-13　實習㉞：流程圖

實習步驟

STEP 01 依序加入 http in、function、mysql、http response 節點。

STEP 02 編輯 http in 節點。

名稱	設定內容
query3	請求方式：GET URL：/get/topicLike/:topic/:count

STEP 03 編輯 function 節點。

❑ 名稱「Create Query」：此函式用來建立 Select 命令。其中，API 查詢的萬用字元是「*」，需轉換為 SQL 的萬用字元「%」，才能執行 Select 查詢命令。

```
let m_topic = msg.req.params.topic;
let m_count = msg.req.params.count;

if (!m_count) m_count = 1;

m_topic = m_topic.replace(/\*/g,"%");

let strQuery = `
select * from mytable where topic like
 '${m_topic}' and deleted=0 order by id desc
 limit ${m_count};
`
```

```
msg.topic = strQuery;

return msg;
```


STEP 04 編輯 mysql 節點。

名稱	設定內容
mysql	Database : mymqtt

STEP 05 編輯 http response 節點，在名稱欄位輸入「http response」。

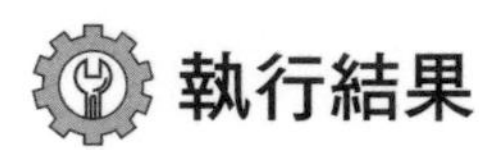

執行結果

❑ 我們以 curl 命令進行測試。輸入 GET 命令時，可以指定萬用字元「*」來進行 topic 主題的查詢，同時可以指定要顯示的資料筆數。

```
C:\Users\USER>curl -X GET "http://localhost:1880/get/topicLike/*/10"

輸出
[{"id":10,"topic":"mytopic","payload":"21.1","mdate":"2024-03-22T16:00:00.
000Z","mtime":"11:43:42","deleted":0},{"id":9,"topic":"topic_room1","payload":
"22.46","mdate":"2024-03-22T16:00:00.000Z","mtime":"11:43:41","deleted":0},
{"id":8,"topic":"mytopic","payload":"15.58","mdate":"2024-03-22T16:00:00.000Z",
"mtime":"11:43:39","deleted":0},{"id":7,"topic":"topic_room1","payload":"16.5",
"mdate":"2024-03-22T16:00:00.000Z","mtime":"11:43:39","deleted":0},{"id":6,
"topic":"mytopic","payload":"19.34","mdate":"2024-03-22T16:00:00.000Z","mtime":
"11:43:38","deleted":0},{"id":5,"topic":"topic_room1","payload":"19.25","mdate":
"2024-03-22T16:00:00.000Z","mtime":"11:43:37","deleted":0},{"id":4,"topic":
"mytopic","payload":"31.97","mdate":"2024-03-22T16:00:00.000Z","mtime":"11:43:
36","deleted":0},{"id":3,"topic":"topic_room1","payload":"34.64","mdate":"2024
-03-22T16:00:00.000Z","mtime":"11:43:34","deleted":0},{"id":2,"topic":"mytopic",
"payload":"25.09","mdate":"2024-03-22T16:00:00.000Z","mtime":"11:39:26","deleted":
0},{"id":1,"topic":"topic_room1","payload":"24.54","mdate":"2024-03-22T16:00:
00.000Z","mtime":"11:38:51","deleted":0}]
```

14.7 實習㉟：時間區間查詢 API

實習目的

練習在 Node-RED 中，以 REST API 格式進行時間區間的查詢。

動作要求

❑ 建立一個 REST API，方法為 GET，路由路徑為「/get/:topic/during/:start/:end/:count」。其中有四個參數：

- topic：指定主題。
- start：開始日期。
- end：結束日期。
- count：紀錄筆數。

Node-RED 流程

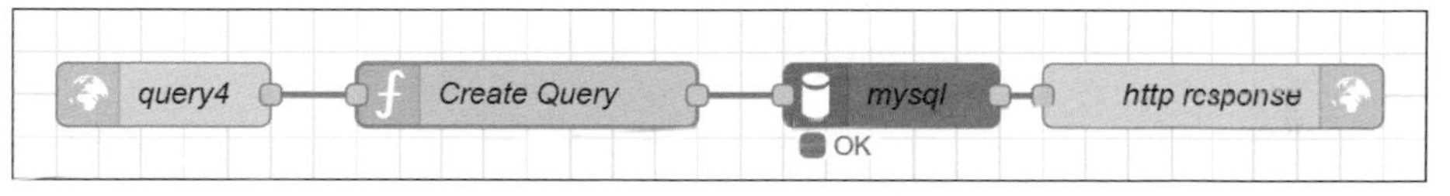

圖 14-14　實習㉟：流程圖

實習步驟

STEP 01 依序加入 http in、function、mysql、http response 節點。

STEP 02 編輯 http in 節點，加入 RESE API 的 URL。

名稱	設定內容
query4	請求方式：GET URL：/get/:topic/during/:start/:end/:count

STEP 03 編輯 function 節點。

❑ 名稱「Create Query」：此函數會接收 URL 傳入的 topic、start、end、count 參數，並以 SQL 指令進行查詢。

```
let m_topic = msg.req.params.topic;
let m_start = msg.req.params.start;
let m_end = msg.req.params.end;
let m_count = msg.req.params.count;

if (!m_count) m_count = 1;

m_topic = m_topic.replace(/\*/g,"%");

let strQuery = `
select * from mytable where topic like
 '${m_topic}' and mdate >= '${m_start}'
 and mdate <= '${m_end}' and deleted=0 order by id desc
 limit ${m_count};
`
msg.topic = strQuery;

return msg;
```

執行結果

❑ 我們傳入的參數如下：

- topic：*
- start：2024-03-23
- end：2024-03-24
- count：5

❑ 執行結果如下：

```
C:\Users\USER>curl -X GET "http://localhost:1880/get/*/during/2024-03-23/
2024-03-24/5"

輸出
[{"id":10,"topic":"mytopic","payload":"21.1","mdate":"2024-03-22T16:00:00.
000Z","mtime":"11:43:42","deleted":0},{"id":9,"topic":"topic_room1","payload":
"22.46","mdate":"2024-03-22T16:00:00.000Z","mtime":"11:43:41","deleted":0},
{"id":8,"topic":"mytopic","payload":"15.58","mdate":"2024-03-22T16:00:00.000Z",
```

```
"mtime":"11:43:39","deleted":0},{"id":7,"topic":"topic_room1","payload":"16.
5","mdate":"2024-03-22T16:00:00.000Z","mtime":"11:43:39","deleted":0},{"id":
6,"topic":"mytopic","payload":"19.34","mdate":"2024-03-22T16:00:00.000Z",
"mtime":"11:43:38","deleted":0}]
```


14.8 實習㊱：紀錄更新 API

實習目的

練習在 Node-RED 中，以 SQL 的 Update 指令更新資料表中的 deleted 欄位的值。

動作要求

- ❑ 建立一個 REST API，方法為 GET，路由路徑為「/delete/:topic/during/:start/:end」。其中有三個參數：
  - ◆ topic：主題，允許模糊查詢。
  - ◆ start：開始日期。
  - ◆ end：結束日期。
- ❑ 此 API 在執行後，會將指定的主題、指定的時間區間內的紀錄欄位 deleted，更新為 1。

Node-RED 流程

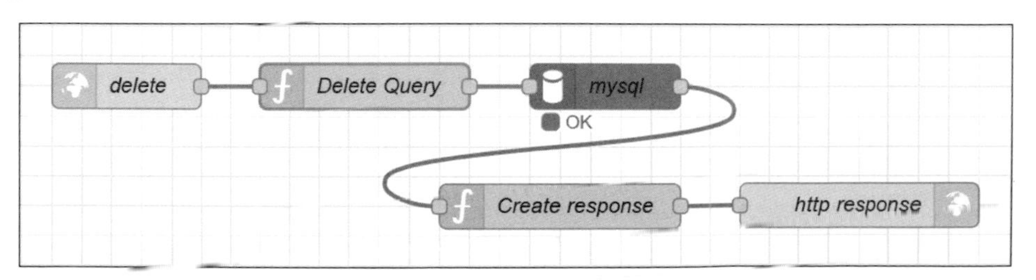

圖 14-15　實習㊱：流程圖

實習步驟

STEP 01 依序加入 http in、function×2、mysql、http response 節點。

STEP 02 編輯 http in 節點。

名稱	設定內容
update	請求方式：GET URL：/delete/:topic/during/:start/:end

STEP 03 編輯 function 節點。

❑ 名稱「Delete Query」

```
let m_topic = msg.req.params.topic;
let m_start = msg.req.params.start;
let m_end = msg.req.params.end;

m_topic = m_topic.replace(/\*/g, "%")

let strQuery = `
update mytable set deleted=1 where topic like
 '${m_topic}' and mdate >='${m_start}'
 and mdate <='${m_end}';
`
msg.topic = strQuery;

return msg;
```

❑ 名稱「Create response」

```
msg.payload = {
    "found": msg.payload.affectedRows,
    "changed" : msg.payload.changedRows,
}
return msg;
```

執行結果

❑ 我們將 API 參數設定如下：

◆ topic：*

◆ start：2024-03-23

◆ end：2024-03-24

❑ 執行結果如下：

```
C:\Users\USER>curl -X GET "http://localhost:1880/delete/*/during/2024-03-23/
2024-03-24"

輸出
{"found":10,"changed":10}
```

❑ 我們查詢資料庫，可以發現 mytable 資料表中，日期爲 2020-03-23 至 2024-03-24 的紀錄，其 deleted 欄位皆被更新爲 1，如圖 14-16 所示。

←T→				id	topic	payload	mdate	mtime	deleted
☐	編輯	複製	刪除	1	topic_room1	24.54	2024-03-23	11:38:51	1
☐	編輯	複製	刪除	2	mytopic	25.09	2024-03-23	11:39:26	1
☐	編輯	複製	刪除	3	topic_room1	34.64	2024-03-23	11:43:34	1
☐	編輯	複製	刪除	4	mytopic	31.97	2024-03-23	11:43:36	1
☐	編輯	複製	刪除	5	topic_room1	19.25	2024-03-23	11:43:37	1
☐	編輯	複製	刪除	6	mytopic	19.34	2024-03-23	11:43:38	1
☐	編輯	複製	刪除	7	topic_room1	16.5	2024-03-23	11:43:39	1
☐	編輯	複製	刪除	8	mytopic	15.58	2024-03-23	11:43:39	1
☐	編輯	複製	刪除	9	topic_room1	22.46	2024-03-23	11:43:41	1
☐	編輯	複製	刪除	10	mytopic	21.1	2024-03-23	11:43:42	1

☐ 全選　已選擇項目：　編輯　複製　刪除　匯出

圖 14-16　更新 deleted 欄位資料

14.9　實習㊲：移除紀錄 API

實習目的

練習在 Node-RED 中，以 SQL 的 delete 指令眞正刪除資料表中的紀錄。

動作要求

❑ 建立一個 REST API，方法爲 GET，路由路徑爲「/remove/:topic/during/:start/:end」。

其中有三個參數：

- topic：主題。
- start：開始日期。
- end：結束日期。

❑ API 在執行後，會刪除指定主題、指定日期區間中 deleted=1 的紀錄。

Node-RED 流程

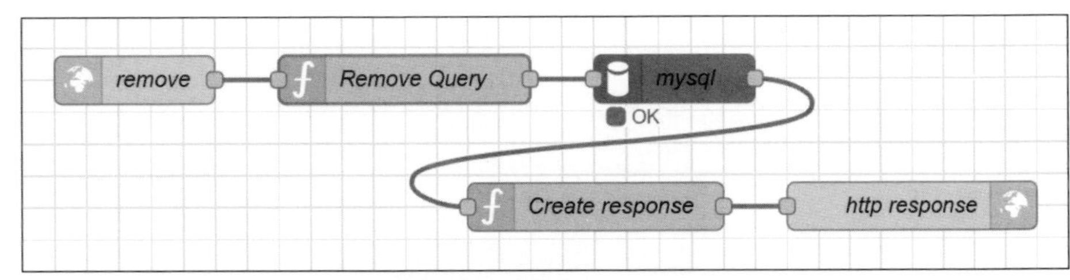

圖 14-17　實習㊲：流程圖

實習步驟

STEP 01 依序加入 http in、function×2、mysql、http response 節點。

STEP 02 編輯 http in 節點。

名稱	設定內容
remove	請求方式：GET URL：/remove/:topic/during/:start/:end

STEP 03 編輯 function 節點。

❑ 名稱「Remove Query」

```
let m_topic = msg.req.params.topic;
let m_start = msg.req.params.start;
let m_end = msg.req.params.end;

m_topic = m_topic.replace(/\*/g, "%")

let strQuery = `
delete from mytable where deleted=1 and topic like
```

```
 '${m_topic}' and mdate >='${m_start}'
 and mdate <='${m_end}';
`

msg.topic = strQuery;

return msg;
```

❑ 名稱「Create response」

```
msg.payload = {
    "found": msg.payload.affectedRows,
    "changed" : msg.payload.changedRows,
}
return msg;
```

執行結果

❑ API 傳入的參數設定如下：

- topic：*
- start：2024-03-23
- end：2024-03-24

❑ API 的執行結果會將 2024-03-23 至 2024-03-24 間 delete=1 的紀錄全部刪除。

```
C:\Users\USER>curl -X GET "http://localhost:1880/remove/*/during/2024-03-23/
2024-03-24"

輸出
{"found":10,"changed":0}
```

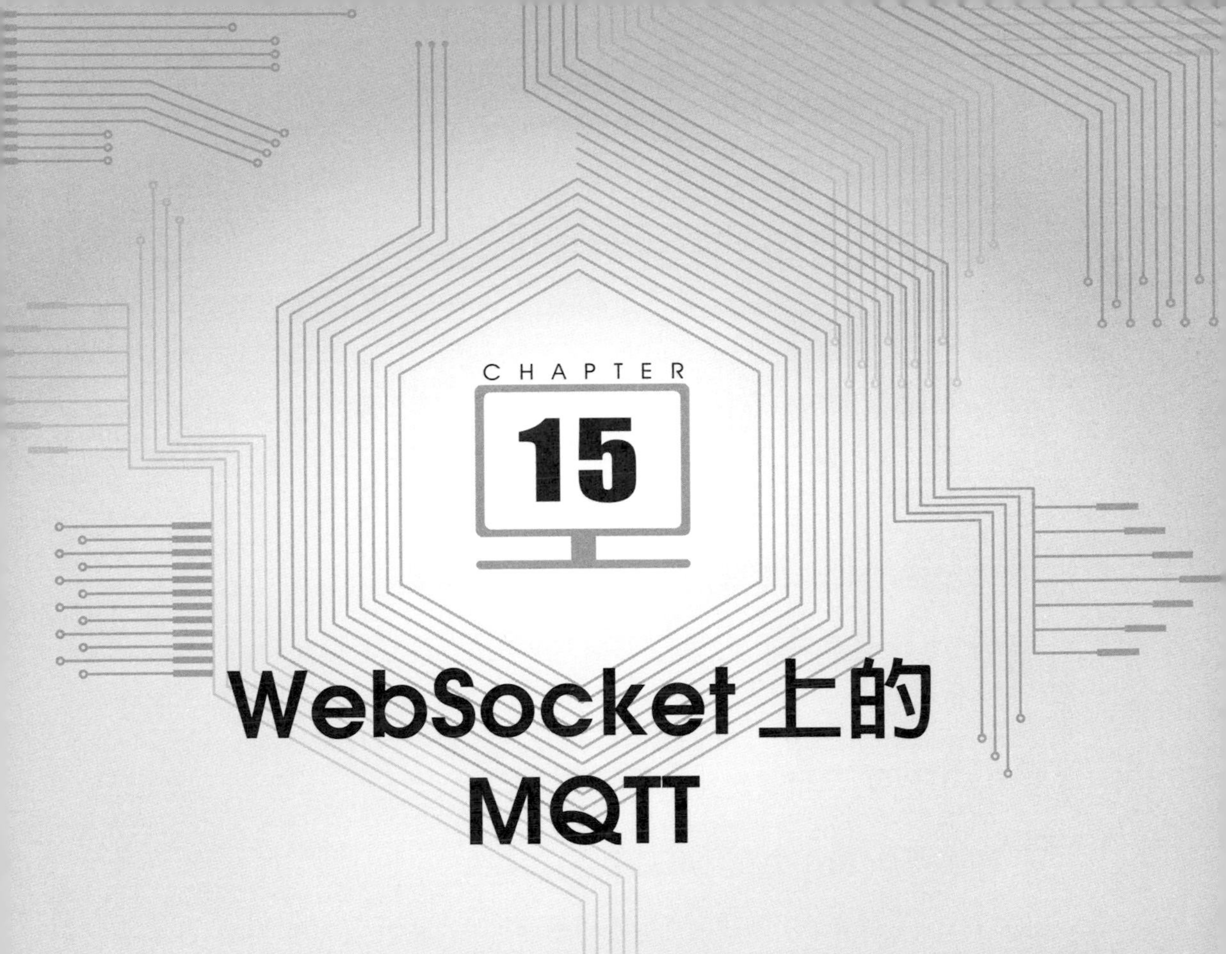

WebSocket 上的 MQTT

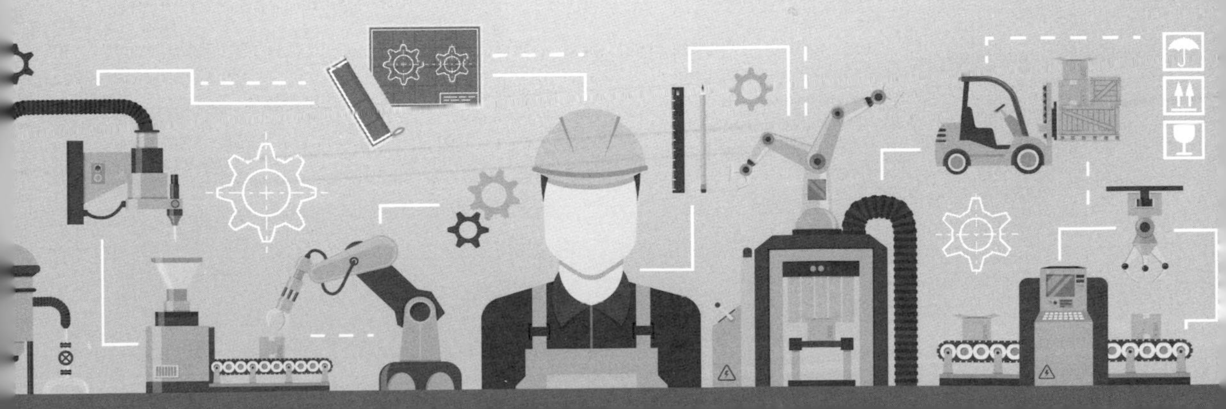

15.1 本章提要

WebSocket 是一種電腦通訊協定，位於 OSI 協定的應用層，透過傳輸層的 TCP 協定進行資料的傳輸，是一種全雙工的通訊傳輸。

WebSocket 讓客戶端與伺服器之間的資料傳輸變得簡單，客戶端的瀏覽器與伺服器之間只需要一次的交握，即可在兩者之間建立永續性的連接，並可進行雙向的資料傳輸。

 WebSocket 與 HTTP 協定

WebSocket 與 HTTP 協定雖然都是透過 TCP 傳輸資料，但 WebSocket 與 HTTP 協定不同的地方在於，HTTP 協定是一個 request 請求、一個 response 回應，HTTP 伺服器不能主動發送訊息給客戶端；而 WebSocket 是一種雙向的資料傳輸，伺服器可以主動發送訊息給客戶端。

 WebSocket 上的 MQTT

MQTT 協定是物聯網 IoT 設備常用的通訊協定，也是以 TCP 進行資料的傳輸。MQTT 伺服器可接收 IoT 設備發布的訊息，並將其傳送給訂閱主題的 IoT 設備。若我們在 WebSocket 之上架構 MQTT 伺服器，就可以讓 MQTT 伺服器接收 IoT 設備發布的訊息，並將其主動推送至客戶端的瀏覽器上顯示。

WebSocket 上的 MQTT，實現了以下的通訊可能性：

- PC 端透過 WebSocket 協定與 MQTT 伺服器建立連接，並訂閱主題 A。
- IoT 設備透過 MQTT 協定與 MQTT 伺服器建立連接。
- IoT 設備發布主題 A 的訊息給 MQTT 伺服器。
- MQTT 伺服器將主題 A 訊息傳送給所有訂閱主題 A 的客戶端，包含 IoT 設備及 PC 端的瀏覽器。

WebSocket 上的 MQTT，讓我們可以經由 MQTT 協定來實現遠端監控的目標，使用者只要利用瀏覽器，即可進行遠端 IoT 設備的操控。在本章中，我們將說明如何讓 Mosquitto 伺服器致能 WebSocket 協定功能，並使用一些實例，讓讀者了解如何測試 WebSocket 協定功能，並進行遠端 IoT 設備的操作，如進行資料的收集與監控。

15.2 Mosquitto 伺服器致能 WebSocket

透過 WebSocket 進行 MQTT 通訊時，Websocket 成爲 MQTT 協定的外部管道。MQTT 伺服器將 MQTT 封包加入 WebSocket 封包中，將其發送給客戶端；而客戶端接收到資料時，會先從 WebSocket 封包中解壓縮 MQTT 封包，再將其以一般的 MQTT 封包進行處理。

在第 11 章中，我們已說明如何在 Windows 中以 Mosquitto 建構 MQTT 伺服器。若要讓 Mosquitto 與 WebSocket 協定一起使用，步驟如下：

STEP 01 停止 Windows 中的 Mosquitto 伺服器的運作。

STEP 02 轉到 Mosquitto 安裝目錄，如「c:\program files\mosquitto」目錄。

STEP 03 開啟 mosquitto.conf 設定檔，在檔案的末尾增加下列內容：

```
listener  9001
protocol  websockets
```

其中，我們將 WebSocket 的監聽通訊埠設爲「9001」。

STEP 04 儲存 mosquitto.conf 檔案。

STEP 05 再次啟動 Mosquitto 伺服器。

完成上述步驟後，我們即可致能 Moquitto 伺服器的 WebSocket 協定及通訊埠 9001。而如何驗證 MQTT 伺服器有在正常運作呢？在下節中，我們將下載一個工具來測試它。

15.3 測試 WebSocket

在本節中，我們要使用 Eclipse Paho Client JavaScript 工具，以瀏覽器連接 WebSocket 上的 MQTT 伺服器，並測試是否可以正常訂閱及發布主題訊息。本節的測試架構，如圖 15-1 所示。

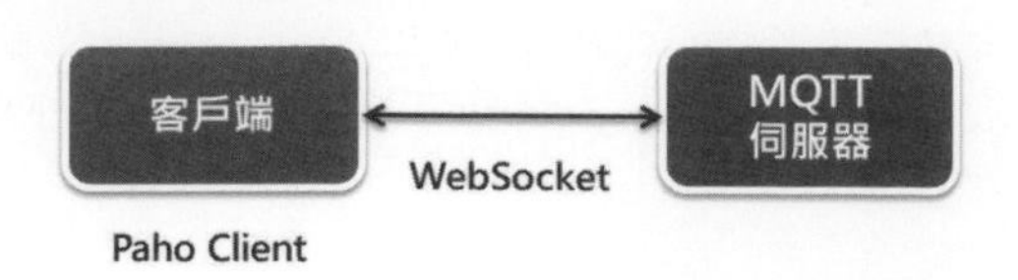

圖 15-1　測試架構

 下載套件

STEP 01 首先下載 Eclipse Paho Client JavaScript 工具，網址如下：URL https://github.com/eclipse/paho.mqtt.javascript。

STEP 02 網頁畫面如圖 15-2 所示，點選「Download ZIP」，以下載 paho.mqtt.jsvascript 檔案。

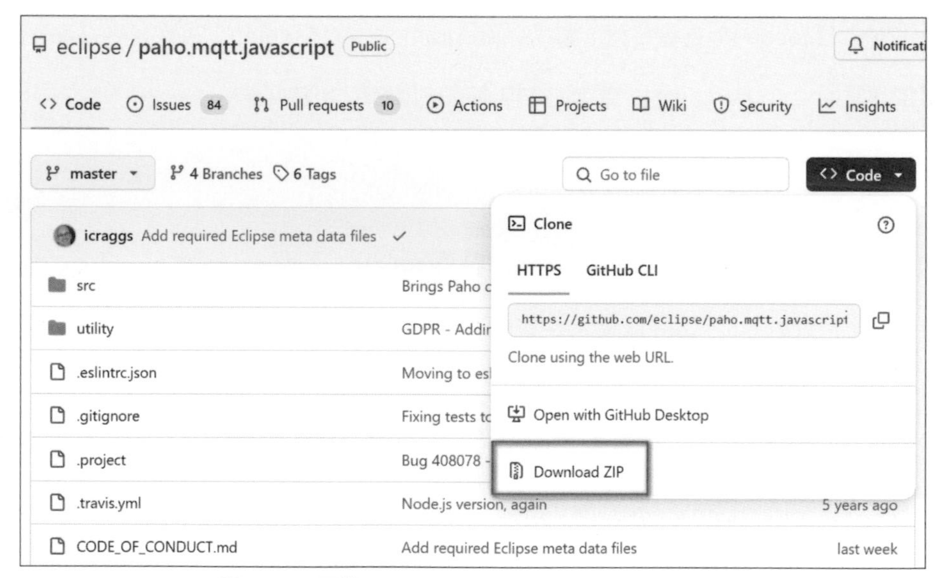

圖 15-2　下載 Eclipse Paho Client JavaScript 工具

 開啟 Eclipse Paho Client JavaScript 工具

STEP 01 解壓縮下載的檔案，可看到 paho.mqtt.javascript-mater 資料夾。

STEP 02 進入 paho.mqtt.javascript-mater 資料夾，再進入資料夾中的 utility 子目錄，可看到 index.html 檔案。

STEP 03 按二下 index.html，即可在瀏覽器開啟網頁。

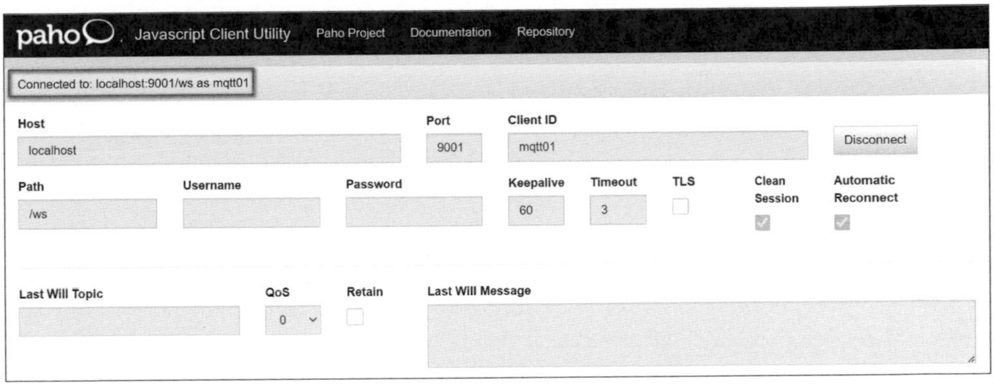

圖 15-3　開啟 Eclipse Paho Client JavaScript 工具

STEP 04 我們在網頁中輸入：

- ❑ **Host**：localhost。
- ❑ **Port**：9001。
- ❑ **Client ID**：mqtt01。
- ❑ **TLS**：不選。

STEP 05 按下「Connect」按鈕，若一切正常，會出現「Connected to: localhost:9001/ws as mqtt01」訊息。

訂閱及發布訊息

STEP 01 網頁往下拉，可看到訂閱及發布的網頁內容。

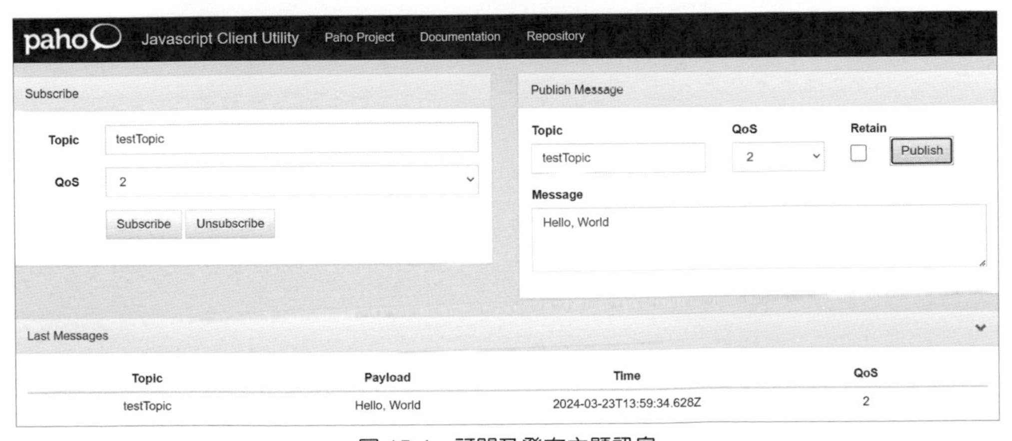

圖 15-4　訂閱及發布主題訊息

STEP 02 在 Subscribe 視窗中，輸入下列內容：

❑ **Topic**：testTopic。

❑ **QoS**：2。

輸入好後，按下「Subscribe」按鈕。

STEP 03 在 Publish Message 視窗中，輸入下列內容：

❑ **Topic**：testTopic。

❑ **QoS**：2。

❑ **Message**：Hello, World。

輸入好後，按下「Publish」按鈕。

STEP 04 此時在「Last Messages」視窗中，可看到發布及接收到的訊息。

15.4 Paho MQTT 客戶端套件

如何讓瀏覽器可以與 WebSocket 上的 MQTT 伺服器進行連接，並訂閱及發布主題訊息呢？由於目前的瀏覽器皆支援 JavaScript，所以我們要下載一個 JavaScript 套件，並撰寫 JavaScript 程式來實現上述的功能。

STEP 01 Eclipse Paho 專案是一個開放原始碼專案，專案中提供了許多開源 MQTT 客戶端套件，網址如下：URL https://www.eclipse.org/paho/。當我們點選「Download」按鈕後，可看到 Eclipse Paho 專案已實現了許多程式語言的 MQTT 客戶端套件。

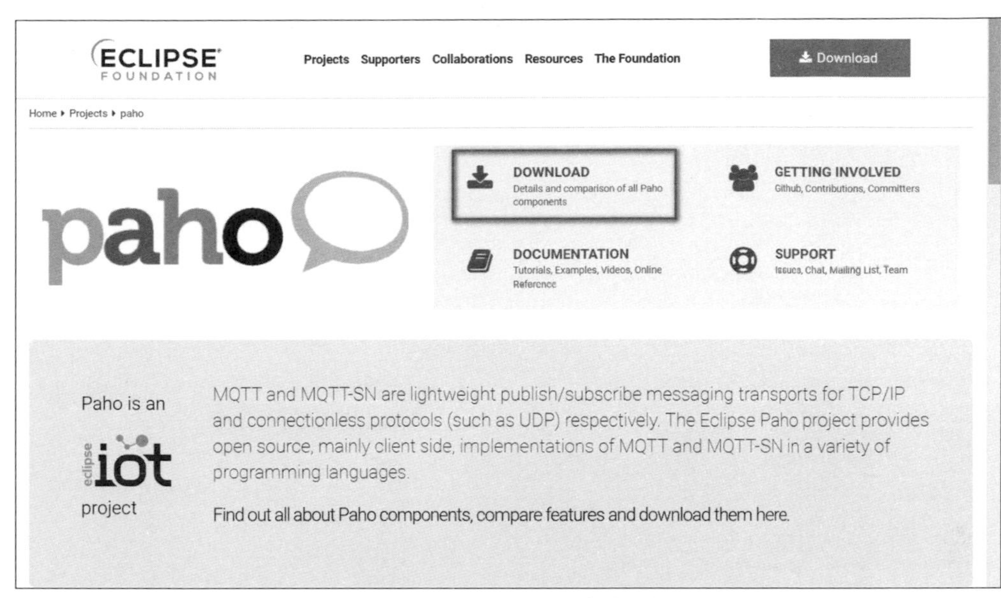

圖 15-5　Eclipse Paho 專案網站

Eclipse Paho Downloads

Latest Paho Project Release: 1.4 (Photon)

MQTT Client Comparison

Client	MQTT 3.1	MQTT 3.1.1	MQTT 5.0	LWT	SSL / TLS	Automatic Reconnect	Offline Buffering	Message Persistence	WebSocket Support	Standard MQTT Support	Blocking API	Non-Blocking API	High Availability
Java	✔	✔	✔	✔	✔	✔	✔	✔	✔	✔	✔	✔	✔
Python	✔	✔	✔	✔	✔	✔	✔	✘	✔	✔	✔	✔	✘
JavaScript	✔	✔	✘	✔	✔	✔	✔	✔	✔	✘	✘	✔	✔
GoLang	✔	✔	✘	✔	✔	✔	✔	✔	✔	✔	✘	✔	✔
C	✔	✔	✔	✔	✔	✔	✔	✔	✔	✔	✔	✔	✔
C++	✔	✔	✔	✔	✔	✔	✔	✔	✔	✔	✔	✔	✔
Rust	✔	✔	✘	✔	✔	✔	✔	✔	✘	✔	✔	✔	✔
.Net (C#)	✔	✔	✘	✔	✔	✘	✘	✘	✘	✔	✘	✔	✘
Android Service	✔	✔	✘	✔	✔	✔	✔	✔	✔	✔	✘	✔	✔
Embedded C/C++	✔	✔	✘	✔	✔	✘	✘	✘	✘	✔	✔	✔	✘

圖 15-6　Eclipse Paho 專案提供的 MQTT 客戶端套件

STEP 02 其中包含了 JavaScript 客戶端的套件，稱為「Paho JavaScript client」，網址如下：URL https://projects.eclipse.org/projects/iot.paho/downloads。我們下載了 JavaScript Client 1.0.3 套件，解壓縮下載後的檔案，進入「paho.javascript-1.0.3」資料夾，可看到 paho-mqtt.js / paho-mqtt-min.js 套件，此套件即為我們所需的套件，可

讓我們在網頁中以 JavaScript 語言來開發 MQTT 客戶端程式。其中，paho-mqtt-min.js 是壓縮版套件，檔案大小較小。

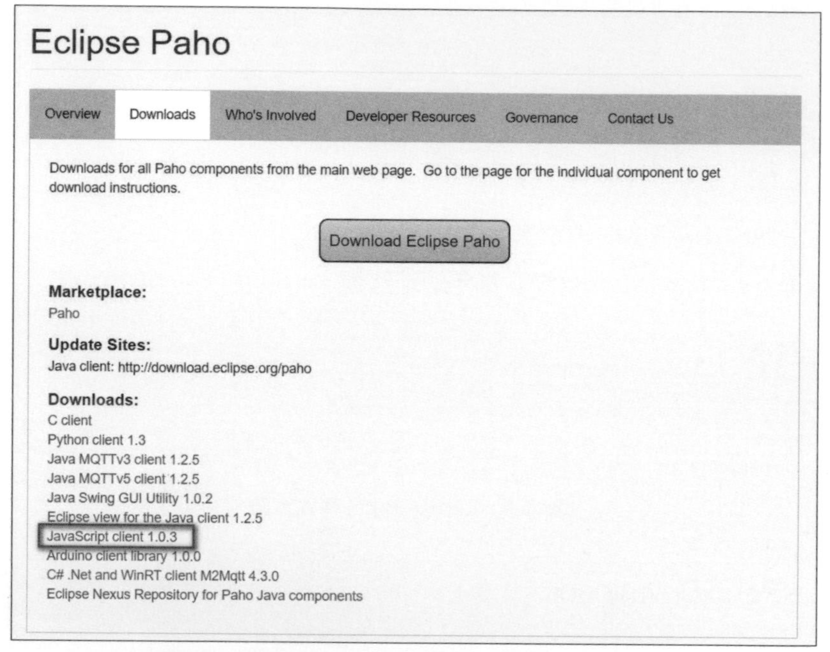

圖 15-7　專為 JavaScript 設計的 MQTT 客戶端套件

15.5 paho-mqtt.js 套件說明

paho-mqtt.js 套件中，包含了兩個主要的物件：

- **Paho.MQTT.Client**：此物件封裝了 MQTT 客戶端與 MQTT 伺服器的通訊功能，並可指定事件處理函式，如發生了訊息的到達、與 MQTT 伺服器建立連接等事件時，會有相對應的事件處理函式來回應事件。
- **Paho.MQTT.Message**：此物件封裝了 MQTT 的主題及訊息負載（payload）。值得注意的是，API 使用 destinationName 屬性來表示訊息的主題。

 Paho.MQTT.Client 物件

Paho.MQTT.Client 物件的常用函式說明如下。

建立物件

建立 Paho.MQTT.Client 物件的語法如下：

```
var  client = new  Paho.MQTT.Client(host, port, path, clientId)
```

說明

- host：MQTT 伺服器的 URI。
- port：若 host 不是 URI，此參數指定通訊埠。
- path：若 host 不是 URI，此參數指定網址路徑。
- clientId：客戶端 ID，長度爲 1 至 23 個字元。

建立物件時，一般需要指定事件處理函式，常用的屬性如下：

屬性	說明
onConnectionLost	回呼函式，連接斷開時呼叫。
onMessageDelivered	回呼函式，訊息已傳送時呼叫。
onMessageArrived	回呼函式，訊息到達時呼叫。
onConnected	回呼函式，成功連接時呼叫。

connect()

此函式可讓 JavaScript 客戶端與 MQTT 伺服器進行連接，語法如下：

```
client.connect(連接選項)
```

常用的連接選項如下：

連接選項	說明
keepAliveInterval	在設定秒數內，若沒有任何活動，則伺服器將斷開此客戶端的連接。預設值為 60 秒。
onSuccess	回呼函式，收到伺服器送來的連接確認時呼叫。
onFailure	回呼函式，連接請求失敗時呼叫。

disconnect()

此函式可正常斷開客戶端與伺服器端的連接。

```
client.disconnect()
```

publish() / send()

publish() 函式與 send() 函式的用法相同，都是用來發布主題訊息。

```
client.publish(topic, payload, qos, retained)
client.send(topic, payload, qos, retained)
```


說明

- topic：主題。
- payload：訊息負載。
- qos：傳輸品質。
- retained：若設為 true，則伺服器將保留主題訊息，並傳送給目前及未來的訂閱者；預設值為 false，表示主題訊息只傳送給目前訂閱者，不做保留。

subscribe()

此函式可用來訂閱主題。

```
client.subscribe(fileter, 訂閱選項)
```

說明

- filter：訂閱過濾器。

常用的訂閱選項如下：

訂閱選項	說明
onSuccess	回呼函式，收到伺服器送來的訂閱確認時呼叫。
onFailure	回呼函式，訂閱請求失敗或 time out 時呼叫。

unsubscribe()

此函式可用來取消訂閱。

```
client.unsubscribe(filter, 選項)
```

Paho.MQTT.Message 物件

Paho.MQTT.Message 物件可用來傳送或接收主題訊息。若要建立該物件，語法如下：

```
var  mess = new  Paho.MqTT.Message(payload)
```

說明

➥ payload：訊息負載。

物件的常用屬性如下：

屬性	說明
payloadString	訊息負載，需為合法的 UTF-8 字元，唯讀屬性。
payloadBytes	訊息負載，ArrayBuffer 型態，唯讀屬性。
destinationName	主題。
qos	傳送品質。
retained	是否保留主題訊息。

15.6 實習㊳：JavaScript MQTT 客戶端

實習目的

❑ 練習 Paho MQTT 客戶端套件的使用。

❑ 撰寫 JavaScript 程式，使用 paho-mqtt.js 套件建立 MQTT 客戶端，與 MQTT 伺服器建立連接，並練習訂閱主題及發布主題訊息。

實習準備

進行實習前，請先下載 paho-mqtt.js 套件。

實習架構

本實習的架構圖如圖 15-8 所示。我們在 PC 端撰寫網頁程式，在網頁中與 MQTT 伺服器進行連接，並訂閱及發布主題訊息。

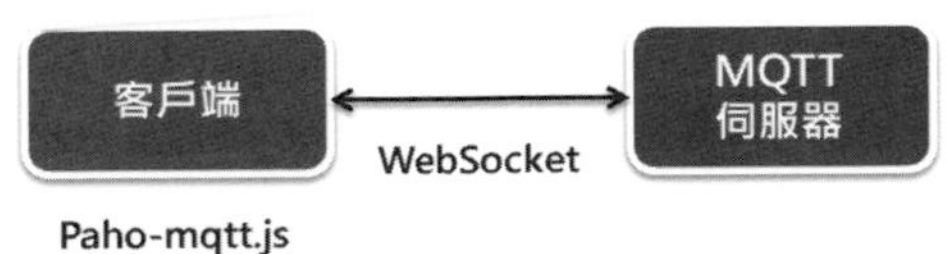

圖 15-8 實習㊳：架構

動作要求

- ❑ 網頁提供文字輸入功能。
- ❑ 在文字方塊輸入字串，會將字串發布至 MQTT 伺服器。發布主題「testTopic」，payload 為使用者輸入的字串資料。
- ❑ 在網頁中訂閱主題。訂閱主題「testTopic」，會接收 MQTT 傳送過來的訊息，並顯示在網頁上。

網頁程式：test_mqtt.html

- ❑ 網頁中加入 jquery-3.7.1.min.js 及 bootstrap 5.2 版的 css 及 js。
- ❑ 網頁中引入外部的 javascript 檔案：test.mqtt.js。

```
<!doctype html>
<html>
<head>
    <meta charset="utf-8">
    <meta name="viewport" content="width=device-width, initial-scale=1">
    <title>Routing Test</title>
    <link rel="stylesheet" type="text/css" href="css/bootstrap.min.css">
    <script type="text/javascript" src="js/jquery-3.7.1.min.js"></script>
    <script type="text/javascript" src="js/bootstrap.min.js"></script>
    <script type="text/javascript" src="js/paho-mqtt-min.js"></script>
    <script src="js/test_mqtt.js"></script>
</head>
<body>
    <div class="container">
    <div class="mt-4 p-5 bg-primary text-white rounded text-center">
        <h1>MQTT Client 測試</h1>
    </div>

    <form class="mt-4" >
        <div class="mb-3">
            <label for="mqtt_text" class="form-label">輸入文字</label>
            <input type="text" class="form-control" id="mqtt_text">
        </div>
        <button type="button" class="btn btn-primary mx-3" id="mqtt_pub">
        發布</button>
    </form>
    <p><h4>接收：
```

```
        <span id="mqtt_receive" class="text-primary mx-3"></span></h4></p>
    </div>
</body>
</html>
```

test_mqtt.js

程式流程如下：

- ❑ 建立 Phao.MQTT.Client 物件。
- ❑ 連接 MQTT 伺服器，若成功，則訂閱 testTopic 主題。
- ❑ 若收到訊息，將訊息顯示在網頁上。
- ❑ 按下「發布」按鈕，建立 Phao.MQTT.Message 物件，並將網頁文字方塊中的內容，以 testTopic 主題發布出去。

```
onst TOPIC = "testTopic"; // 主題
var client = false;

$(function () {
  // 建立物件
  client = new Paho.MQTT.Client("ws://localhost:9001/", "mqtt01");

  // 連接MQTT伺服器，並指定連接的事件處理函式
  client.connect({
    onSuccess: onConnect,
  });

  // 收到訊息時的事件處理函式
  client.onMessageArrived = onMessageArrived;

  $("#mqtt_pub").click(function () {
    publish_message();
  });
});

// 事件處理：成功連接MQTT伺服器
function onConnect() {
  console.log("onConnect then subscribe topic");
  client.subscribe(TOPIC); // 訂閱主題
}
```

```
// 事件處理：收到訊息
function onMessageArrived(message) {
  console.log("onMessageArrived:" + message.payloadString);

  // 訊息顯示在網頁上
  $("#mqtt_receive").text(message.payloadString);
}

// 發布訊息
function publish_message() {
  var input_text = $("#mqtt_text");
  var payload = input_text.val(); // 訊息負載

  console.log("publish message : " + payload);

  var message = new Paho.MQTT.Message(payload); // 建立物件
  message.destinationName = TOPIC; // 設定主題
  client.send(message); // 發布

  input_text.val("");
}
```

執行結果

❑ 開啓瀏覽器，執行 test_mqtt.html，並按下F12鍵，開啓開發人員工具，結果出現「onConnect then subscribe topic」的訊息。

圖 15-9　實習㊳：執行結果

❑ 在文字方塊輸入「Good luck」，並按下「發布」按鈕。

圖 15-10　輸入要發布的主題訊息

❑ 此時，在 Console 視窗即可看到發布及接收的訊息。

```
publish message : Good luck
onMessageArrived:Good luck
```

❑ 同時，也會將接收到的訊息，顯示在網頁上，如圖 15-11 所示。

圖 15-11　發布訊息主題及接收訊息

15.7 網頁監控 IoT 設備

在 WebSocket 上的 MQTT，讓我們可以經由 MQTT 協定實現遠端監控的目標，使用者只要利用瀏覽器網頁，即可進行遠端 IoT 設備的操控。

在後面的章節中，我們將透過兩個實習來說明如何利用網頁監控 IoT 設備。實習架構圖，如圖 15-14 所示。我們假設 IoT 開發板有 Python 程式，可以連接 MQTT 伺服器訂閱及發布訊息，而我們的網頁則以 Paho-mqtt.js 撰寫，可以透過 Websocket 上的 MQTT 伺服器來訂閱訊息及主動發布訊息，與 IoT 設備進行資料的交換。為了方便起見，我們在 PC 端撰寫 Python 程式，來模擬 IoT 設備的訂閱及發布功能，與我們的網頁進行訊息的交流。

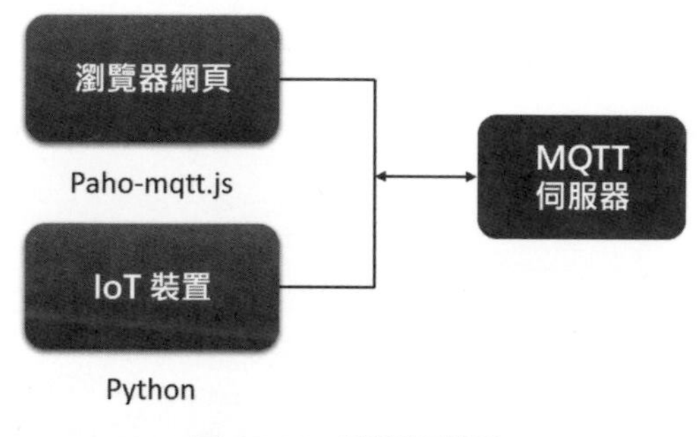

圖 15-12　實習架構圖

15.8 實習㊴：網頁訂閱及發布訊息

實習目的

練習撰寫網頁程式，可以連接 MQTT 伺服器，訂閱主題接收 MQTT 伺服器傳來的訊息，並可以主動發布訊息至 MQTT 伺服器。

動作要求

- ❑ 撰寫網頁程式及 JavaScript 程式，以 SVG 語法建立三顆 LED 圖形。
- ❑ 網頁可以讓使用者設定 LED 圖形的顏色，並將使用者選取的顏色值發布至 MQTT 伺服器。由於有三顆 LED 圖示，所以有三個發布主題：
    - ◆ control/led/1：使用者為 LED #1 選取的顏色值。
    - ◆ control/led/2：使用者為 LED #2 選取的顏色值。
    - ◆ control/led/3：使用者為 LED #3 選取的顏色值。

❑ 網頁會訂閱三個主題：

◆ control/result/led/1：依 payload 值變更 LED #1 圖形的顏色值。

◆ control/result/led/2：依 payload 值變更 LED #2 圖形的顏色值。

◆ control/result/led/2：依 payload 值變更 LED #2 圖形的顏色值。

網頁程式：led_control.html

❑ 撰寫 led_control.html 網頁，顯示 LED 顏色選擇畫面。

❑ 在網頁中加入 jquery.js、bootstrap.js、jscolor.js 及 paho-mqtt.js 等函式庫。

❑ 網頁中會引入外部 led_control.js。

❑ 網頁會以 SVG 語法畫出三顆白色 LED 燈，並提供輸入方塊，讓使用者可以選取顏色。

```
<html>
  <head>
    <meta charset="utf-8" />
    <title>LED Color</title>
    <link rel="stylesheet" type="text/css" href="css/bootstrap.min.css" />
    <script type="text/javascript" src="js/jquery-3.7.1.min.js"></script>
    <script type="text/javascript" src="js/bootstrap.min.js"></script>
    <script type="text/javascript" src="js/jscolor.js"></script>
    <script type="text/javascript" src="js/paho-mqtt-min.js"></script>
    <script type="text/javascript" src="js/led_control.js"></script>
  </head>
  <body>
    <div class="container">
      <div class="p-5 mb-4 bg-body-tertiary rounded-3">
        <div class="container-fluid py-5">
          <h1 class="display-5 fw-bold text-center">LED Control</h1>
        </div>
      </div>
    </div>

    <div class="container">
      <div class="row">
        <div class="col-md-4 text-center">
          <div id="led-1">
            <svg height="100" width="100">
              <circle
```

```
            id="status-led-1"
            cx="50"
            cy="50"
            r="40"
            stroke="black"
            stroke-width="3"
            fill="#FFFFFF"
          ></circle>
        </svg>
        <p>LED #1 color:</p>
        <input
          data-jscolor="{onInput:'update(this)', alpha:1.0}"
          id="led-1"
          value="FFFFFF"
        />
        <div class="my-3" id="message-led-1"></div>
        <div id="receive-led-1"></div>
      </div>
    </div>

    <div class="col-md-4 text-center">
      <div id="led-2">
        <svg height="100" width="100">
          <circle
            id="status-led-2"
            cx="50"
            cy="50"
            r="40"
            stroke="black"
            stroke-width="3"
            fill="#FFFFFF"
          ></circle>
        </svg>
        <p>LED #2 color:</p>
        <input
          data-jscolor="{onInput:'update2(this)', alpha:1.0}"
          id="led-2"
          value="FFFFFF"
        />
        <div class="my-3" id="message-led-2"></div>
        <div id="receive-led-2"></div>
      </div>
```

```
        </div>

        <div class="col-md-4 text-center">
          <div id="led-3">
            <svg height="100" width="100">
              <circle
                id="status-led-3"
                cx="50"
                cy="50"
                r="40"
                stroke="black"
                stroke-width="3"
                fill="#FFFFFF"
              ></circle>
            </svg>
            <p>LED #1 color:</p>
            <input
              data-jscolor="{onInput:'update3(this)', alpha:1.0}"
              id="led-3"
              value="FFFFFF"
            />
            <div class="my-3" id="message-led-3"></div>
            <div id="receive-led-3"></div>
          </div>
        </div>
      </div>
    </div>
  </body>
</html>
```

執行結果

❑ 按二下 led_control.html，即可開啟瀏覽器來看到執行畫面。

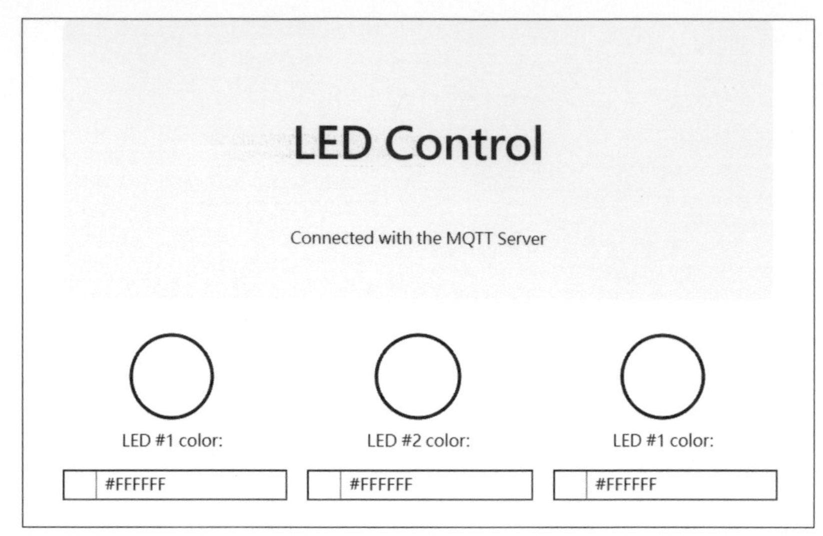

圖 15-13　led_control.html 執行結果

 led_control.js

程式流程如下：

- ❑ 建立 Paho.MQTT.Client 物件。
- ❑ 連接 MQTT 伺服器，若連接成功，訂閱三個主題。
- ❑ 若有接收到訂閱的訊息，則取出 led 編號，在對應的 LED 燈底下顯示訊息。
- ❑ 若網頁中的輸入方塊有顏色值變更，則變更對應 LED 燈的顏色，建立 Paho.MQTT.Message 物件，並將新的顏色值發布給 MQTT 伺服器。

```
let color1 = "";
let color2 = "";
let color3 = "";

let CommandTopic = "control/leds/";
let ResultTopic = "control/results/leds/";
let client = false;

$(function () {
  jscolor.trigger("input");

  // 建立物件
  client = new Paho.MQTT.Client("ws://localhost:9001/", "mqtt01");
```

```
  // 連接MQTT伺服器，並指定連接的事件處理函式
  client.connect({
    onSuccess: onConnect,
  });

  // 收到訊息時的事件處理函式
  client.onMessageArrived = onMessageArrived;

  $("#led-1").change(function () {
    value = color1;
    $("#message-led-1").text("LED Color is set to " + value);
    $("#status-led-1").css({ fill: value });
    publish_message(color1, 1);
  });

  $("#led-2").change(function () {
    value = color2;
    $("#message-led-2").text("LED Color is set to " + value);
    $("#status-led-2").css({ fill: value });
    publish_message(color2, 2);
  });

  $("#led-3").change(function () {
    //value = $("#led-3").val();
    value = color3;
    $("#message-led-3").text("LED Color is set to " + value);
    $("#status-led-3").css({ fill: value });
    publish_message(color3, 3);
  });
});

function update(picker) {
  color1 = picker.toHEXString();
}

function update2(picker) {
  color2 = picker.toHEXString();
}

function update3(picker) {
  color3 = picker.toHEXString();
```

```
}

// 事件處理：成功連接 MQTT 伺服器
function onConnect() {
  console.log("onConnect then subscribe topic");
  $("#status").text("Connected with the MQTT Server");
  for (let i = 1; i < 4; i++) {
    client.subscribe(ResultTopic + i); // 訂閱主題
  }
}

// 事件處理：收到訊息
function onMessageArrived(message) {
  console.log(
    "MessageArrived:[" + message.destinationName + "]" + message.payloadString
  );

  if (!message.destinationName.startsWith(ResultTopic)) {
    return;
  }

  var ledNumber = message.destinationName.replace(ResultTopic, ""); // 取出
led 編號

  var payload = JSON.parse(message.payloadString);

  if (ledNumber && payload.Color) {
    $("#receive-led-" + ledNumber).text("Receive: " + payload.Color);
  }
}

// 發布訊息
function publish_message(color, ledId) {
  console.log("Send " + color1 + " to LED #1");
  var payload = {
    Color: color,
  };

  payloadString = JSON.stringify(payload);
  message = new Paho.MQTT.Message(payloadString);
  message.destinationName = CommandTopic + ledId;
  message.qos = 0;
```

```
  console.log(
    "publish message:[" + message.destinationName + "]" + payloadString
  );

  client.send(message);
}
```


執行結果

- ❑ 執行 led_control.html。
- ❑ 按F12鍵，開啓開發人員工具選項。
- ❑ 在網頁中可以讓我們選取 LED 顏色。

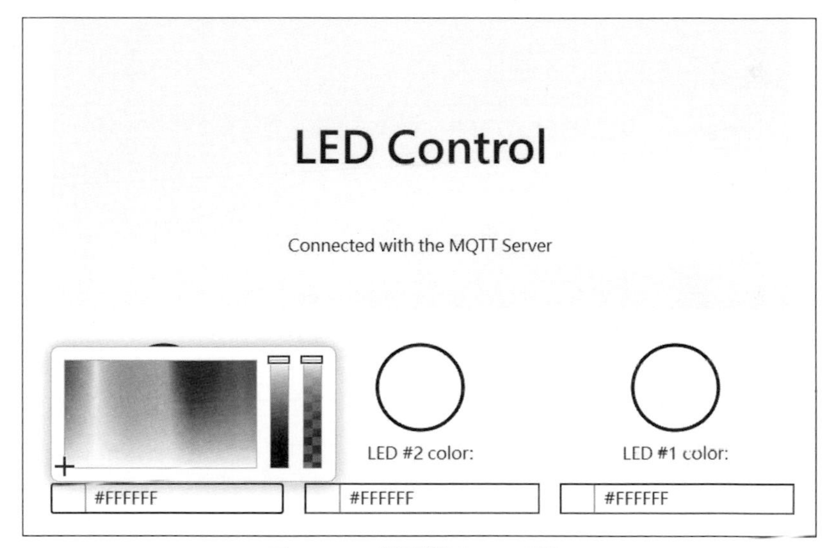

圖 15-14　選取網頁 LED 顏色

- ❑ 依序為三個網頁 LED 選取顏色，可看到開發人員工具的 Console 視窗會出現發布給 MQTT 伺服器的訊息。

```
onConnect then subscribe topic
publish message:[control/leds/1]{"Color":"#DEFFA0"}
publish message:[control/leds/2]{"Color":"#FF98E6"}
publish message:[control/leds/3]{"Color":"#B9FFCA"}
```

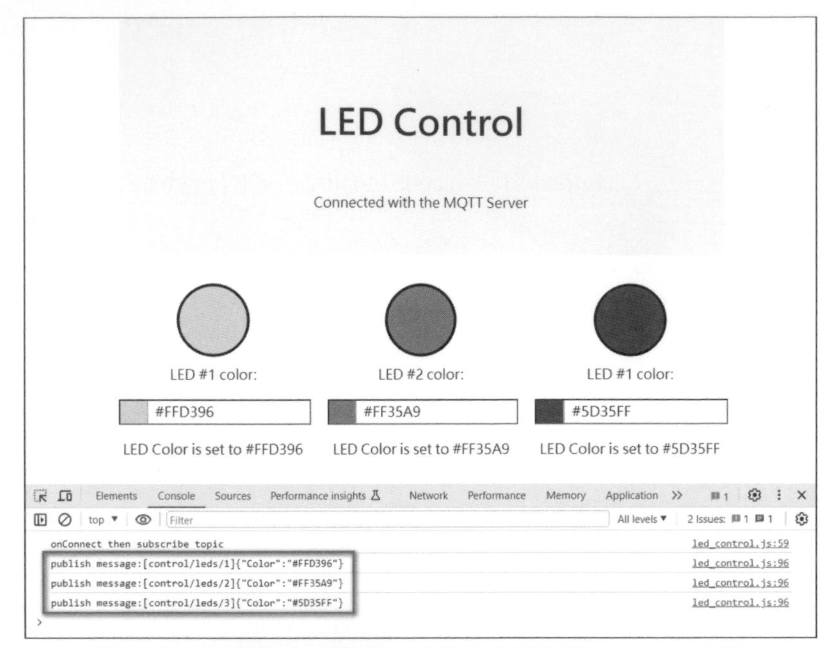

圖 15-15　選取網頁 LED 顏色，會發布主題訊息至 MQTT 伺服器

15.9 實習㊵：Python 訂閱及發布訊息

實習目的

練習在 Windows 作業系統下，以 Python 訂閱及發布主題訊息。

動作要求

- ❑ 與 MQTT 伺服器進行連結。
- ❑ 訂閱三個主題：
  - ◆ control/led/1。
  - ◆ control/led/2。
  - ◆ control/led/3。

❑ 收到訂閱主題的 payload 後，不進行處理，直接將其發布至相對應的主題，發布主題有三個：

◆ control/result/led/1：payload 爲收到 control/led/1 主題的 payload。

◆ control/result/led/2：payload 爲收到 control/led/2 主題的 payload。

◆ control/result/led/3: payload 爲收到 control/led/3 主題的 payload。

安裝套件

若要在 Python 實作 MQTT 協定的發布及訂閱，可使用 Eclipse Paho MQTT Python Client 函式庫，安裝套件的指令如下：

```
pip  install  paho-mqtt
```

Python 程式：mqtt.py

程式流程如下：

❑ 建立 MQTT Client 物件。

❑ 連線至 MQTT 伺服器，若連線成功，則訂閱三個主題。

❑ 若收到訂閱訊息，建立發布主題，將收到的 payload 發布至 MQTT 伺服器。

```
import paho.mqtt.client as mqtt
import json

host = "localhost"
port = 9001

CommandTopic = "control/leds/"
ResultTopic = "control/results/leds/"
topicFilters=[]

# 建立連線後的回呼函式
def on_connect(client, userdata, flags, rc):
    print("Connected with result code "+str(rc))
    for i in range(1,4):
        topicFilters.append((CommandTopic + str(i),0))

    print(f'subcribe: {topicFilters}')
```

```
    # 每次連線後，重新設定訂閱主題
    client.subscribe(topicFilters)

# 接收訊息的回呼函式
def on_message(client, userdata, msg):
    # 印出接收訊息
    topic=msg.topic
    payload = msg.payload.decode('utf-8')
    print(f"Receive message: [{topic}] {payload}")

    # payload json字串轉為Python dict
    dict=json.loads(payload)
    color=dict['Color']  # 取出color

    # 建立resultPayload dict
    resultPayload={}
    resultPayload['Color']=color

    ledId=msg.topic.replace(CommandTopic,"")  # 取出ledId

    # 建立發布主題
    topic = ResultTopic+ledId

    # resultPayload dict轉json字串
    payload=json.dumps(resultPayload)
    print(f"publish message: [{topic}] {payload}")

    # 發布訊息
    client.publish(topic, payload, 0)

# 建立mqtt Client物件
client = mqtt.Client("mqtt02", transport="websockets")

# 設定建立連線回呼函式
client.on_connect = on_connect

# 設定接收訊息回呼函式
client.on_message = on_message

# 連線至MQTT伺服器
print("MQTT Connect...")
client.connect(host, port, 60)
```

```
# 進入無窮處理迴圈
client.loop_forever()
```

執行程式

❑ mqtt.py 程式執行後，會顯示連接 MQTT 伺服器成功，並顯示訂閱的三個主題。

```
MQTT Connect...
Connected with result code 0
subcribe: [('control/leds/1', 0), ('control/leds/2', 0), ('control/leds/3',
0)]
```

❑ 開啓瀏覽器，執行 led_control.html。

❑ 按 F12 鍵，讓瀏覽器進入「開發人員工具」模式。

❑ 依序爲三個 LED 選擇要顯示的顏色，可以看到瀏覽器下方會顯示訊息傳出及接收訊息的過程。

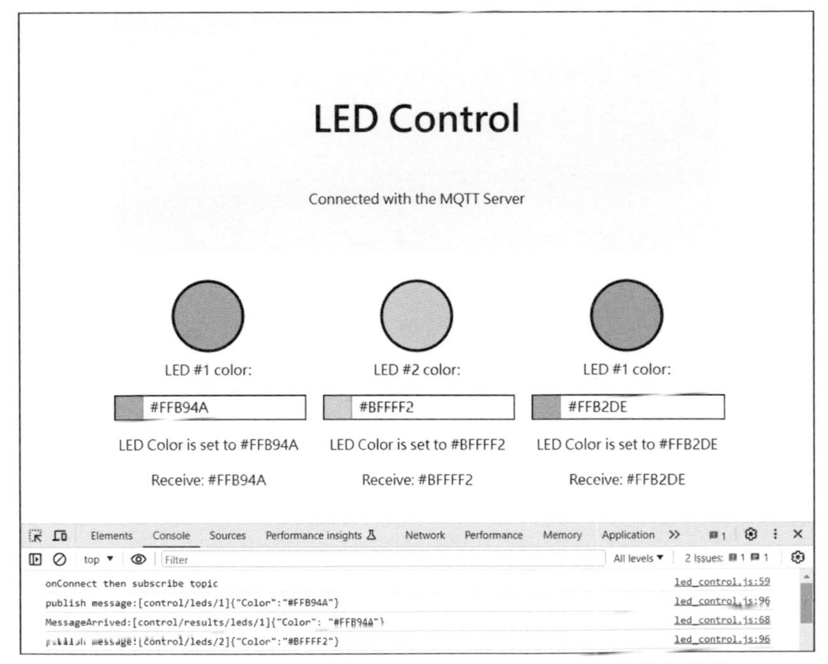

圖 15-16　依序選取網頁 LED 顏色，可以看到發布及接收訊息

❑ 在 Python 程式執行的視窗中，也可以看到訊息傳入與傳出的過程。

```
Receive message: [control/leds/1] {"Color":"#3531FF"}
publish message: [control/results/leds/1] {"Color": "#3531FF"}
Receive message: [control/leds/2] {"Color":"#FF4EAF"}
publish message: [control/results/leds/2] {"Color": "#FF4EAF"}
Receive message: [control/leds/3] {"Color":"#D2FF31"}
publish message: [control/results/leds/3] {"Color": "#D2FF31"}
...
```

CHAPTER 16

InfluxDB 時序型資料庫

16.1 本章提要

InfluxDB是InfluxData公司於2012年所建立的一個開源時間序列資料庫（Time Series Database，TSDB），是一種儲存隨時間變化數值的資料庫。時序資料可以由物聯網中的感測器、智慧電表等裝置產生，每一筆資料都會對應一個時間戳。InfluxDB與關聯式資料庫（如MySQL）完全不同，因爲它不會在資料之間建立關係，它的目的是儲存指標資料。

InfluxDB具高效能API，可以每秒儲存數千個量測點資料，儲存後可以使用Flux語言查詢及分析這些資料，所以非常適用於需要大規模時間序列資料的應用，如IoT（物聯網）應用、工業監控等。

在本章中，我們將說明InfluxDB的使用者介面、資料模型、Flux查詢語言，並以三個實習示範如何以Python程式生成line協定資料、寫入InfluxDB以及查詢InfluxDB中的資料。

16.2 下載 InfluxDB

InfluxDB的官方網址：URL https://www.influxdata.com/，開啓網址後的畫面，如圖16-1所示。

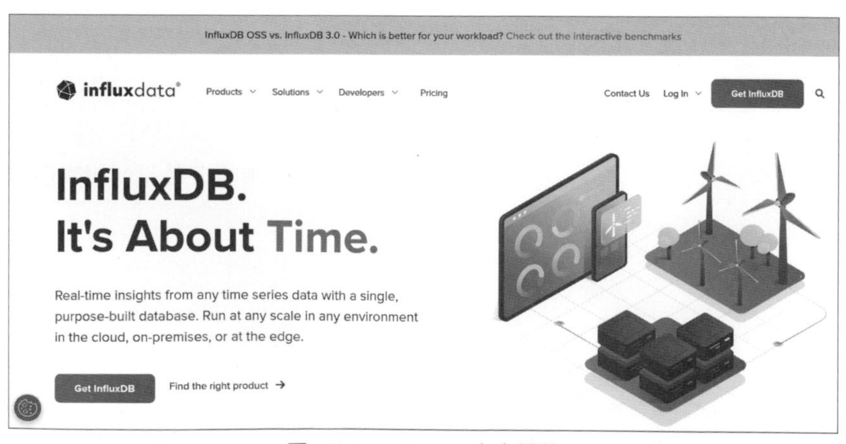

圖 16-1　InfluxDB 官方網站

目前 InfluxData 公司有提供基於雲端服務的 InfluxDB，其版本爲 3.0，但雲端服務是需要收費的，所以這裡我們將安裝 InfluxDB 的開源版本 InfluxDB OSS。

下載 InfluxDB OSS 的步驟如下：

STEP 01 進入下載網址：URL https://docs.influxdata.com/influxdb/v2/install/，畫面如圖 16-2 所示，請點選「Windows」標籤，再按下「InfluxDB v2 (Windows)」按鈕來下載 InfluxDB 軟體。

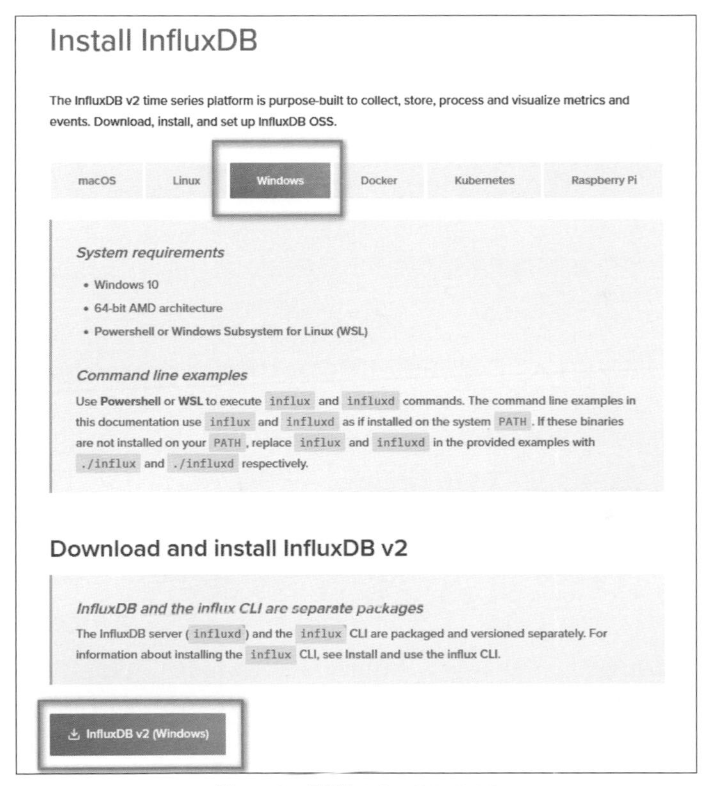

圖 16-2　安裝 InfluxDB OSS

STEP 02 我們下載的軟體是 Influxdb2-2.7.4-windows.zip，請將下載後的檔案儲存至指定的資料夾，如「d:\InfluxDB」，並進行解壓縮。

16.3 InfluxDB 使用者介面

要進入 InfluxDB 使用者介面，步驟如下：

STEP 01 開啟 cmd 視窗，進入「d:\InfluxDB」資料夾，可以看到 influxd.exe 執行檔。輸入「influxd」，即可啟動 InfluxDB，啟動後可從輸出訊息得知，會同時啟動 http 協定，並監聽 8086 通訊埠。

```
D:\influxdb>influxd

Out:
2024-01-26T09:09:21.426608Z     info    Welcome to InfluxDB     {"log_id":
"0myGL7MG000", "version": "v2.7.4", "commit": "19e5c0e1b7", "build_date":
"2023-11-08T17:07:37Z", "log_level": "in
fo"}
....
2024-01-26T09:09:22.047657Z     info    Starting        {"log_id":
"0myGL7MG000", "service": "telemetry", "interval": "8h"}
2024-01-26T09:09:22.050488Z     info    Listening       {"log_id":
"0myGL7MG000", "service": "tcp-listener", "transport": "http", "addr": ":8086",
"port": 8086}
...
```

STEP 02 開啟瀏覽器，並輸入網址：URL http://localhost:8086，會出現圖 16-3 的畫面，請輸入 Username、Password 及 Confirm Password，並記住你的 Username 及 Password，下次再登入 InfluxDB UI 時會使用到。接著輸入 initial Organization Name（如 iof）及 initial Bucket Name（如 mydb），輸入完資料後，請按下「CONTINUE」按鈕。

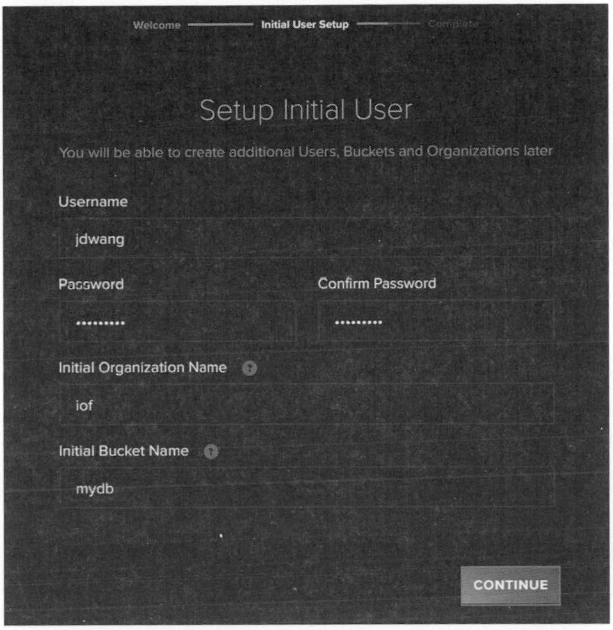

圖 16-3　登入 InfluxDB UI

STEP 03 出現圖 16-4 的畫面，請按下「COPY TO CLIPBOARD」按鈕，以複製 operator API token，並將其儲存至本機的文字檔中，然後按下「QUICK START」按鈕。此 API token 很重要，請妥善保存。

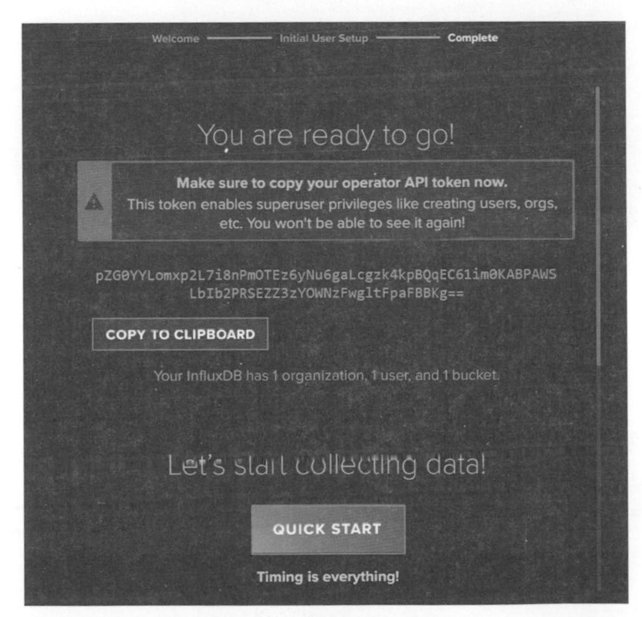

圖 16-4　複製 API token

STEP 04 出現圖 16-5 的畫面，此畫面即為 InfluxDB 的使用者介面（UI），其中有 Python、Node.js、Go 及 Arduino 的程式教學，可以讓我們學習如何撰寫程式來寫入及查詢 InfluxDB 的資料。

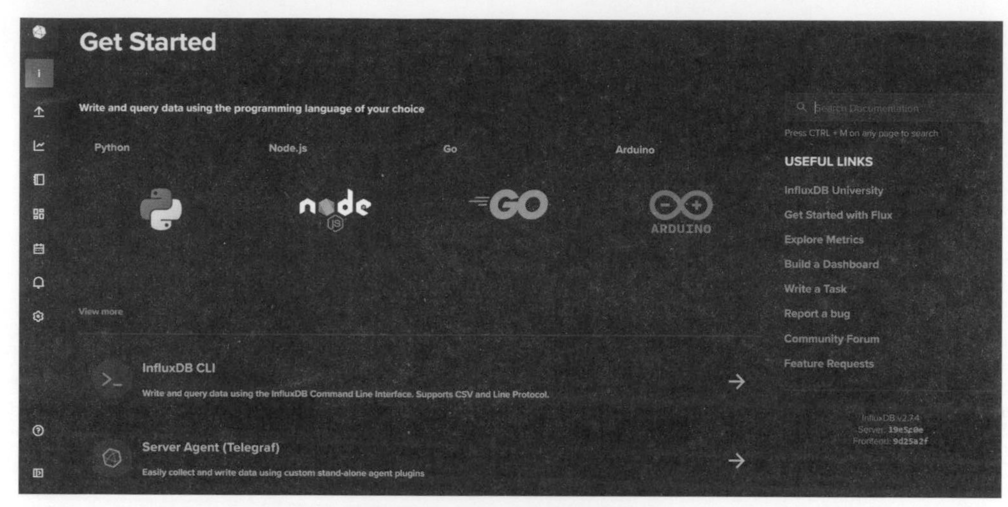

圖 16-5　InfluxDB 使用者介面

STEP 05 使用者介面的左側為工具列，點選工具列最下方的工具鈕，可展開工具列，我們可以看到每個工具鈕的功能。

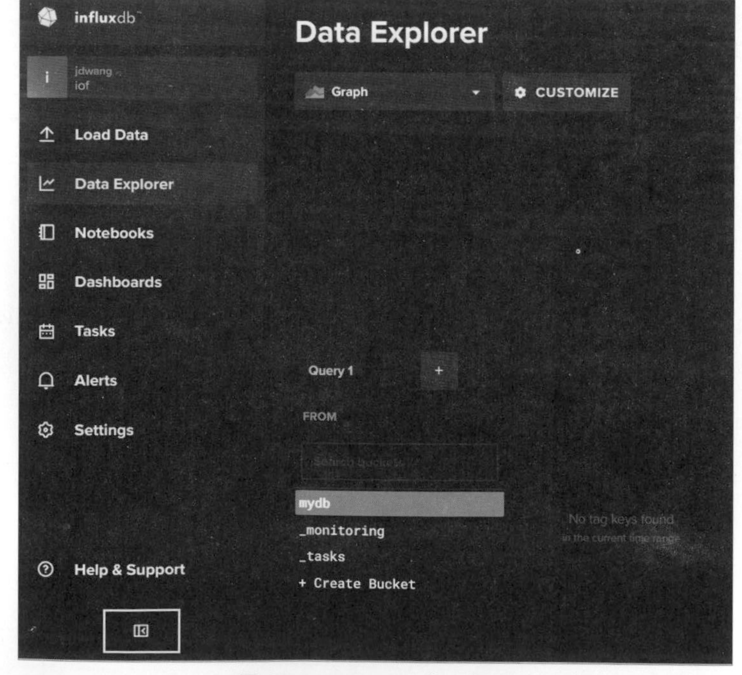

圖 16-6　InfluxDB 的工具列

16.4 InfluxDB 的資料模型

InfluxDB 的資料模型會將時序資料組織成「存儲桶」(bucket) 及「量測」(measurement)。

存儲桶 (bucket)

存儲桶 (bucket) 是儲存時序資料的命名位置，如同 SQL 的命名資料庫，一個 bucket 可以包含多筆 measurment。

量測 (measurement)

量測 (measurement) 是時序資料的邏輯群組，由一個字串表示該量測對應的含義，例如：measurement 可以是監控資料「cpu_load」，也可以是氣候的測量「weather」。我們可以把 measurement 想成對應到 SQL 的資料表，一個 measurement 可以包含多個 tag 及 field。

標籤 (tag)

標籤 (tag) 由一組鍵值對 <key, value> 組成，鍵值對型別是字串，表示該筆量測資料的一系列屬性訊息。會有 tag 屬性的原因，主要是因爲時序資料除了每筆資料有時間戳之外，也會伴隨著其他屬性，像是 IoT 感測器的裝置 ID：device_id、金融資料的 acount_id 等。tag 屬性可用來輔助我們查詢資料用。

欄位 (field)

欄位 (field) 也是由一組鍵值對 <key, value> 組成，表示一筆量測資料具體的量測資訊，例如：<temparture, 28.5> 表示該筆量測資料的溫度量值爲 28.5。field 組中可定義的 value 類型包括：64 位整數型、64 位浮點數型、字串及布林型。

時間戳 (timestamp)

每筆量測資料皆需要有時間戳 (timestamp)，如果新增量測點時，沒有明確指定時間戳，則預設時間戳爲該筆量測資料儲存至資料庫時的時間。時間戳爲 InfluxDB 的主要索引。

量測資料的表示形式

在 InfluxDB 中，每一筆量測資料也稱爲「量測點」。綜合上述的說明，我們可以將量測點的表示如下：

```
measurement-name  tag-set  field-set  timestamp
```

對應實際的例子爲：

```
home  room=LivingRoom  temp=23,hum=42,co=12 1464623548
```

說明

量測點的內容如下：

- measurement-name：home。
- tag-set：room=LivingRoom。
- field-set：temp=23, hum=42, co=12。
- timestamp：1464623548。

16.5 line 協定

在 InfluxDB 中，我們可以使用 line 協定來寫入資料，line 協定是一種基於文字的格式，可讓我們建構資料點資訊，並將其寫入 InfluxDB。

line 協定元素

line 協定元素	說明
measurement	標識要儲存資料的測量字串。
tag set	以逗號分隔的鍵值對 <key, value>，每個鍵值對代表一個 tag，tag 的鍵及值是不含引號的字串。若字串中有空格、逗號和等號，則必須加上「\」字元進行轉義。

line 協定元素	說明
field set	以逗號分隔的鍵值對 <key, value>，每個鍵值代表一個 field。field 的 key 是不帶引號的字串，若字串中有空格、逗號和等號，則必須加上「\」進行轉義。field 的 value 可以是帶引號的字串、浮點數、整數、無符號整數或布林值。
timestamp	與資料關聯的 Unix 時間戳記。InfluxDB 支援高達奈秒的精度。若時間戳記的精度不是奈秒，則在將資料寫入 InfluxDB 時必須指定精度。

line 協定範例

圖 16-7 為一個 line 協定範例。

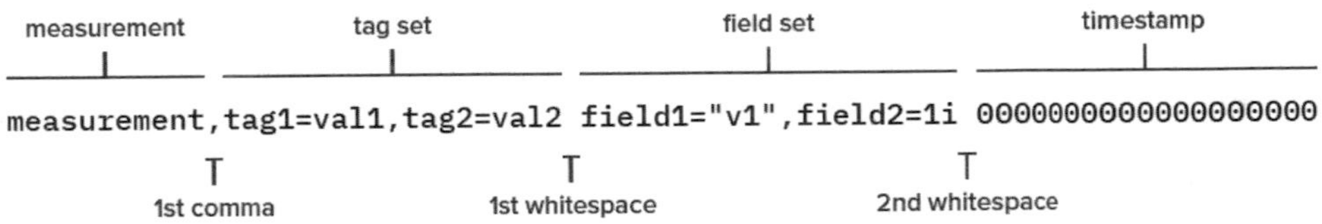

measurement　tag set　field set　timestamp

```
measurement,tag1=val1,tag2=val2 field1="v1",field2=1i 0000000000000000000
```

1st comma　1st whitespace　2nd whitespace

圖 16-7　line 協定範例

其中，有幾點需要注意的地方：

- ❑ measurement 與 tag set 之間需要加逗號。
- ❑ tag set 與 field set 之間需要加空格。
- ❑ field set 與 timestamp 之間需要加空格。
- ❑ line 協定對空格敏感，所以不要隨便在協定中添加空格。

16.6 實習㊶：產生 line 協定資料

實習目的

- ❑ 練習以 Python 程式來產生 line 協定資料。
- ❑ 透過 InfluxDB 的使用者介面，將產生的資料寫入 InfluxDB 中。

動作要求

- line 協定資料的開始時間爲目前時間的前二小時，結束時間爲目前時間。
- 每隔 1 分鐘產生 2 筆量測點，共 240 筆量測點，並將量測點寫入檔名爲「line_sample.txt」的文字檔。
- 第 1 筆量測點的 line 協定元素如下：

line 協定元素	內容
measurement	home
tag set	room：LivingRoom
field set	temp：溫度 °C（float） hum：濕度 %（float） co：一氧化碳 ppm（整數）
timestamp	時間戳（秒精度）

- 第 2 筆量測點的 line 協定元素如下：

line 協定元素	內容
measurement	home
tag set	room：Kitchen
field set	temp：溫度 °C（float） hum：濕度 %（float） co：一氧化碳 ppm（整數）
timestamp	時間戳（秒精度）

fields 的 temp、hum 及 co 的值是由亂數產生。

Python 程式

```
import datetime
import time
import random

# 現在時間
x1=datetime.datetime.now()

# 2小時前的時間
```

```
x1 = x1 + datetime.timedelta(hours=-2)

# 印出開始時間
print(f"start: {x1}")

# 開啟 line_sample.txt
with open('line_sample.txt', 'w') as f:
    for i in range(120):
        # 量測點資訊, measurement為home, tag為room=LivingRoom
        timestamp=int(datetime.datetime.timestamp(x1))
        t=random.randint(20,22)
        h=random.randint(50,55)
        co=random.randint(0,20)
        str1=f"home,room=LivingRoom temp={t:.1f},hum={h:.1f},
co={co}i {timestamp}\n"

        # 寫入 line_sample.txt
        f.write(str1)

        # 資料點資訊, measurement為home, tag為room=Kitchen
        t=random.randint(23,25)
        h=random.randint(55,60)
        co=random.randint(0,20)
        str2=f"home,room=Kitchen temp={t:.1f},hum={h:.1f},
co={co}i {timestamp}\n"

        # 寫入 line_sample.txt
        f.write(str2)

        # 增加 1 分鐘
        x1=x1+datetime.timedelta(minutes=1)  # days, hours, minutes

# 印出結束時間
print(f"stop: {x1}")
```

執行結果

```
start: 2024-02-12 13:54:53.113967
stop: 2024-02-12 15:54:53.113967
```

line_sample.txt的內容如下：

```
home,room=LivingRoom temp=21.0,hum=53.0,co=6i 1707717293
home,room=Kitchen temp=23.0,hum=60.0,co=10i 1707717293
home,room=LivingRoom temp=21.0,hum=53.0,co=4i 1707717353
home,room=Kitchen temp=24.0,hum=59.0,co=8i 1707717353
...
home,room=LivingRoom temp=21.0,hum=54.0,co=6i 1707724373
home,room=Kitchen temp=24.0,hum=55.0,co=1i 1707724373
home,room=LivingRoom temp=22.0,hum=52.0,co=3i 1707724433
home,room=Kitchen temp=23.0,hum=56.0,co=1i 1707724433
```

line 協定資料寫入 InfluxDB

透過 InfluxDB 的使用者介面，將產生的 line 協定資料寫入 InfluxDB，步驟如下：

STEP 01 開啟瀏覽器，登入 InfluxDB 使用者介面，點選「Load Data」工具鈕，並選擇「Buckets」。

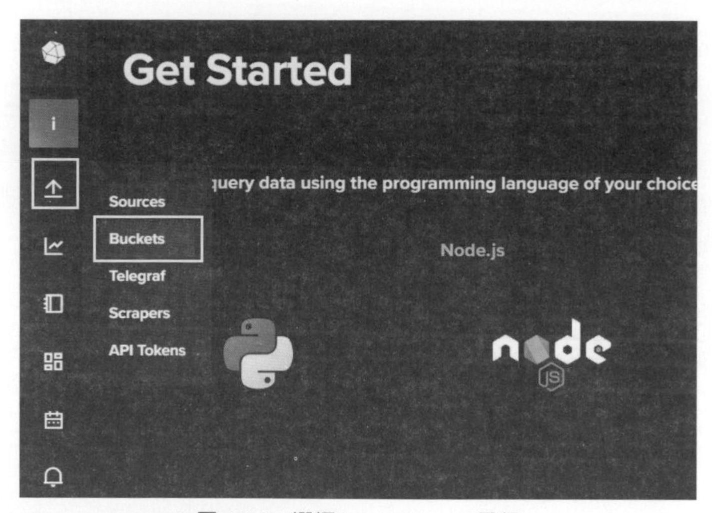

圖 16-8　選擇 Load Data 工具鈕

STEP 02 按下 mydb 旁的「ADD DATA」按鈕，在出現的清單中選擇「Line Protocol」。

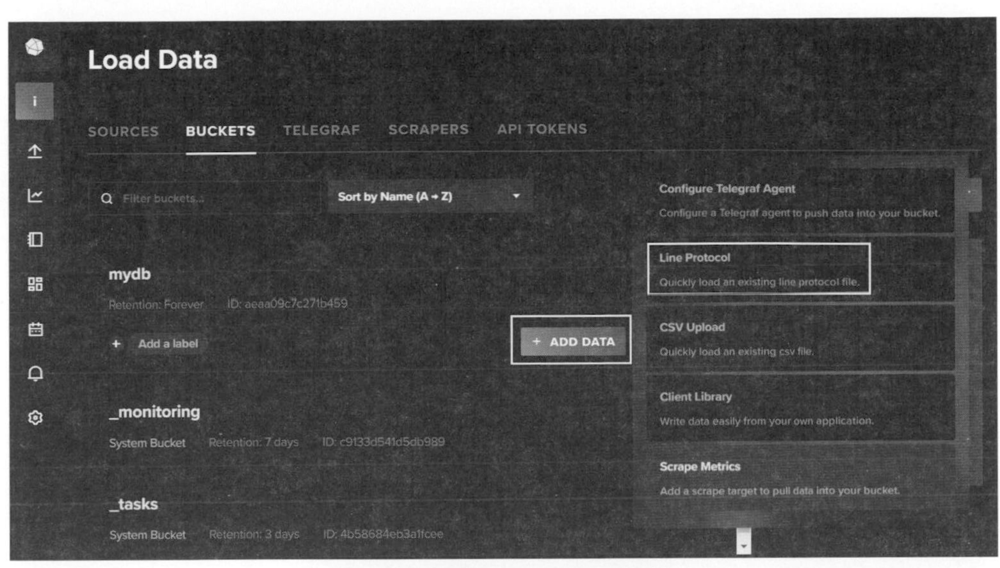

圖 16-9　新增 Line Protocol 資料

STEP 03 確認 BUCKET 為「mydb」，Precision 選擇「Seconds」，並點選「ENTER MANUALLY」標籤，再將 line_sample.txt 的內容複製貼上，然後按下「WRITE DATA」按鈕。

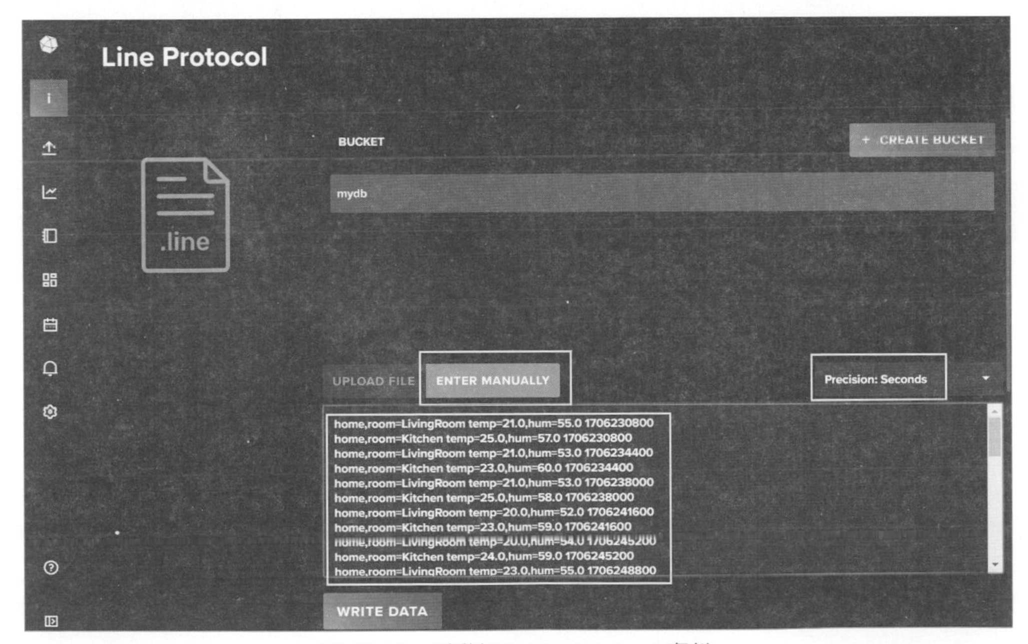

圖 16-10　手動加入 Line Protocol 資料

STEP 04 若一切順利，會出現「Data Written Successfully」的畫面，表示資料寫入成功。請按下「CLOSE」按鈕來關閉畫面。

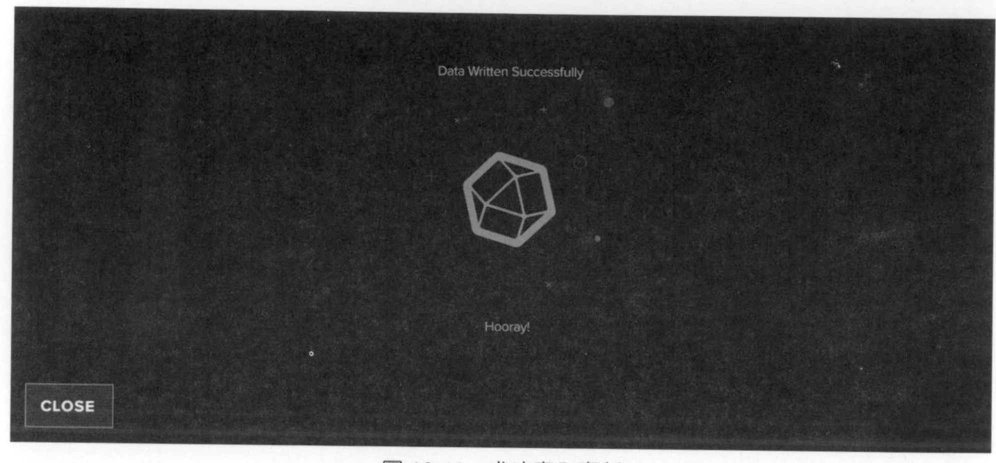

圖 16-11　成功寫入資料

16.7 Flux 腳本語言

Flux 是一種函數式腳本語言，可讓我們查詢和處理來自 InfluxDB 和其他資料來源的資料。若要使用 Flux 查詢 InfluxDB，有三個主要函式可以使用：

函式	說明
from()	從 InfluxDB bucket 中查詢資料。
range()	根據時間範圍過濾資料。Flux 需要「有界」查詢，即只能查詢僅限於特定時間範圍的資料。
filter()	根據欄值（column value）過濾資料。在 filter() 中，每列量測點表示為 r，而每欄則表示為 r 的屬性，例如：每列量測點的 measurement 屬性，可表示為「r._measuremnt」。在 Flux 中，我們可以同時套用多個過濾器。

管道轉送運算子：|>

Flux 使用管道轉送運算子「|>」，將一個函式的輸出經由管道傳輸爲下一個函式的輸入。

例如：若要查詢時間範圍爲 2024-02-12 13:54:53Z 至 2024-02-12 15:54:53Z 之間，儲存在 measuremnt 爲 home、且 field 爲 temp、hum 及 co 的資料。Flux 腳本語言如下：

```
from(bucket: "mydb")
    |> range(start: 2024-02-12T13:54:53Z, stop: 2024-02-12T15:54:53Z)
    |> filter(fn: (r) => r._measurement == "home")
    |> filter(fn: (r) => r._field == "hum" or r._field == "temp" or r._field==
"co")
```


16.8 執行 Flux 查詢

若是想透過 InfluxDB 的使用者介面來執行 Flux 查詢，步驟如下：

STEP 01 點選「Data Explorer」工具鈕，會出現如圖 6-12 所示的畫面。點選時區下拉式清單，選擇「Local」；點選時間範圍下拉式清單，選擇「Past 1h」，查詢過去 1 小時的資料；在 FROM 欄位選擇「mydb」；在 Filter 為「_measurement」的欄位，勾選「home」；在 Filter 為「_field」的欄位，勾選「hum」、「temp」及「co」；在 Filter 為「room」的欄位，勾選「Kitchen」及「LivingRoom」，最後按下「SUBMIT」按鈕，即可過濾 InfluxDB 中的量測資料，並以圖表顯示查詢結果。

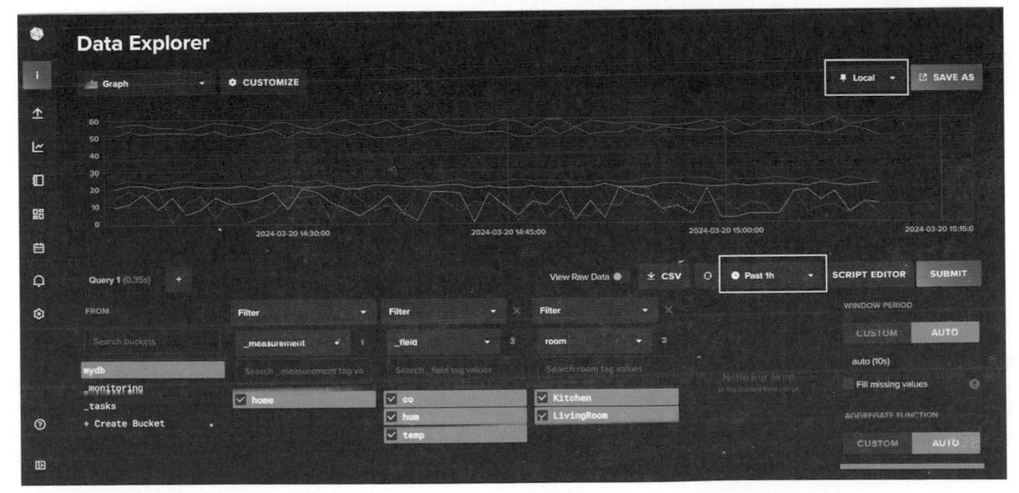

圖 16-12　Data Explorer

STEP 02 點選圖 16-12 的「SCRIPT EDITOR」按鈕，可以看到目前查詢的 Flux 腳本如下：

```
from(bucket: "mydb")
   |> range(start: v.timeRangeStart, stop: v.timeRangeStop)
   |> filter(fn: (r) => r["_measurement"] == "home")
   |> filter(fn: (r) => r["_field"] == "co" or r["_field"] == "hum" or r["_field"]
== "temp")
   |> filter(fn: (r) => r["room"] == "Kitchen" or r["room"] == "LivingRoom")
   |> aggregateWindow(every: v.windowPeriod, fn: mean, createEmpty: false)
   |> yield(name: "mean")
```

16.9 Python influxdb-client 函式庫

除了以 InfluxDB 使用者介面來與 InfluxDB 進行互動外，我們也可以使用 InfluxDB 的 Python 客戶端函式庫來撰寫 Python 程式，將量測資料寫入 InfluxDB 中，或是在 Python 程式中，以 Flux 來查詢 InfluxDB 中的資料。

要使用 InfluxDB Python 客戶端函式庫，我們需要安裝 influxdb-client 套件：

```
pip install influxdb-client
```

 初始化 InfluxDBClient 物件

安裝 influxdb-client 後，我們可以匯入此函式庫，並初始化 InfluxDBClient 物件。初始化 InfluxDBClient 物件的語法如下：

```
influxdb_client.InfluxDBClient(url, token, org)
```

說明

- url：InflunxDB 伺服器 url（如 http://localhost:8086）。
- token：InfluxDB 的 token 授權。
- org：組織名稱。

在初始化 InfluxDBClient 物件時，我們需要 token 授權連接，由於不建議將 token 直接寫在 Python 程式中，所以我們安裝 python-dotenv 套件：

```
pip install python-dotenv
```

並且建立 .env 檔案，檔案內容如下：

```
INFLUXDB_TOKEN=你的token
```


有了 python-dot 函式庫後，我們就可以在 Python 程式中取出 INFLUXDB_TOKEN 環境變數，並初始化 InfluxDBClient 物件：

```
import influxdb_client
import os
from dotenv import load_dotenv

# 載入環境變數
load_dotenv()

# 取得 influxdb token
token = os.environ.get("INFLUXDB_TOKEN")

# 定義變數
bucket = "mydb2"
org = "iof"
url = "http://localhost:8086"

# 初始化 write client
client = influxdb_client.InfluxDBClient(url=url, token=token, org=org)
```

write_api 類別

函式庫中的 write_api 類別支援同步、非同步及批次方式，將量測資料寫入 InfluxDB 中。若要以同步方式寫入資料，初始化 write_api 的語法如下：

```
write_api = client.write_api(write_options=SYNCHRONOUS)
```

write_api 的 write() 方法可將量測資料寫入 InfluxDB 中，語法如下：

```
write_api.write(bucket, org, record)
```

說明

➡ bucket：指定要寫入的存儲庫。

➥ org：組織名稱。

➥ record：量測資料。

其中，record 量測資料，支援多種格式，如 line 協定、Point 結構、字典、命名元組（tuple）及 Pandas 的 DataFrame 等。這裡我們使用 Point 結構，語法如下：


```
Point("measurement").tag("sensor","temp").field("temp", t)
.time(timestamp, WritePrecision.S)
```

說明

➥ WritePrecision.S：時間戳的精度為秒。

query_api 類別

函式庫中的 query_api 類別可用來查詢 InfluxDB 中的資料。要初始化 query_api，語法如下：

```
query_api = client.query_api()
```

query_api 中的 query 方法可執行 Flux 查詢，並回傳 FluxTable 列表，語法如下：

```
query_api.query(query, org)
```

說明

➥ query：Flux 查詢。

➥ org：組織名稱。

存取 FluxTable 列表

query_api 中的 query 方法在執行後，會回傳 FluxTable 列表。InfluxDB 提供下列的方法，可讓我們從 FluxTable 中取得我們的資料：

方法	說明
get_measurement()	回傳紀錄的量測名稱。
get_field()	回傳欄位名稱。
get_value()	回傳欄位值。
values()	回傳所有欄位值的 map。

方法	說明
values.get("<your tag>")	回傳指定欄位的值。
get_time()	回傳紀錄的時間。
get_start()	回傳資料表中所有紀錄的時間下限（包含）。
get_stop()	回傳資料表中所有紀錄的時間上限（不包含）。

16.10 實習㊷：Python 寫入 InfluxDB

實習目的

練習以 Python influxdb_client 函式庫，將 Python 生成的量測資料寫入 InfluxDB 中。

動作要求

- ❑ 建立新的 bucket，名稱爲「mydb2」。
- ❑ 以 Python 生成量測資料。開始時間爲目前時間的前二小時，結束時間爲目前時間。每隔 1 分鐘產生 3 筆量測點，且 temp、hum、co 的值是由亂數產生，timestamp 時間戳的精度爲秒，3 筆量測點的格式如下：
  - ◆ measuremnt 爲 mqtt，tag 爲 sensor=temp，field 爲 temp= 溫度值。
  - ◆ measurement 爲 mqtt，tag 爲 sensor=hum，field 爲 hum= 濕度值。
  - ◆ measurement 爲 mqtt，tag 爲 sensor=co，field 爲 co= 一氧化碳值。
- ❑ 將生成的量測點資料，以 Point 結構寫入 influxDB，bucket 爲 mydb2。

新增 mydb2 存儲桶

新增 mydb2 存儲庫的步驟如下：

STEP 01 點選「Load Data」工具鈕，再點選「Buckets」選項，會出現「Load Data」的畫面，然後按下「CREATE BUCKET」按鈕。

STEP 02 在 Name 欄位中輸入「mydb2」，並按下「CREATE」按鈕，即可新增 mydb2 存儲桶。

圖 16-13　新增 Bucket

Python 程式

```
import influxdb_client
import os
from influxdb_client import Point, WritePrecision
from influxdb_client.client.write_api import SYNCHRONOUS
import random
import datetime
from dotenv import load_dotenv

# 載入環境變數
load_dotenv()

# 取得 influxdb token
token = os.environ.get("INFLUXDB_TOKEN")

# 定義變數
bucket = "mydb2"
org = "iof"
url = "http://localhost:8086"

# 初始化 write client
client = influxdb_client.InfluxDBClient(url=url, token=token, org=org)
write_api = client.write_api(write_options=SYNCHRONOUS)

# 現在時間
x1=datetime.datetime.now()

# 2 小時前的時間
x1 = x1 + datetime.timedelta(hours=-2)
```

```
for i in range(120):
    timestamp=int(datetime.datetime.timestamp(x1))
    t=random.randint(20,22)
    h=random.randint(50,55)
    co=random.randint(0,20)
    point = (
        Point("mqtt").tag("sensor","temp").field("temp", t)
        .time(timestamp, WritePrecision.S),
        Point("mqtt").tag("sensor", "hum").field("hum", h)
        .time(timestamp,WritePrecision.S),
        Point("mqtt").tag("sensor", "co").field("co", co)
        .time(timestamp, WritePrecision.S),
    )

    # 寫入 InfluxDB
    write_api.write(bucket=bucket, org=org, record=point)

    # 增加 1 分鐘
    x1=x1+datetime.timedelta(minutes=1)  # days, hours, minutes
```

透過 InfluxDB 的使用者介面，執行 Flux 查詢，確認量測點有存入 mydb2 bucket，如圖 16-14 所示。

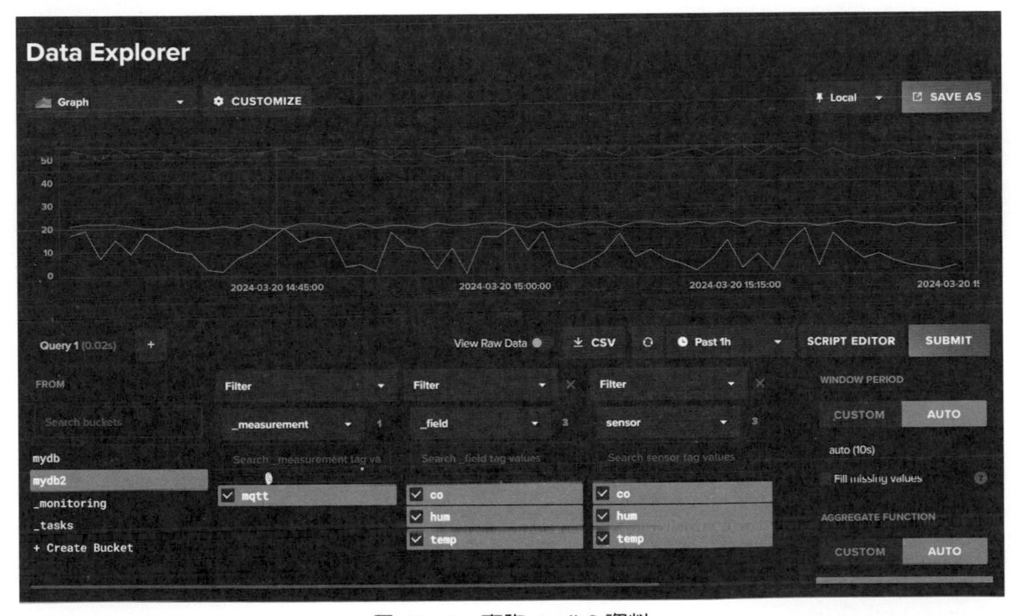

圖 16-14　查詢 mydb2 資料

16.11 實習㊸：Python 查詢 influxDB

實習目的

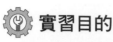

練習以 Python influxdb_client 函式庫查詢 InfluxDB 中的量測資料。

動作要求

- ❑ 查詢 InfluxDB 中，bucket 爲 mydb2，時間範圍爲前二小時，measurement 爲 mqtt 的量測資料。
- ❑ 計算量測資料中，每種量測點的平均值。

Python 程式

```
import influxdb_client
import os
from influxdb_client import InfluxDBClient, Point, WritePrecision
from influxdb_client.client.write_api import SYNCHRONOUS
from dotenv import load_dotenv

# 載入環境變數
load_dotenv()
token = os.environ.get("INFLUXDB_TOKEN")

# 設定變數
org = "iof"
url = "http://localhost:8086"

# 初始化 query client
client = influxdb_client.InfluxDBClient(url=url, token=token, org=org)
query_api = client.query_api()

# 建立 query
query = """
from(bucket: "mydb2")
|> range(start: -2h)
|> filter(fn: (r) => r._measurement == "mqtt")
"""
```

```
# 執行query
tables = query_api.query(query=query, org=org)

# 印出query結果
results = []
for table in tables:
    for record in table.records:
        results.append(
            (record.get_field(), record.get_value()))

print(results)

# 建立query，計算平均
query2 = """
from(bucket: "mydb2")
|> range(start: -2h)
|> filter(fn: (r) => r._measurement == "mqtt")
|> mean()
"""

# 執行query
tables = query_api.query(query=query2, org=org)

# 印出結果
results = []
for table in tables:
    for record in table.records:
        results.append(
            (record.get_field(), record.get_value()))

print(results)
```

執行結果

程式執行後，可看到欄位為co、hum及temp的前二小時所有量測值，且可以看到co、hum、temp前二小時的平均量測值。

```
[('co', 1), ('co', 19), ..., ('co', 16), ('hum', 53), ('hum', 51), ..., ('hum',
51), ('temp', 21), ('temp', 21), ..., ('temp', 21)]
[('co', 10.212962962962964), ('hum', 52.46296296296296), ('temp',
21.02777777777778)]
```

Prometheus 監控系統

17.1 本章提要

Prometheus 是一個開源的、基於指標的監控系統，具有簡單但功能強大的資料模型和查詢語言，可讓你分析應用程式的執行情況。

Prometheus 主要以 Go 編寫，並根據 Apache 2.0 取得授權，它是一套用於監控及警報的開源軟體，會將監控目標的即時指標（metrics）資料儲存至時間序列資料庫，並可以讓我們透過 HTTP 介面查詢及設定警報規則，讓我們可以輕鬆管理監控目標的指標。Prometheus 具有三種指標類型：

- **Counter**：是一個累積用的指標，只能被增加或設為 0，常被用來計算請求總數、錯誤次數等。
- **Gauge**：單一數值的指標，可以任意上升或下降，如伺服器溫度、磁碟使用量等。
- **Histogram 及 Summary**：用於統計及分析資料的分布情況。

在本章中，我們將說明如何安裝及啟動 Prometheus 伺服器，進入 Prometheus 使用者介面，以 PromQL 語言來查詢 Prometheus 的各項指標。我們也會說明如何以 Prometheus 監控 Windows 主機的狀態，當主機執行失敗時觸發警報，並以 Gmail 發送通知給我們。

17.2 PromQL 查詢語言

PromQL（Prometheus Query Language）是 Prometheus 開發的數據查詢語言，內建許多函數。我們可以使用 PromQL 查詢語法來取得 Prometheus 內部的資訊。PromQL 的使用範例如下：

- 查詢指標 http_requests_total（Http 請求總數），Code 為 200 的資料。

```
http_requests_total{code="200"}
```

- 查詢 http_requests_total，Code 為 200 資料的平均值。

```
avg(http_requests_total{code="200"})
```

❑ 5 分鐘內 http_requests_total 資料的平均增長速率。

```
rate(http_requests_total[5m])
```

除了使用 m 表示分鐘外，PromQL 的時間範圍選擇器支援其他時間單位：

時間單位	說明
s	秒。
m	分鐘。
h	小時。
d	天。
w	週。
y	年。

17.3 安裝 Prometheus 伺服器

進入下載軟體的網址：URL https://prometheus.io/download/，這裡我們下載的軟體是 prometheus-2.45.3.windows-amd64.zip。下載後，請將其儲存至指定資料夾中，並進行解壓縮。

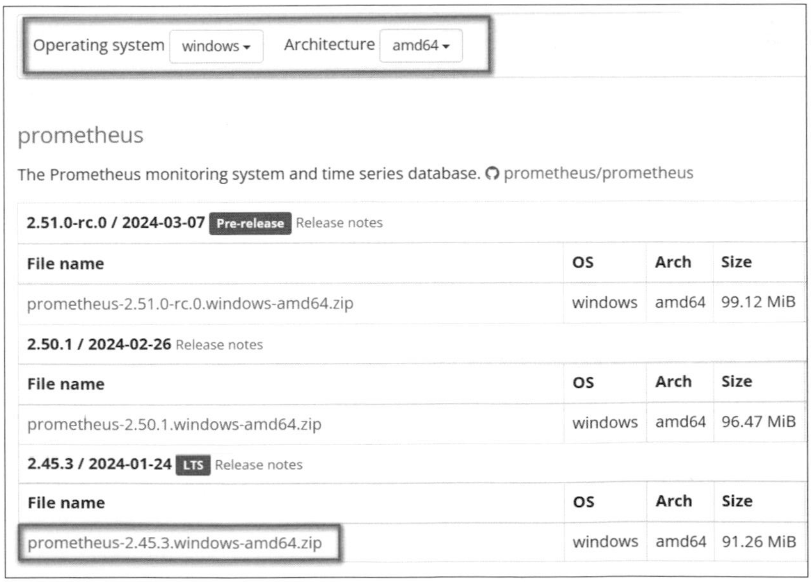

圖 17-1　下載 Promethus

17.4 啟動 Prometheus

啓動 Prometheus 的步驟如下：

STEP 01 進入解壓縮 prometheus 軟體的資料夾，可以看到 prometheus.exe 檔案，按二下此檔案，即可啟動 Prometheus，並可在 cmd 視窗中看到如下的畫面。可以發現，啟動 prometheus 伺服器後，監聽網址為「0.0.0.0:9090」。

```
...
ts=2024-01-17T05:39:09.966Z caller=web.go:562 level=info component=web msg=
"Start listening for connections" address=0.0.0.0:9090
ts=2024-01-17T05:39:09.970Z caller=main.go:1019 level=info msg="Starting TSDB
..."
ts=2024-01-17T05:39:09.974Z caller=tls_config.go:274 level=info component=web
msg="Listening on" address=[::]:9090
ts=2024-01-17T05:39:09.975Z caller=tls_config.go:277 level=info component=web
msg="TLS is disabled." http2=false address=[::]:9090
```

STEP 02 開啟瀏覽器，輸入網址：URL http://localhost:9090，可讓我們進入 Prometheus 使用者介面。出現圖 17-2 的畫面，此頁面為 prometheus 的 Graph 頁面，可讓我們輸入 PromQL 表達式，來查詢 Prometheus 監控的各項指標。

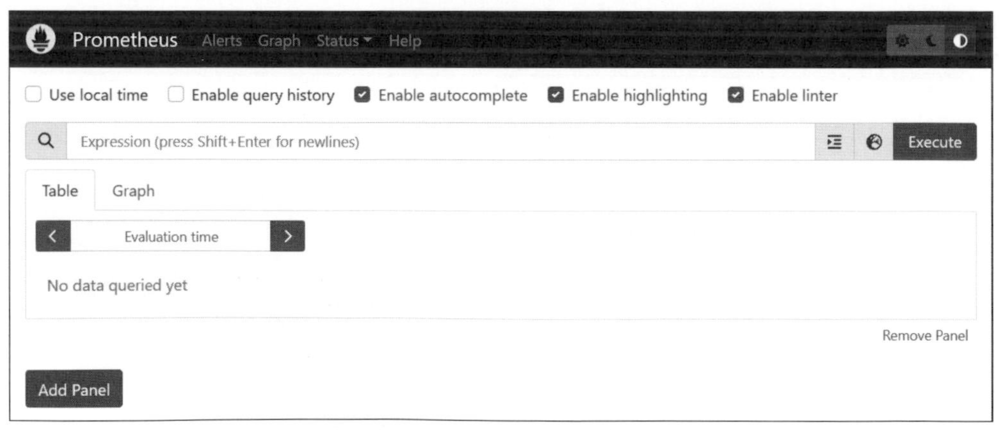

圖 17-2　Prometheus 使用者介面

STEP 03 點選功能表選單「Status」，再選擇「Targets」選項，會出現圖 17-3 的畫面，在這個頁面上只有一個 Prometheus 伺服器處於 UP 狀態，表示目前的 Prometheus 伺服器正在正常運作。

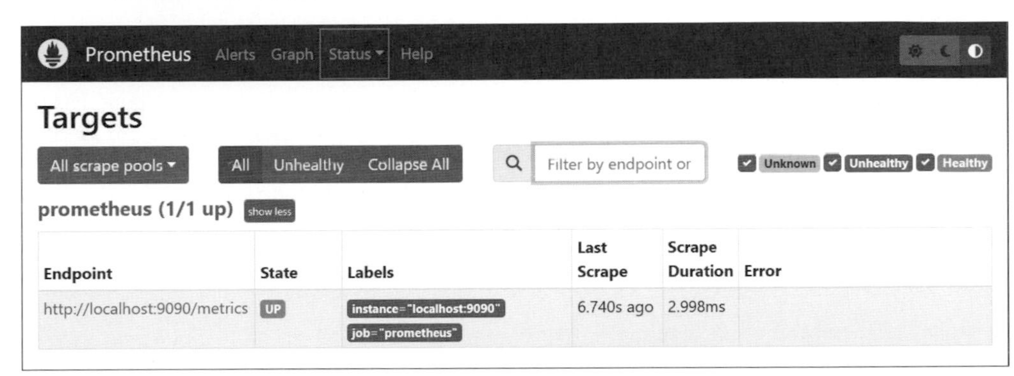

圖 17-3　Prometheus 監控目標狀態

STEP 04 輸入網址：URL http://localhost:9090/metrics，出現圖 17-4 的畫面，從這個頁面中，我們可以查看監控 Prometheus 伺服器的各項指標。

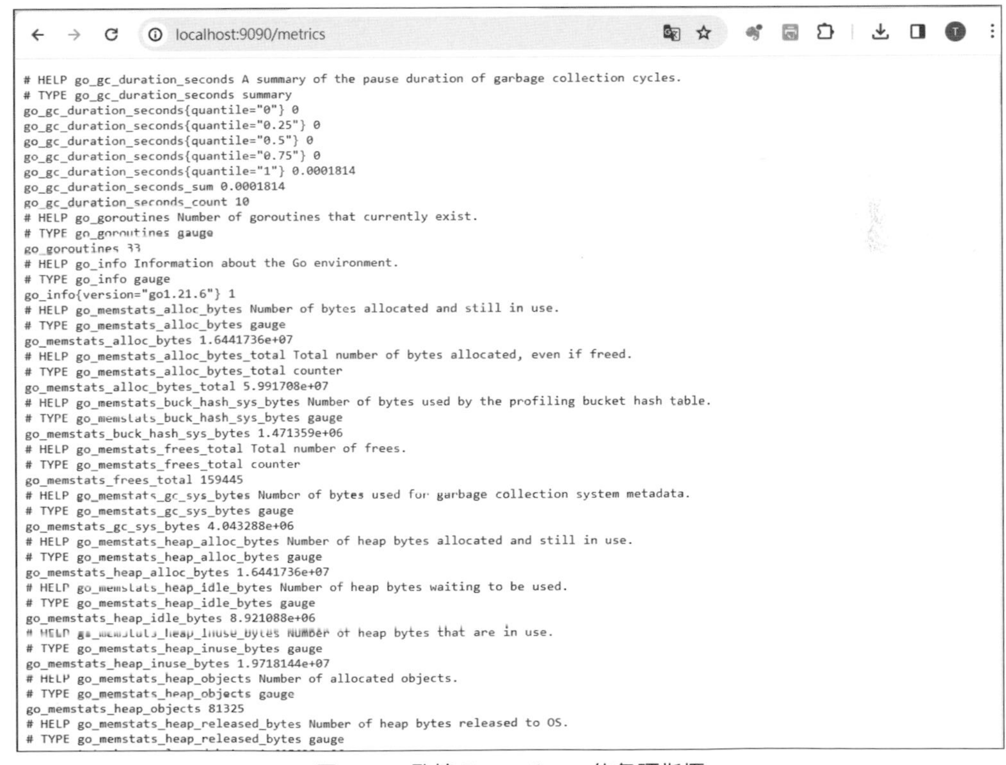

圖 17-4　監控 Prometheus 的各項指標

17.5 實習㊹：使用 PromQL 表達式

實習目的

練習在 Promethues 的 Graph 頁面輸入 PromQL 表達式，來查詢 Prometheus 伺服器的各項指標。

動作要求

- ❑ 查詢監控目標是否正常運作。
- ❑ 查詢監控目標占用的記憶體大小。
- ❑ 查詢 Prometheus 伺服器取得的樣本數量。
- ❑ 計算 Prometheus 伺服器在 1 分鐘內每秒取得樣本數的平均值。

輸入 PromQL 表達式

STEP 01 啟動 Prometheus，進入 Promethues 使用者介面。在圖 17-5 的畫面中，輸入表達式 up，並按下「Execute」按鈕執行。

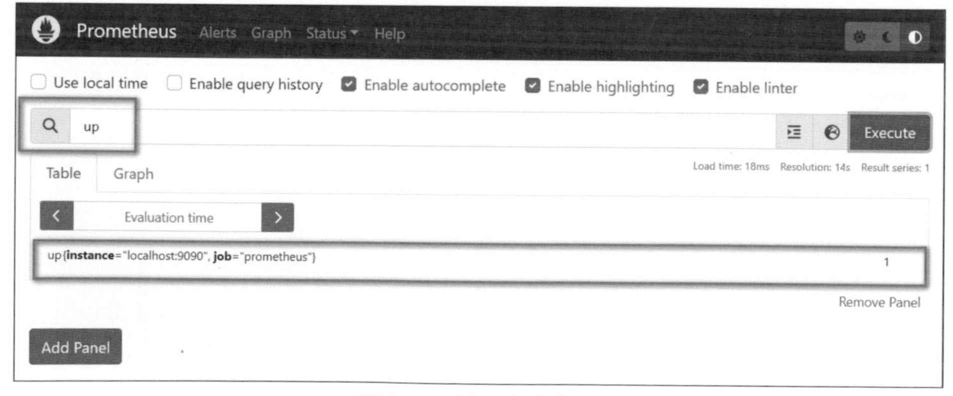

圖 17-5　輸入表達式 up

執行結果如下：

```
up{instance="localhost:9090", job="prometheus"}     1
```

說明

- up 是 Prometheus 在執行監控時的特殊指標。執行結果後面的 1，表示監控目標的狀態爲正常。
- instance 是一個標籤，用來指示被監控的目標。localhost:9090 表示監控目標爲 Prometheus 伺服器本身。
- 標籤 job 來自 prometheus.yml 設定檔中的 job_name 標籤。

STEP 02 輸入表達式「process_resident_memory_bytes」，表示查詢監控目標占用的記憶體大小。執行後，可以看到我們的 Prometheus 使用了大約 57MB 的記憶體。

圖 17-6　輸入表達式 process_resident_memory_bytes

STEP 03 點選「Graph」標籤，切換到圖表視圖，會出現圖 17-7 的畫面，圖形為單一數值的指標，所以 process_resident_memory_bytes 指標是一種 gauge（計量）指標。

圖 17-7　Gauge 指標

STEP 04 輸入表達式「prometheus_tsdb_head_samples_appended_total」，查詢 Prometheus 伺服器取得的樣本數量。執行後，圖形從 0 開始進行累加，這種指標稱為「Counter（計數器）」，可用來追蹤已發生的事件數量或所有事件的總數量。

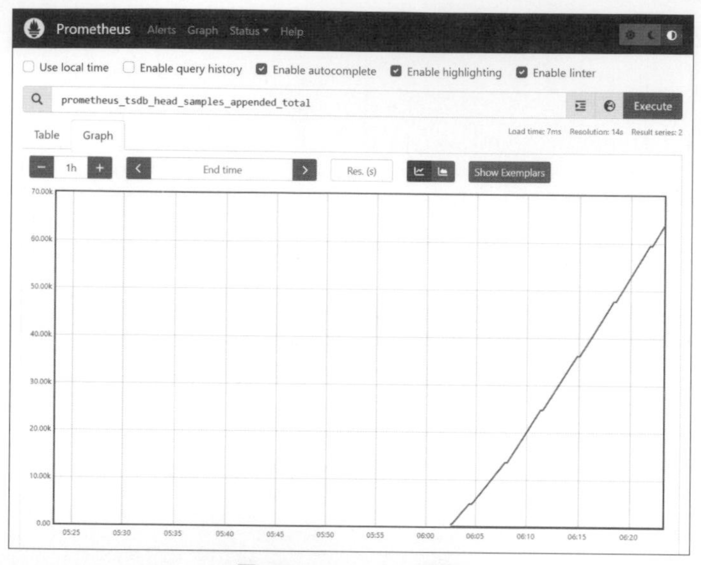

圖 17-8　Counter 指標

STEP 05 計數器總是在增加，計數器的值本身並沒有多大用處，我們想知道的是計數器增加的速度有多快，此時就可以應用 rate 函式，rate 函式可以計算 Counter 每秒增加的速度。將表達式改為「rate(prometheus_tsdb_head_samples_appended_total[1m])」，計算 Prometheus 伺服器在 1 分鐘內每秒取得樣本數的平均值，會生成如圖 17-9 所示的圖形。

圖 17-9　顯示 Counter 增加的速率

17.6 執行 Windows Exporter

在 Prometheus 的架構設計中，Prometheus 伺服器不會直接服務監控特定的目標，其主要任務負責數據的收集、儲存及對外提供數據的查詢支援。若要監控 Windows 主機指標，如是否正常運作、CPU 使用率、網路卡接收及傳送資料的速率等，我們可以使用 Windows Exporter（Windows 導出器）。當我們在 Windows 主機中安裝及執行 Windows Exporter 後，Prometheus 即會週期性地從 Exporter 監聽的 Http 服務位址，收集監控 Windows 本機的樣本數據，讓我們可以監控 Windows 主機的各項指標。

下載 Windows Exporter

進入下載軟體的網址：URL https://github.com/prometheus-community/windows_exporter/releases，這裡我們下載的軟體是 windows_explorter-0.25.1-amd64.exe。

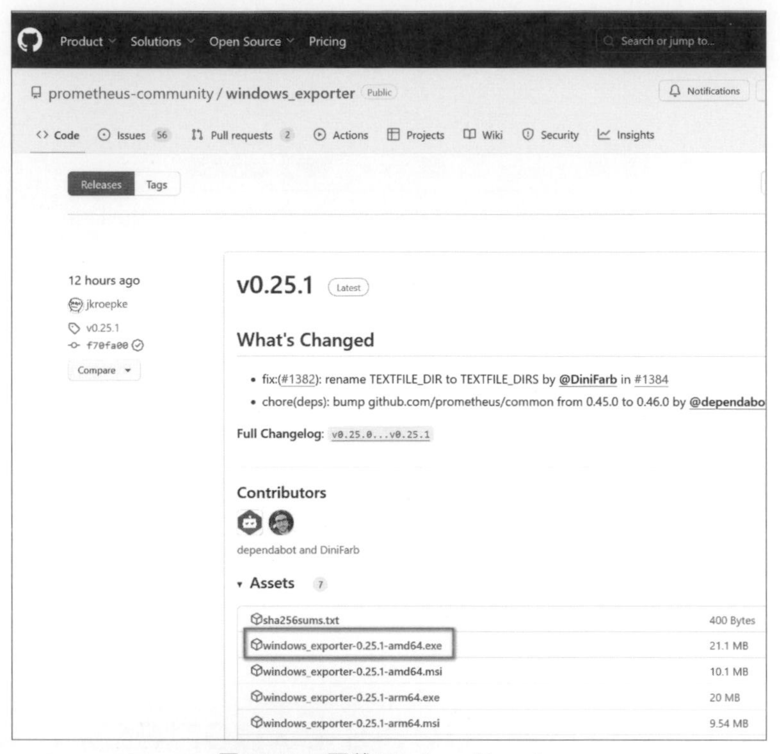

圖 17-10　下載 Windows Exporter

 執行 Windows Exporter

STEP 01 下載後，請將其儲存至指定資料夾中，並按二下 exe 檔案，即可執行 windows_exporter。執行結果如下，可以看到 windows_exporter 監聽的網址是「http://localhost:9182」。

```
...
ts=2024-01-17T06:20:14.590Z caller=tls_config.go:313 level=info msg="Listening
on" address=[::]:9182
ts=2024-01-17T06:20:14.590Z caller=tls_config.go:316 level=info msg="TLS is
disabled." http2=false address=[::]:9182
```

STEP 02 開啟瀏覽器，並輸入網址：URL http://localhost:9182，會出現圖 17-11 的畫面，此為 Windows Exporter 的使用者介面。

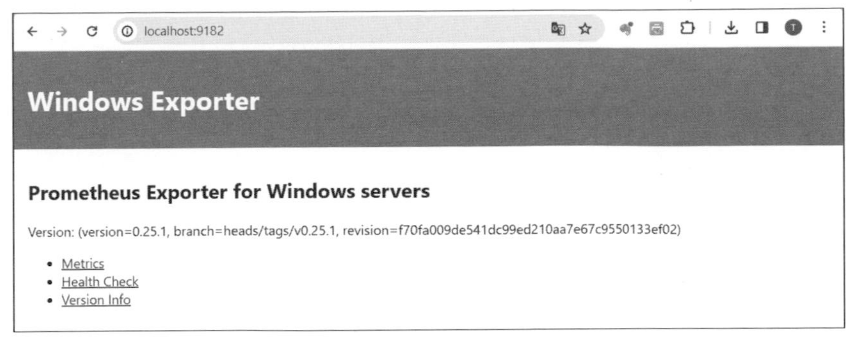

圖 17-11　Windows Exporter 使用者介面

STEP 03 點選「Metrics」選項，可以看到 Windows Exporter 取得的目前 Windows 主機的所有監控指標，如圖 17-12 所示。

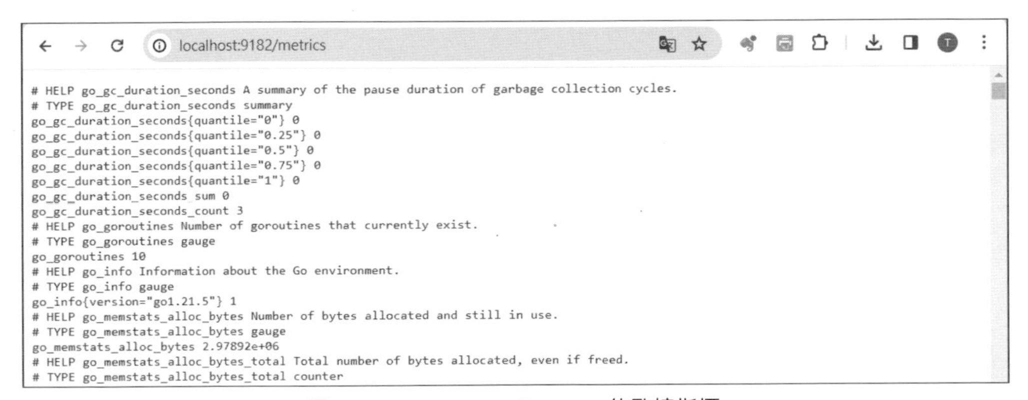

圖 17-12　Windows Exporter 的監控指標

17.7 Prometheus 監控 Windows Exporter

我們可以將 Windows Exporter 監控的各項指標加入 Prometheus 中，讓 Prometheus 監控 Windows Exporter，從而讓我們可以由 Prometheus 得知 Windows Exporter 監控的各項指標。要讓 Prometheus 監控 Windows Exporter，步驟如下：

STEP 01 在解壓縮 prometheus 軟體的資料夾，可以看到 prometheus.yml 檔案，此為 Prometheus 的設定檔。請開啟此設定檔進行修改，在 scrape_configs 下加入新的 job_name : "node"，內容如下：

```
scrape_configs:
  - job_name: "prometheus"
    static_configs:
      - targets: ["localhost:9090"]
  - job_name: "node"
    static_configs:
      - targets: ["localhost:9182"]
```

在編寫 yml 檔時，有一些要注意的地方：

- 不能以 Tab 鍵進行縮排，須以空格進行縮排，縮排的空格數需為同格數的倍數。
- 名稱後面要加上「:」，後面要加一個空格。
- 要輸入多項設定時，換行加上連字號並列編寫。
- 以「#」插入註解。
- 以單引號、雙引號輸入字串。

STEP 02 重新啟動 Prometheus 伺服器，並輸入網址：URL http://localhost:9090/targets，會出現圖 17-13 的畫面，可以看到 Prometheus 目前有二個監控目標，一個是我們新加入的 Windows Exporter，一個是 Prometheus 伺服器本身，監控目標的狀態皆為 UP。

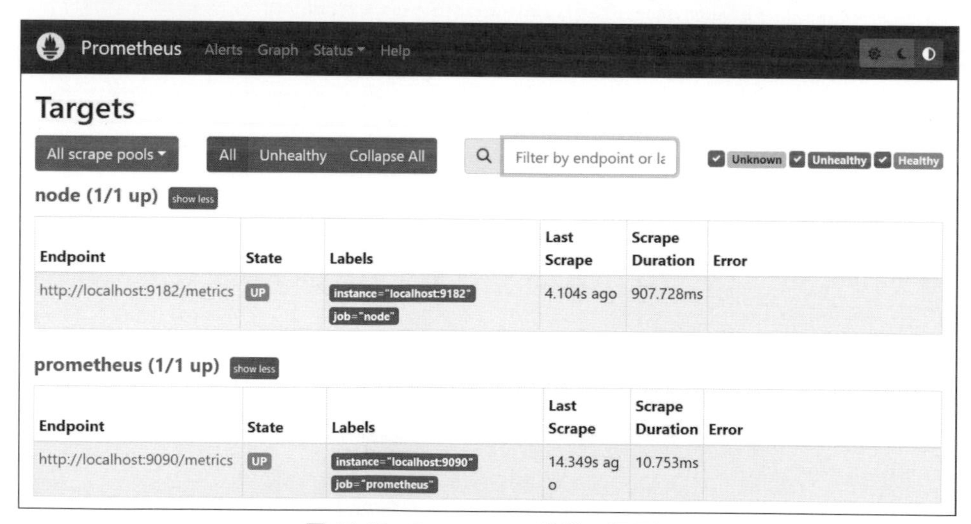

圖 17-13　Prometheus 監控二個目標

STEP 03 點選功能選單「Graph」，回到 Graph 頁面，輸入表達式 up，可以看到目前監控的二個實例的狀態。

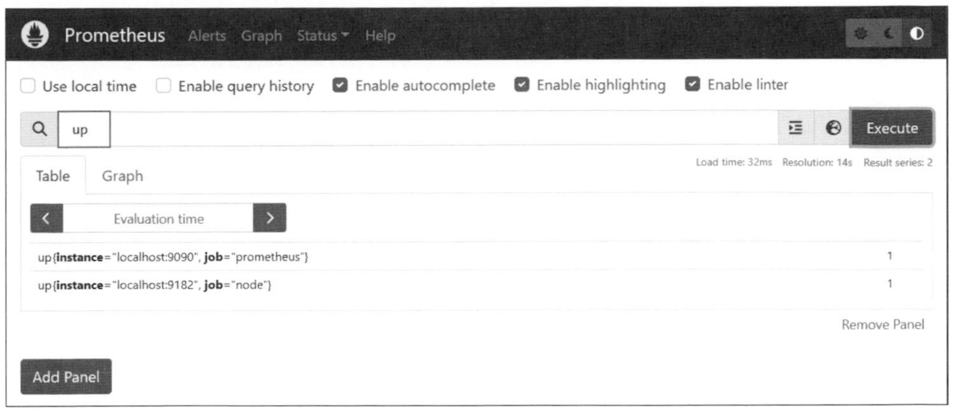

圖 17-14　輸入表達式 up

STEP 04 若只想看 node 導出器的記憶體使用情形，可以在輸入表達式時，加入 job="node" 進行標籤匹配：

```
process_resident_memory_bytes{job="node"}
```

點選「Graph」標籤，可看到執行結果。

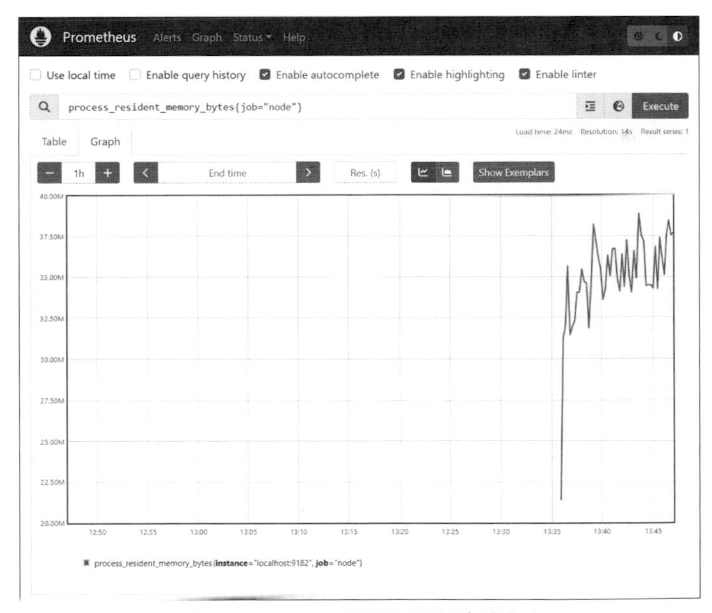

圖 17-15　node 目標占用記憶體大小

STEP 05 若想看到 node 目標，每分鐘網路接收 byte 總數的速率，可輸入表達式：

```
rate(windows_net_bytes_received_total[1m])
```

執行結果，如圖 17-16 所示。

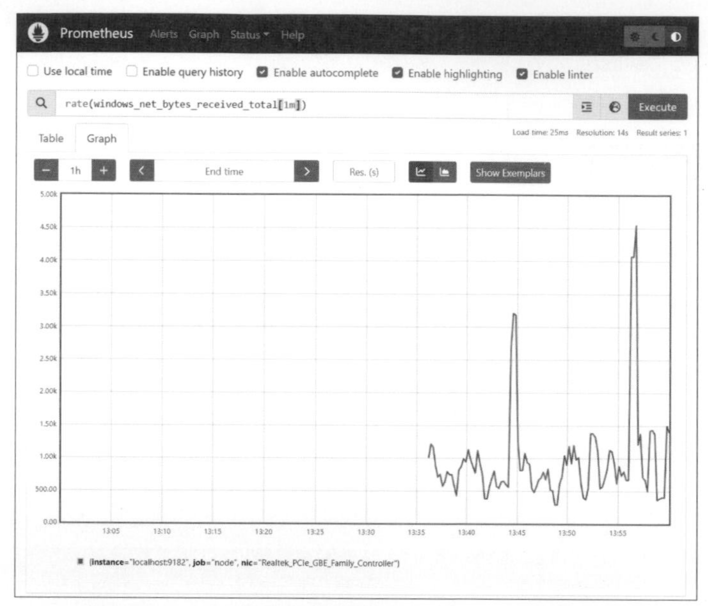

圖 17-16　node 目標每分鐘網路接收 byte 總數的速率

17.8 警報

「警報」是監控的組成之一，可讓我們在出現問題時通知人員，這裡我們將示範如何在 Prometheus 中設定警報。

Prometheus 警報有二個部分：

- ❑ 在 Prometheus 加入警報規則，定義警報的邏輯。
- ❑ 使用 Alertmanager 將觸發警報轉換為通知，如轉換為 Email、聊天訊息等通知。

Prometheus 和 Alertmanager 架構，如圖 17-17 所示。Prometheus 是定義警報邏輯的地方，一旦 Prometheus 中的警報被觸發，它會被送到 Alertmanager。Alertmanager 可以接收來自多個 Prometheus 伺服器的警報，並將這些警報分組在一起，以向人員發送單一通知。

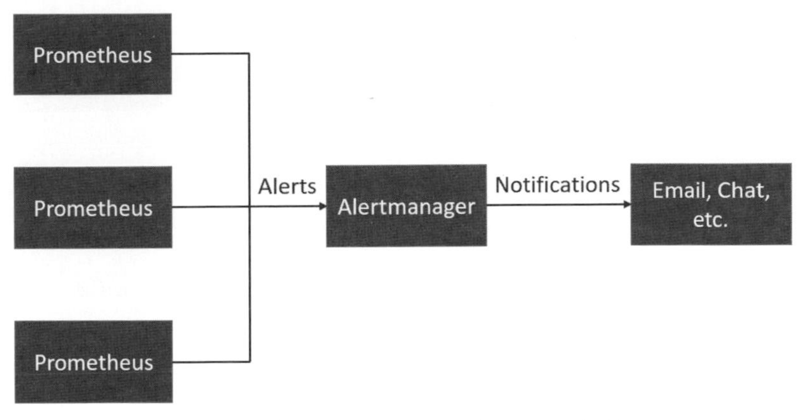

圖 17-7　Prometheus 和 Alertmanager 架構

定義警報邏輯

了解 Prometheus 和 Alertmanager 架構後，我們以一個實例來說明如何在 Prometheus 中加入警報規則。

STEP 01 在 Windows Exporter 執行的 cmd 視窗，按下 Ctrl + C 鍵，停止 Windows Exporter 的執行。

STEP 02 輸入網址：URL http://localhost:9090/targets，出現 Prometheus 的 Targets 頁面，顯示 node 目標的狀態為「DOWN」，錯誤訊息為「沒有連接」。

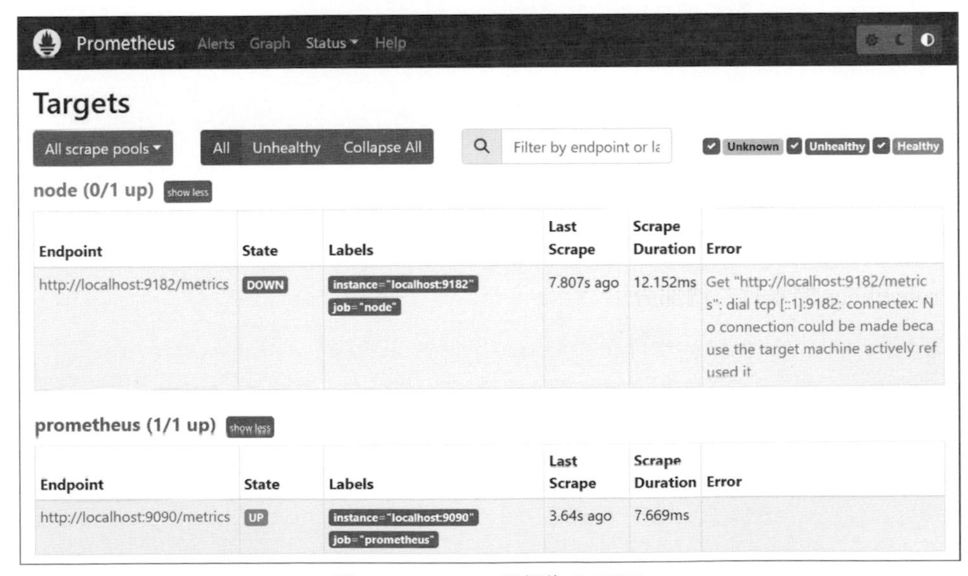

圖 17-18　node 目標為 DOWN

STEP 03 回到 Graph 頁面，若輸入表達式 up，可以看到 localhost:9182 的值為 0。

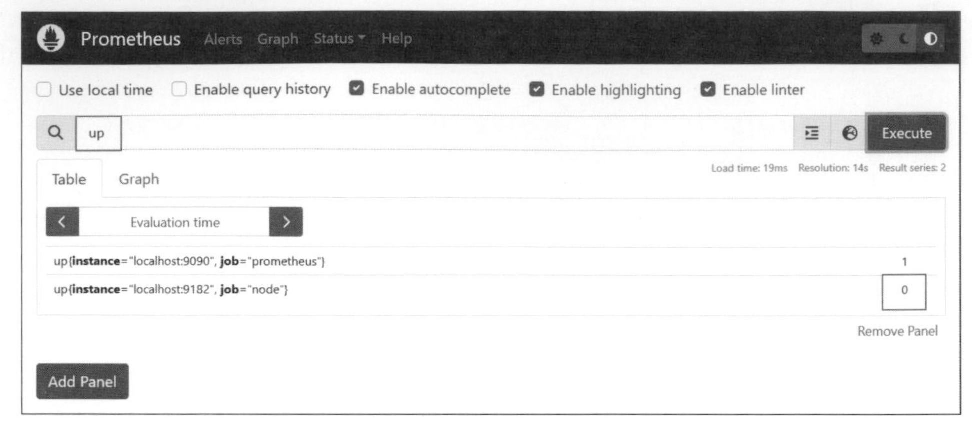

圖 17-19　localhost:9182 的值為 0

經由上述的說明，我們可以將警報邏輯設定爲：若 up == 0，則觸發警報。

加入警報規則

在 prometheus 目錄中新增 rules.yml，內容如下：

```
groups:
  - name: AllInstances
    rules:
    - alert: InstanceDown
      expr: up == 0
      for: 1m
      annotations:
        title: 'Instance {{ $labels.instance }} down'
        description: '{{ $labels.instance }} of {{ $labels.job }} has been
down for more than 1 minute.'
      labels:
        severity: 'critical'
```

在這個範例中，我們定義警報名稱爲「instanceDown」，警報邏輯爲 up == 0。警報 InstanceDown 會依照 prometheus.ymal 設定檔中的 evaluation_interval 定義的秒數，每 15 秒進行一次評估，若有實例是 down (up == 0) 至少 1 分鐘，則警報將觸發。在 rules.yml 中，我們同時加入 annotations 及 labels，用來儲存警報的額外的訊息。

 設定 Alertmanager 及載入警報規則

編輯 prometheus.yml 設定檔，加入 Alertmanager 及載入警報規則：

```
global:
  scrape_interval: 15s
  evaluation_interval: 15s

# Alertmanager configuration
alerting:
  alertmanagers:
    - static_configs:
        - targets:
          - localhost:9093

# Load rules
rule_files:
  - rules.yml

scrape_configs:
  - job_name: "prometheus"
    static_configs:
      - targets: ["localhost:9090"]
  - job_name: "node"
    static_configs:
      - targets: ["localhost:9182"]
```

說明

- alerting 區塊用來設定 Alertmanager。Alertmanager 是一個軟體，我們在下一節中會說明如何下載及啓動此軟體。Alertmanager 軟體啓動後，監聽網址是「0.0.0.0:9093」，所以我們在 alerting 區塊中將 targets 設爲「localhost:9093」。
- rule_files 區塊用來載入警報規則設定檔。請確認已編輯好 rules.yml 檔案，並放在 Prometheus 目錄中。

執行結果

若 rules.yml 及 Prometheus.yml 檔案的內容編輯無誤，當我們點選 Prometheus 網頁的「Alerts」功能選項，會出現圖 17-20 的畫面。我們可以看到有一個實例的狀態爲

DOWN，並會顯示我們的警報規則，且在 1 分鐘後，會出現 FIRING 的訊息，表示警報已觸發。

圖 17-20　Alerts 功能選項

17.9 使用 Alertmanager

Prometheus 不會向我們發送通知，發送通知的工作是由 Alertmanager 處理。Alertmanager 是一個軟體，進入下載網址：URL https://prometheus.io/download/，並向下捲動頁面，可以找到 alertmanager 下載區，這裡下載的軟體是 alertmanager-0.27.0.windows-amd64.zip。下載後，請將其儲存至指定資料夾中，並進行解壓縮。

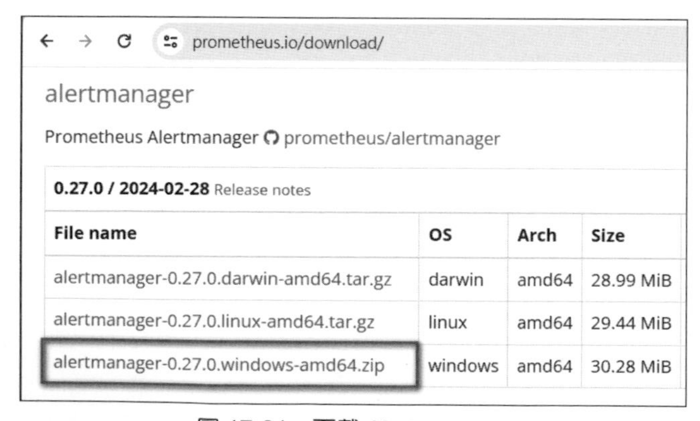

圖 17-21　下載 Alertmanager

 建立 Gamil 應用程式密碼

我們希望讓 Alertmanager 可以在有警報發生時，以 Gmail 發送通知給我們。在進行 Alertmanager 設定之前，我們需要在 Gamil 帳號中建立應用程式密碼，步驟如下：

STEP 01 進入你的 Gmail，點選「管理你的 Goolge 帳戶」，會出現圖 17-22 的畫面。點選「安全性」選項，先啟用 Gmail 的兩步驟驗證。

首頁
個人資訊
資料和隱私權
安全性
使用者和分享內容
付款和訂閱
關於

登入 Google 的方式
請定期更新這些資訊，確保您隨時都能順利登入自己的 Google 帳戶
兩步驟驗證　啟用時間：3月12日
密碼金鑰和安全金鑰　開始使用密碼金鑰
密碼　上次變更時間：2023年10月13日
僅在必要時才輸入密碼　已開啟

圖 17-22　啟用 Gmail 兩步驟驗證

STEP 02 啟動後，若我們再點選「兩步驟驗證」選項，則會出現「應用程式密碼」選項，點選此選項來建立你的 Gmail 應用程式密碼。請妥善保存此密碼，將此密碼儲存至本機文字檔中。

圖 17-23　建立應用程式密碼

 設定 Alertmanager

建立好你的 Gmail 應用程式密碼後，現在我們可以進行 Alertmanager 的設定。進入解壓縮 alertmanager 軟體的資料夾，修改 alertmanager.yml 設定檔，內容如下：

```
global:
  resolve_timeout: 1m

route:
  receiver: 'gmail-notifications'

receivers:
- name: 'gmail-notifications'
  email_configs:
  - to: example@gmail.com
    from: example@gmail.com
    smarthost: smtp.gmail.com:587
    auth_username: example@gmail.com
    auth_identity: example@gmail.com
    auth_password: 應用程式密碼
    send_resolved: true
```

說明

➥ 請在 alertmanager.yml 中，將 example@gmail.com 修改為你的 Gmail 帳號，而 auth_password 標籤的值，則替換為你的 Gmail 帳號產生的應用程式密碼。

 啟動 Alertmanager

STEP 01 進入解壓縮 alertmanager 軟體的資料夾，可以看到 alertmanager.exe 檔案，按二下此檔案，即可啟動 Alertmanager。啟動訊息如下，我們可以發現到啟動 Alertmanager 伺服器後，監聽網址為「0.0.0.0:9093」。

```
ts=2024-03-12T15:25:35.520Z caller=main.go:181 level=info msg="Starting
Alertmanager" version="(version=0.27.0, branch=HEAD,
...
ts=2024-03-12T15:25:38.033Z caller=tls_config.go:313 level=info msg="Listening
on" address=[::]:9093
ts=2024-03-12T15:25:38.033Z caller=tls_config.go:316 level=info msg="TLS is
disabled." http2=false address=[::]:9093
```

```
ts=2024-03-12T15:25:40.016Z caller=cluster.go:708 level=info component=
cluster msg="gossip not settled" polls=0 before=0 now=1 elapsed=2.0121367s
```

STEP 02 開啟瀏覽器，並輸入網址：URL http://localhost:9093，可以進入 Alertmanager 的使用者介面。進入後，我們可以看到觸發的警報。

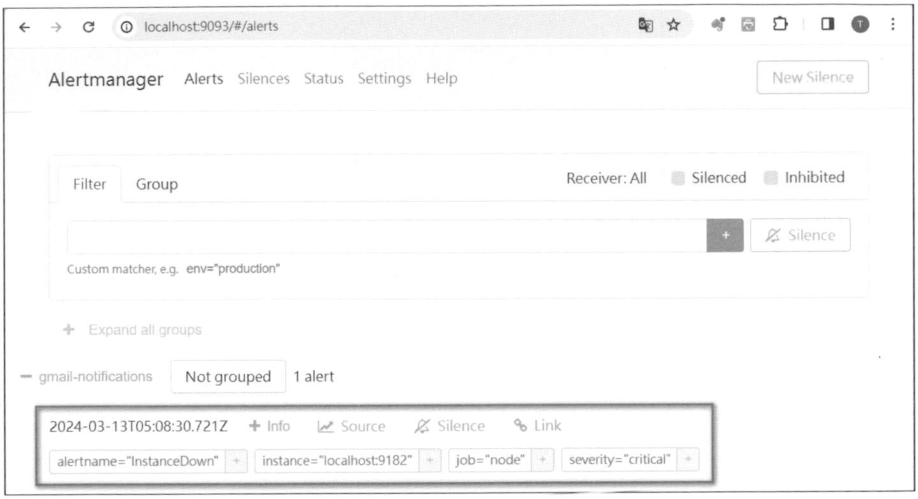

圖 17-24　Alertmanager 使用者介面

STEP 03 若一切設定正常，請進入你的 Gmail。1~2 分鐘後，即會收到 Alertmanager 的 Email 通知。

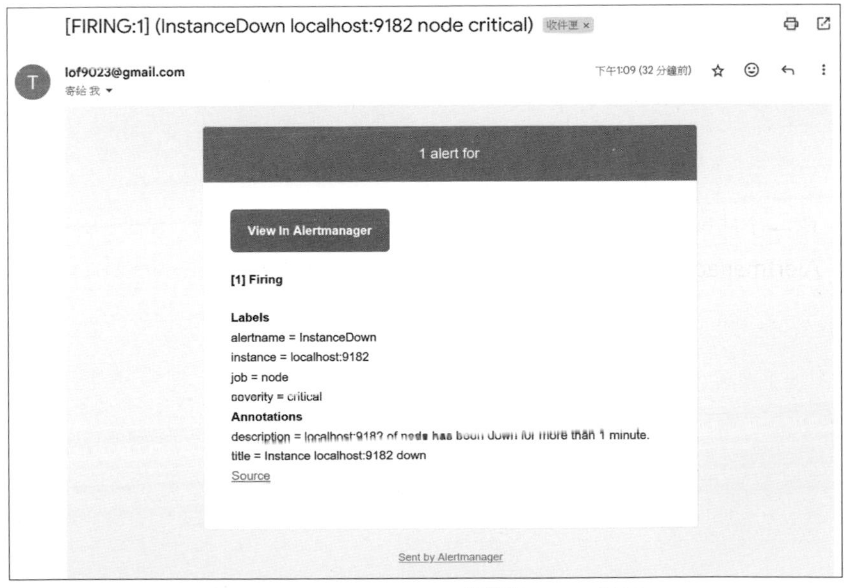

圖 17-25　Alertmanager 的警報 Email 通知

STEP 04 當我們重新啟動 Windows Exporter，即會解除警報。在一段時間後，我們又會收到另一封解除警報的 Email。

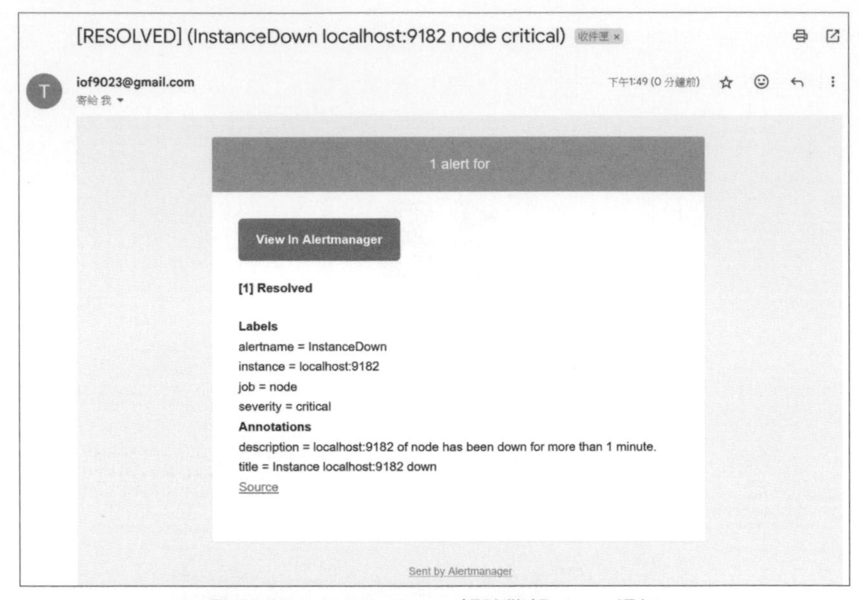

圖 17-26　Alertmanager 解除警報 Email 通知

CHAPTER

18

Grafana 資料分析與視覺化平台

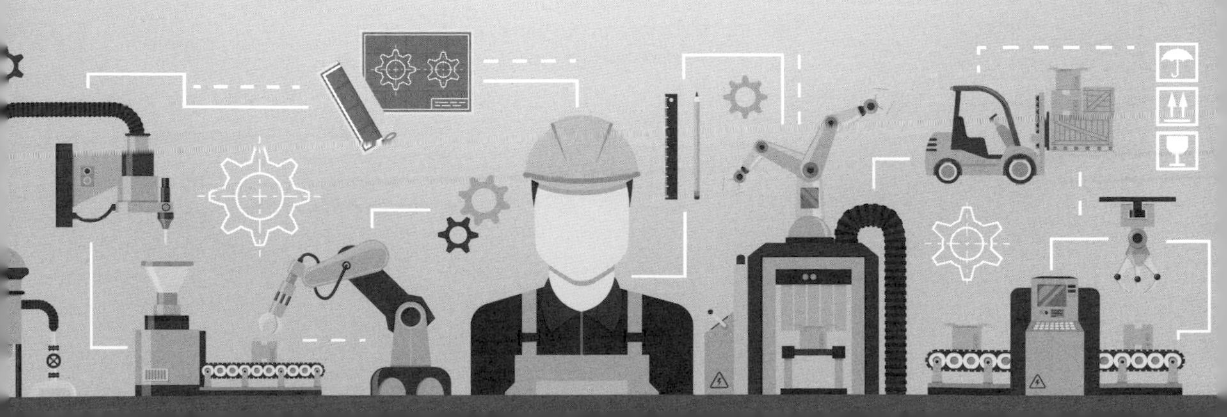

18.1 本章提要

Grafana 是一個開源的分析與監控解決方案，支援很多資料來源。Grafana 具備豐富的面板選擇，除了基本文字、圖表及表格外，我們也可以使用如甘特圖及流程圖等面板來顯示所監控的資料及訊息，並可自行調整顯示資料的色彩。

Grafana 的主要特色如下：

- **快速**：Grafana 的後端採用 Golang 語言，使其在查詢資料來源或是向多個儀表板面板提供數千個資料點時，具有極高的效能。
- **開放**：Grafana 支援儀表板面板及資料來源的外掛程式模型。隨著 Grafana 社群持續地為 Grafana 專案做出貢獻，外掛數量不斷地成長。
- **美觀**：Grafana 利用強大的 D3 函式庫，不只可以快速產生美觀的圖表，且提供對大多數圖形元素的細度控制。
- **多功能**：Grafana 不依賴特定資料庫技術，支援各種不斷增長的資料來源。每個圖表不只可以顯示來自多種資料來源的數據，且單一圖表還可以組合來自多個資料來源的數據。
- **自由**：Grafana 可以在 Apache 開源許可證下自由使用。

在本章中，我們將說明如何安裝 Grafana 伺服器，操作 Grafana 使用者介面，建立儀表板及面板，同時我們也會說明如何將 Grafana 與 Prometheus 伺服器進行連接，並加入統計面板、表格面板及狀態時間軸面板，來顯示 Prometheus 監控目標的各項指標，最後我們將探討如何以 Grafana 連接至 InfluxDB，查詢及顯示 InfluxDB 中的資料。

18.2 安裝 Grafana

Windows 安裝 Grafana 的步驟如下：

STEP 01 開啟瀏覽器，輸入下列網址：URL https://grafana.com/grafana/download?platform=window。選擇「Windows」標籤，再點選「Download the installer」，即可下載 Grafana 軟體。

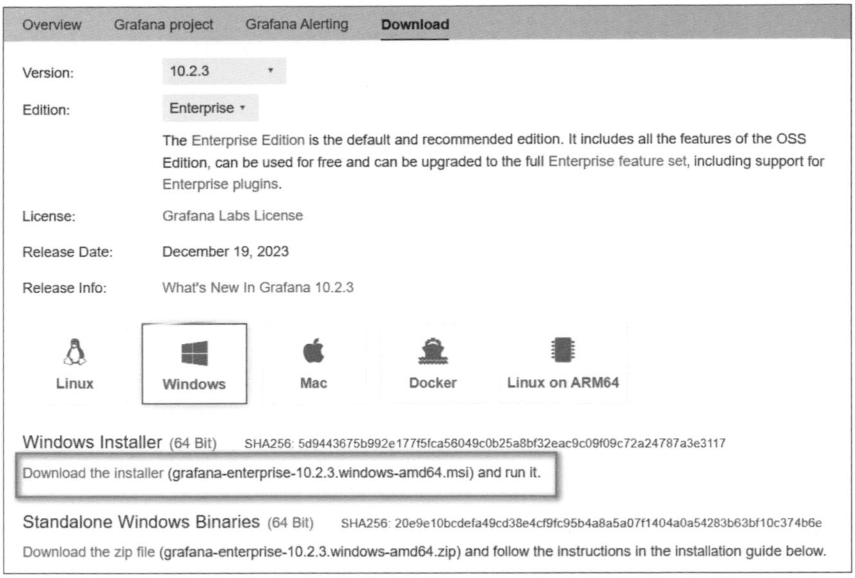

圖 18-1　下載 Grafana 軟體

STEP 02 這裡我們下載的軟體是 grafana-enterprise-10.2.3.windows-amd64.msi，請將檔案下載至指定資料夾中，並按二下 msi 檔來進行安裝。

18.3 連接 Grafana 伺服器

當我們安裝好 Grafana 後，若要連接 Grafana 伺服器，步驟如下：

STEP 01 開啟瀏覽器，輸入下列網址：URL http://localhost:3000。在登入畫面中，預設的帳號及密碼都是「admin」，輸入帳號及密碼後按下「Log in」按鈕。

圖 18-2　Grafana 登入畫面

STEP 03 出現更新密碼畫面，我們可以變更密碼後按下「Submit」按鈕，或是直接點選「Skip」選項，不修改預設的密碼。

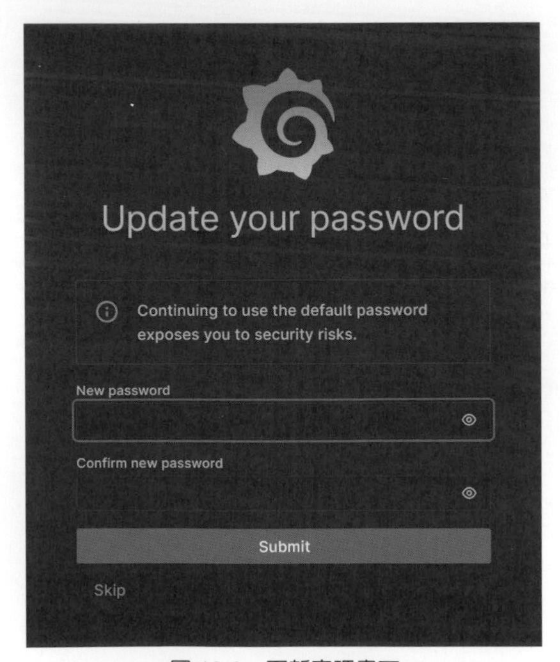

圖 18-3　更新密碼畫面

STEP 04 出現 Grafana 使用者介面的主畫面，如圖 18-4 所示。

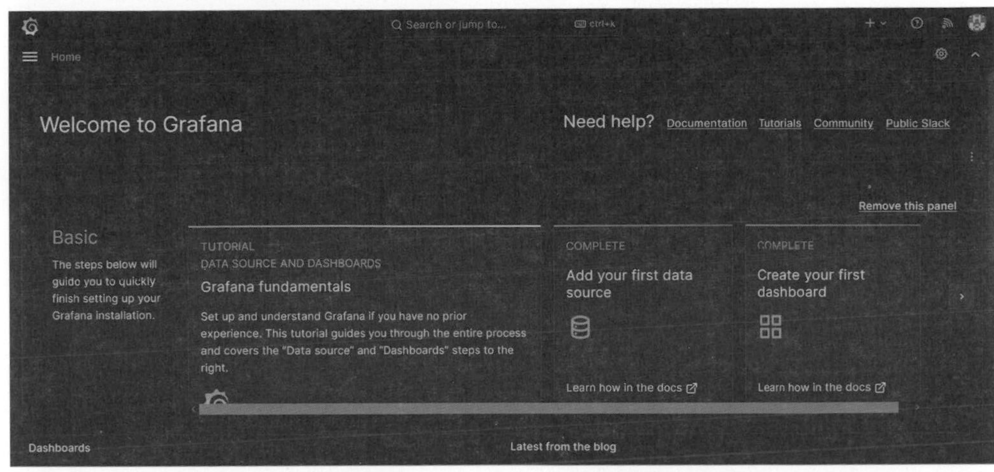

圖 18-4　Grafana 使用者介面

Grafana 的主選單

在畫面左上角有 Grafana 的主選單按鈕，點選「主選單」按鈕，會出現如圖 18-5 所示的畫面。

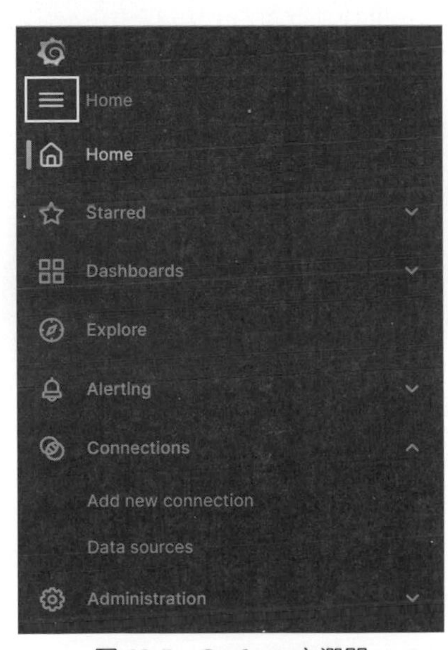

圖 18-5　Grafana 主選單

圖 18-5 的主選單選項說明如下：

選項	說明
Home	返回主頁。
Started	當我們建立儀表板時，可以將某個儀表板加入星標，設為「我的最愛」，此時加入星標的儀表板會出現在 Started 選項之下，如圖 18-6 所示。
Dashboards	進入儀表板設定頁面。
Explore	可讓我們在實現儀表板視覺化之前，進行資料來源的探索。
Alterting	進入警報設定頁面。
Connections	可讓我們建立新的連接，管理資料來源。
Administration	進入管理頁面。

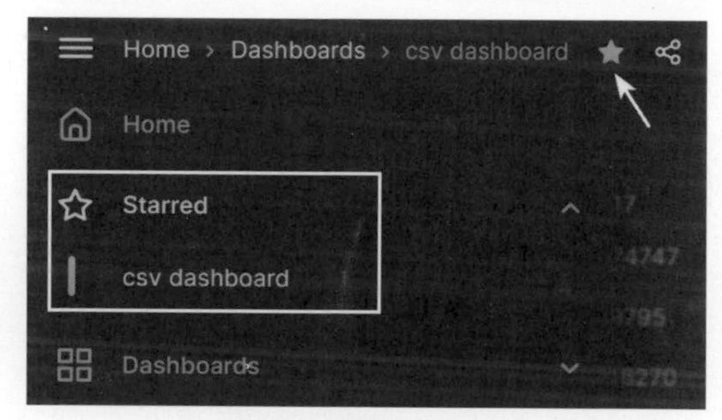

圖 18-6　Starred 選項

18.4 加入 TestData 資料來源

資料來源爲 Grafana 的外掛，爲面板提供數據。Grafana 的 TestData 資料來源，可以產生各種虛假數據供我們使用。若要加入 TestData 資料來源，步驟如下：

STEP 01 按下「主選單」按鈕，選擇「Connections」選項，再點選「Data Sources」選項，會出現圖 18-7 的畫面，可以看到目前已建立的資料來源。雖然已經有名為「TestData」的資料來源，但我們仍可以再次加入 TestData 資料來源，只是名稱不能重複。請按下「Add new data source」按鈕。

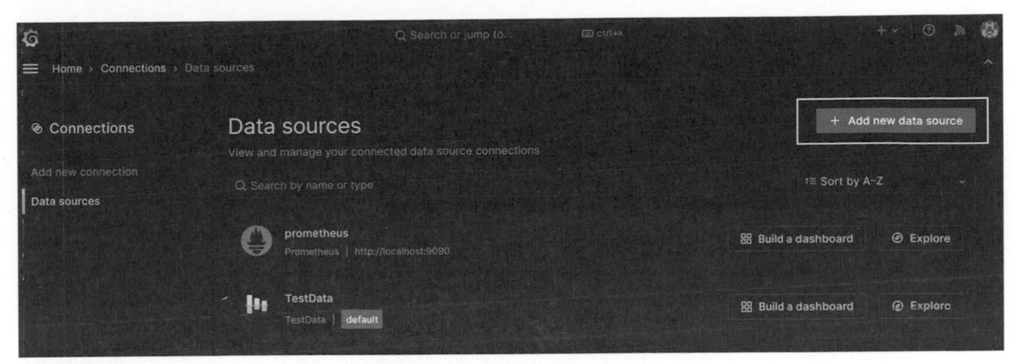

圖 18-7　Data source 畫面

STEP 02 在畫面中有許多的資料來源可以選擇。請向下捲動畫面，可以看到「TestData」資料來源，點選「TestData」。

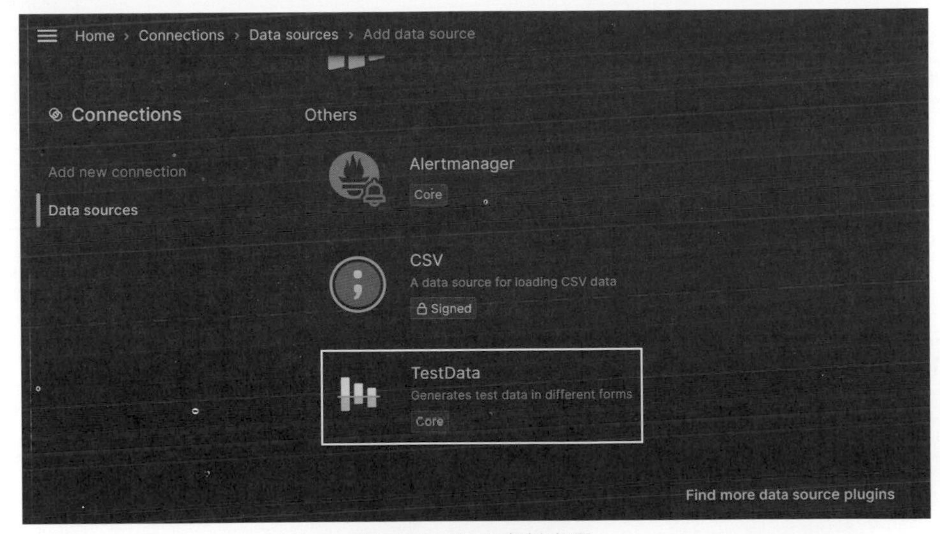

圖 18-8　加入資料來源

STEP 03 在 Name 欄位輸入「myTestData」，點選「Default」，將其設定為 On，再按下「Save & test」按鈕來儲存我們的設定。

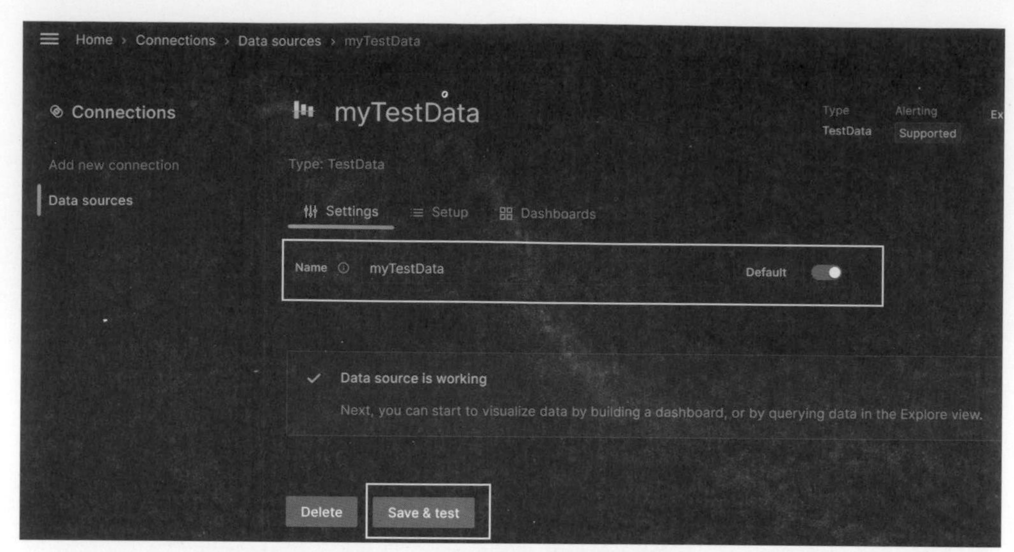

圖 18-9　加入 TestData 資料來源

STEP 04 此時我們再點選畫面左邊的「Data sources」選項，則可看到我們新增的 myTestData 資料來源。

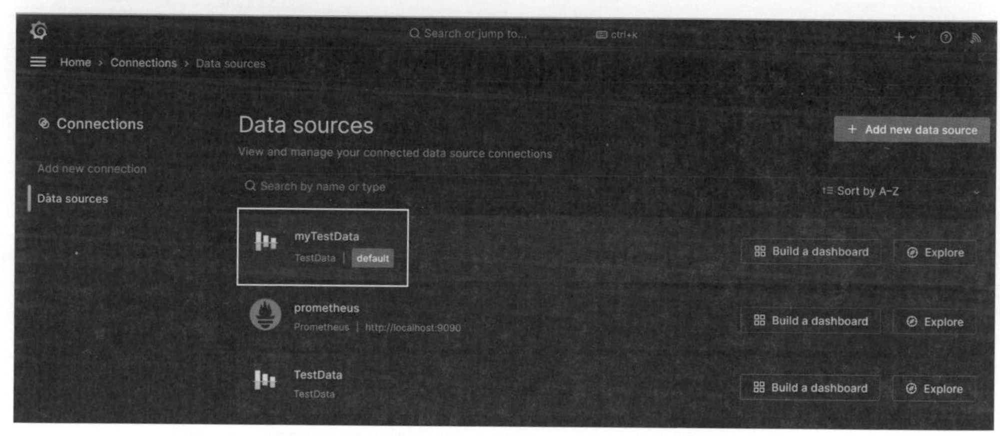

圖 18-10　查看新加入的 myTestData 資料來源

18.5 建立儀表板及面板

加入 TestData 資料來源後，我們的下一步是要建立圖表面板，步驟如下：

STEP 01 按下「主選單」按鈕，點選「Dashboards」選項，會出現建立儀表板的畫面，如圖 18-11 所示。若是還未有儀表板，可以按下「Create Dashboard」按鈕來建立儀表板，若已有儀表板，則可以按下「New / New dashboard」按鈕來新增儀表板。由於這裡還未新增儀表板，所以我們按下「Create Dashboard」按鈕。

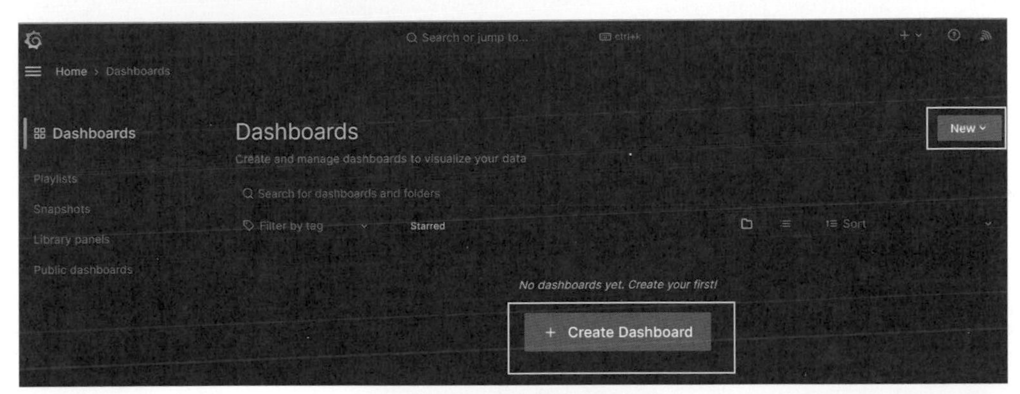

圖 18-11　建立新的儀表板

STEP 02 按下「Add visualization」按鈕來新增儀表板面板。

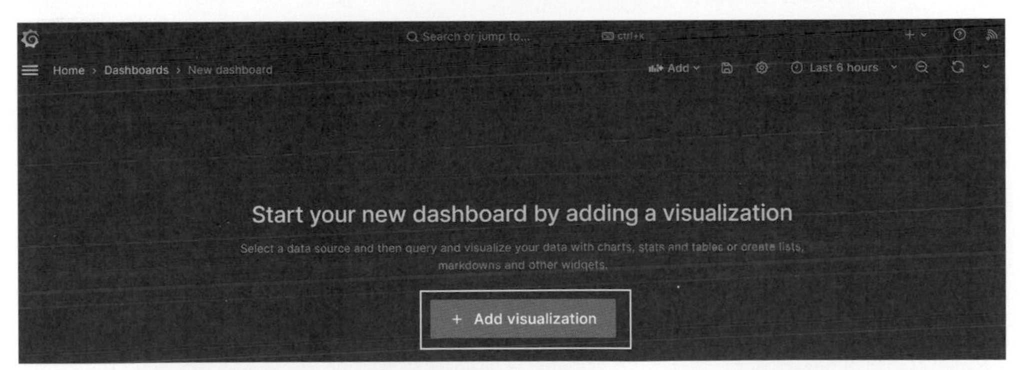

圖 18-12　加入面板

STEP 03 選擇我們之前加入的 myTestData 資料來源，會出現編輯面板的畫面。

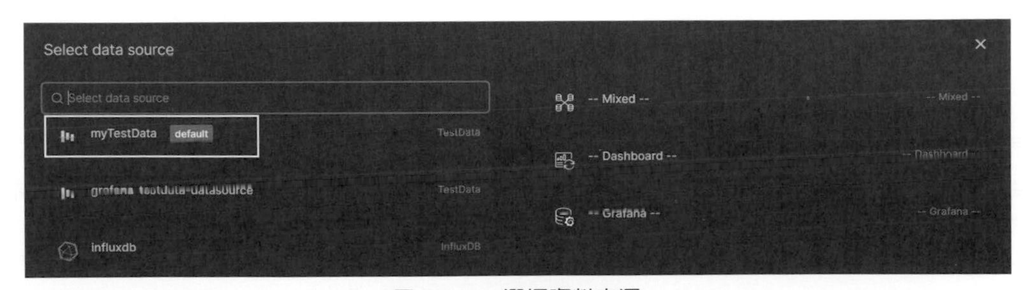

圖 18-13　選擇資料來源

STEP 04 在此我們先不做任何的變更，直接按下右上角的「Apply」按鈕，將此編輯面板加入儀表板中。

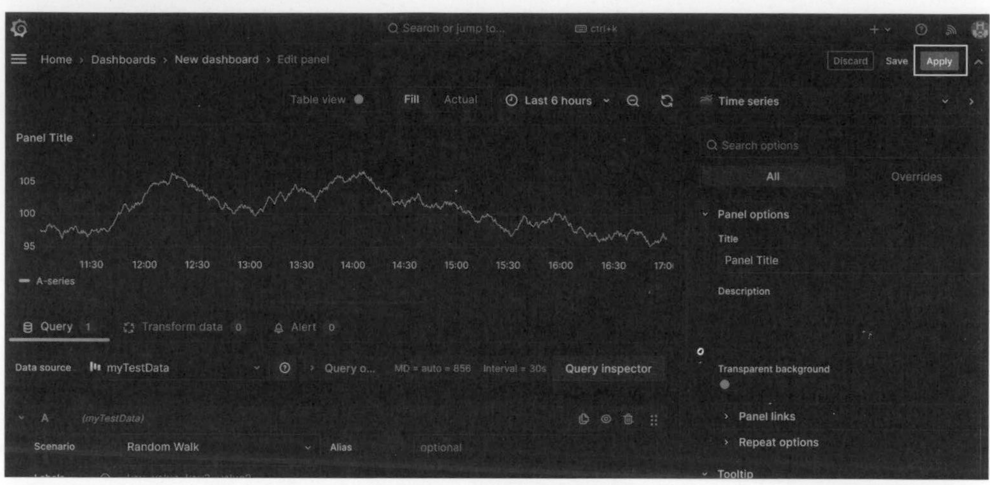

圖 18-14　編輯面板畫面

STEP 05 出現儀表板畫面後，由於新建的儀表板還未存檔，所以我們點選「Save Dashboard」圖示來儲存目前的儀表板。

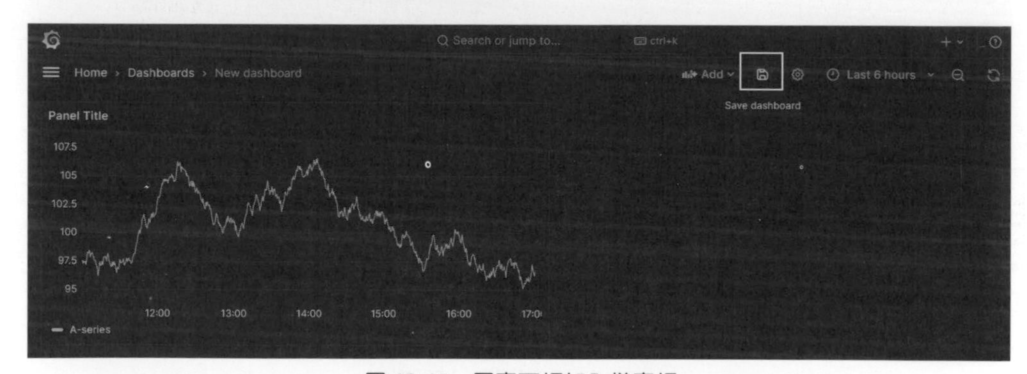

圖 18-15　圖表面板加入儀表板

STEP 06 在 Title 欄位中輸入「myTestData dashboard」，再按下「Save」按鈕，即完成儀表板的儲存，儲存後會回到圖 18-15 的畫面。

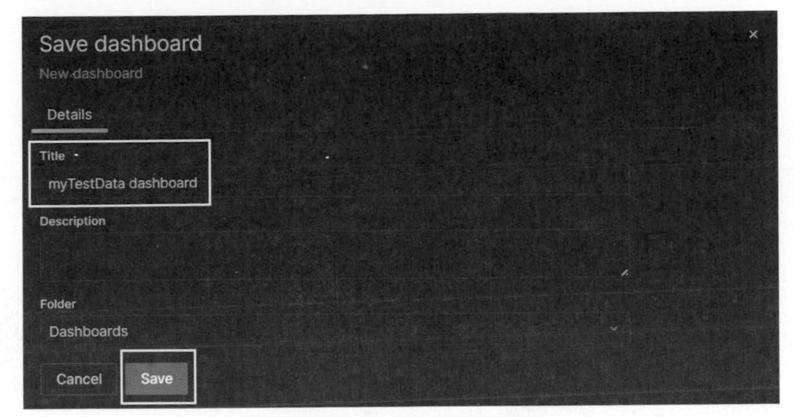

圖 18-16　儲存儀表板

STEP 07 若要修改面板，可以按下圖表右上角的「Menu」按鈕，再點選「Edit」，即可回到圖 18-14 的編輯面板畫面。

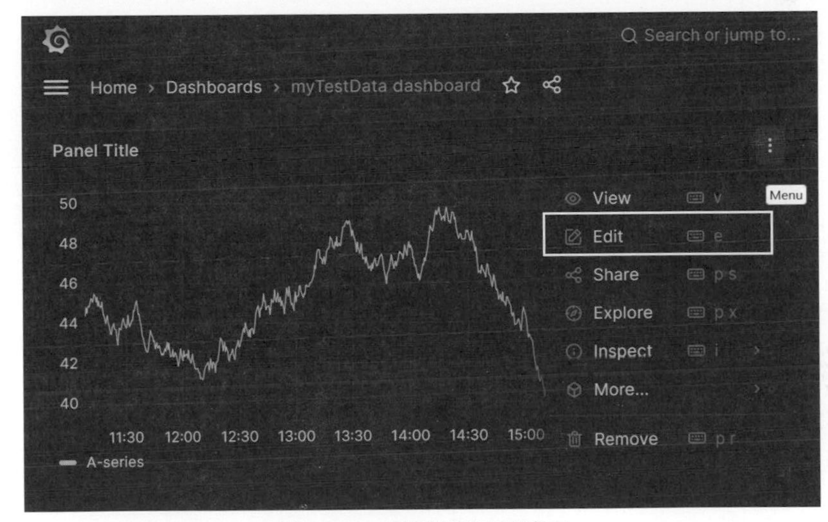

圖 18-17　回到編輯面板畫面

STEP 08 在編輯面板的右邊有一個設定區，圖表的顯示預設為「Time series」，可以點選此選項來變更圖表的顯示方式，例如：我們可以將圖表的類型變更為「Gauge」。

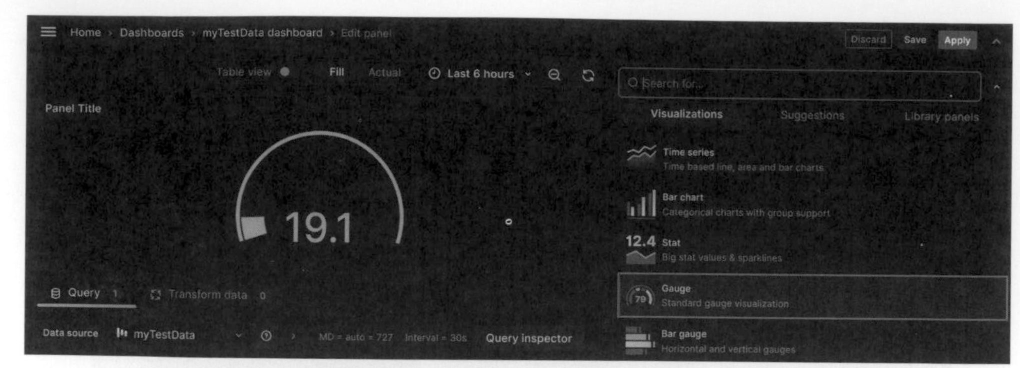

圖 18-18　將圖表類型變更為 Gauge

18.6 Grafana 連接至 Prometheus 伺服器

我們可以讓 Grafana 來監控 Prometheus 伺服器。在開始之前，請先依照第 17 章的內容，下載 Prometheus 伺服器及 Windows Exporter，完成 Prometheus 的設定，並啓動 Prometheus 伺服器及 Windows Exporter。

加入 Prometheus 資料來源

加入 Prometherus 資料來源的步驟如下：

STEP 01 按下「主選單」按鈕，選擇「Connections / Data sources」選項，再點選「Add new data source」，然後尋找並點選 Prometheus 資料來源。

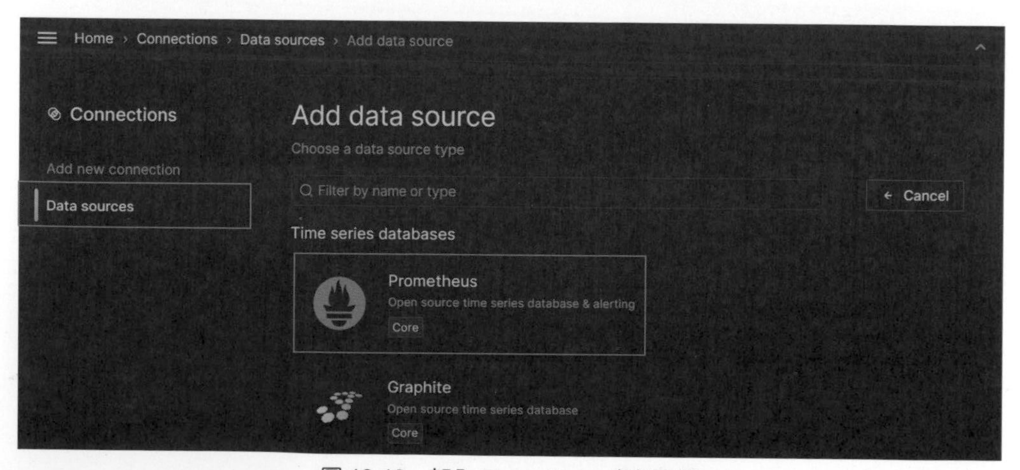

圖 18-19　加入 Prometheus 資料來源

STEP 02 在 Name 欄位輸入「prometheus」，URL 欄位輸入「http://localhost:9090」，Scrape interval 欄位輸入「15s」，輸入完成後按下「Save & Test」按鈕。

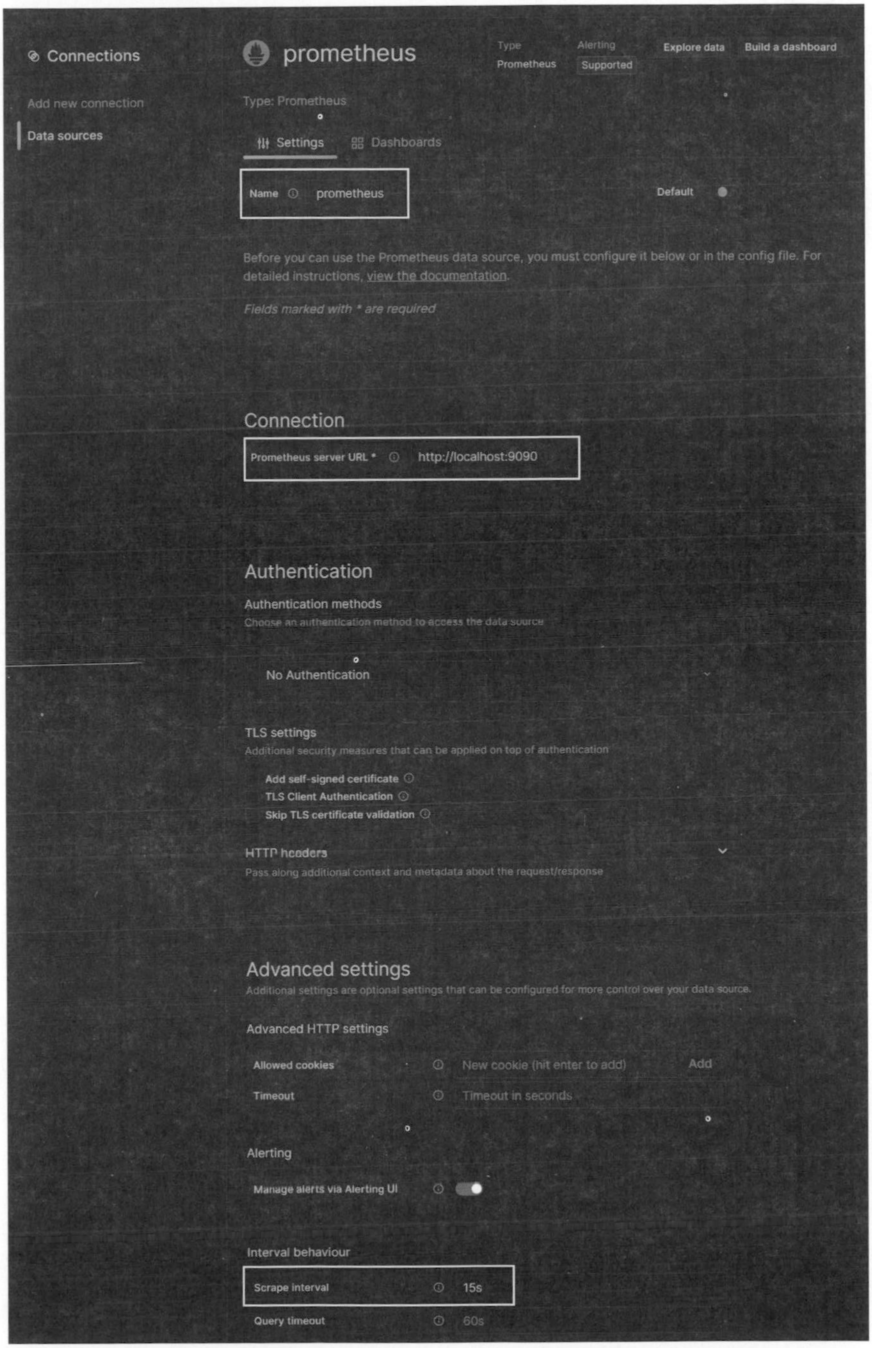

圖 18-20　設定 Prometheus 資料來源

 建立儀表板及面板

STEP 01 按下「主選單」按鈕，選擇「Dashboards」選項，然後按下「New / New dashboard」按鈕，建立新的儀表板。

STEP 02 按下「Add visualization」按鈕，建立新的圖表面板。資料來源選擇「prometheus」，會進入 Edit Panel 畫面，如圖 18-21 所示。

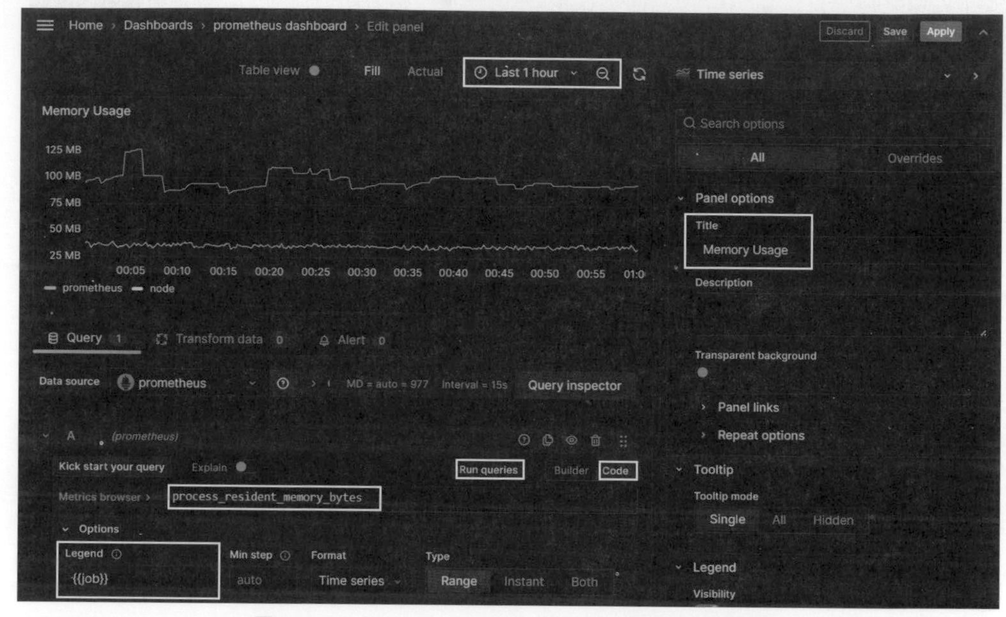

圖 18-21　加入 Prometheus 監控的記憶體使用圖表

STEP 03 在 Query 標籤中，先按下「Code」按鈕，在 Metrics browser 欄位中輸入「process_resident_memory_bytes」，表示要查詢 Prometheus 伺服器監控目標占用的記憶體大小。

STEP 04 點選「Options」選項，在 Legend 下拉式清單中選擇「Custom」，並輸入「{{job}}」，將圖表圖例修改為 job 變數的內容。輸入完成後，按下「Run queries」按鈕，即會顯示 prometheus 監控目標占用記憶體的圖表。

STEP 05 修改右邊的面板屬性，在 Title 欄位輸入「Memory Usage」，Unit 欄位輸入「data/bytes(SI)」，修改圖表的標題及 Y 軸顯示的單位。

STEP 06 為了方便觀察，我們將查詢時間設為「Last 1 hour」，設定完成後，請按下「Apply」按鈕，將此面板加入儀表板中。儀表板畫面，如圖 18-22 所示，請將此儀表板存檔，Title 為「prometheus dashboard」。

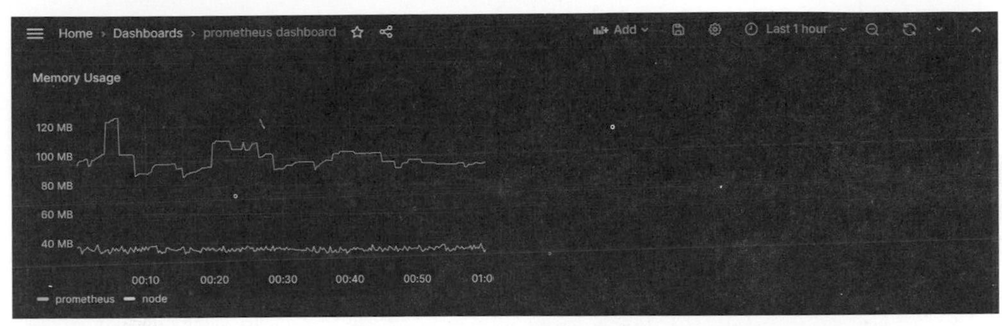

圖 18-22　prometheus 儀表板

18.7 加入統計面板

在本節中，我們要在prometheus儀表板中加入Stat統計面板，用來顯示prometheus監控目標時最後取得的樣本數。步驟如下：

STEP 01 按下「Add / Visualization」按鈕，即可加入一個新面板，並進入Edit panel畫面。

STEP 02 圖表類型選擇「Stat」。在面板屬性中，請在Title欄位輸入「prometheus Time series」，在Color scheme的下拉式清單中選擇「Single color」，顏色為「綠色」。

STEP 03 在Query標籤中，按下「Code」按鈕，在Metrics browser欄位中輸入「prometheus_tsdb_head_series」，表示要查詢Prometheus取得的樣本數。

STEP 04 輸入完成後，按下「Run queries」按鈕，即會顯示prometheus最後取得的樣本數。

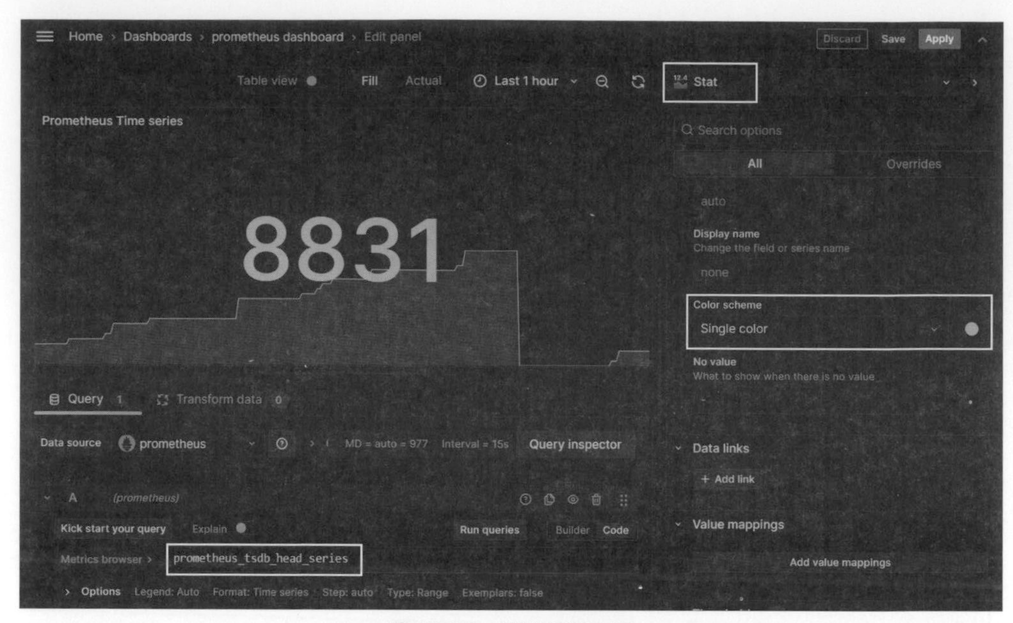

圖 18-23　加入統計面板

STEP 05 按下「Apply」按鈕，將統計面板加入儀表板。如圖 18-24 所示，目前儀表板加入了統計面板。

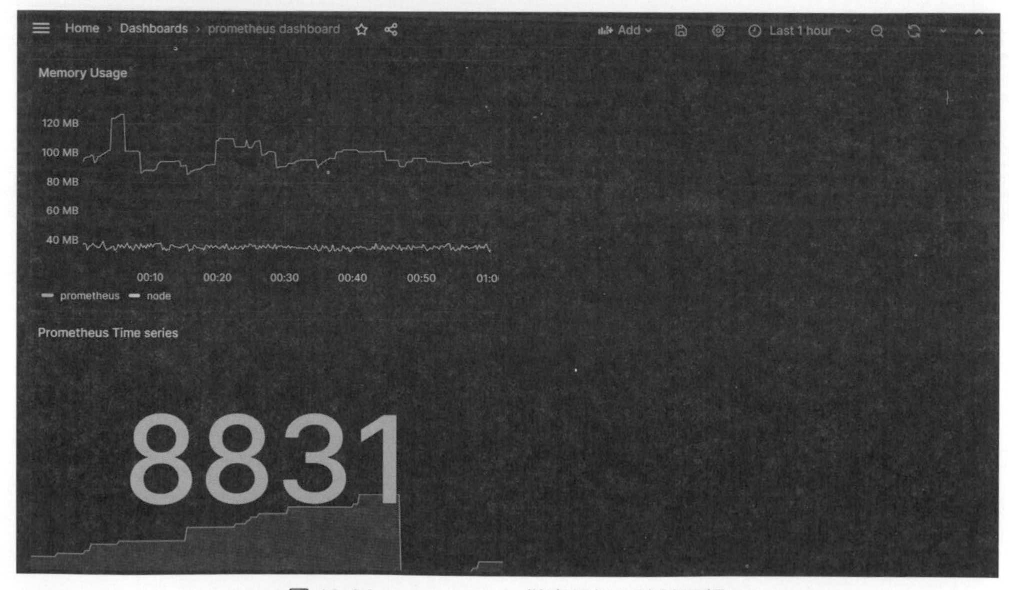

圖 18-24　prometheus 儀表板加入統計面板

18.8 加入表格面板

在本節中，我們要在prometheus儀表板中，加入Table表格面板，用來顯示Prometheus監控目標每分鐘網卡接收位元組的速率。步驟如下：

STEP 01 按下「Add / Visualization」按鈕，即可加入一個新面板，並進入Edit panel畫面。

STEP 02 圖表類型選擇「Table」。在面板屬性中，在Title欄位輸入「Network Traffic Received」，Unit欄位輸入「bytes/sec(SI)」。

STEP 03 在Query標籤中，按下「Code」按鈕，在Metrics browser欄位輸入「rate (windows_net_bytes_received_total[1m]」，表示要查詢Prometheus監控目標每分鐘網卡接收位元組的速率。

STEP 04 點選「Options」選項，在Format下拉式清單中選擇「Table」，Type選擇「Instant」，表示要查詢瞬時值。輸入完成後，按下「Run queries」按鈕，即會以表格方式，顯示prometheus監控的每分鐘網卡接收位元組的瞬時值。

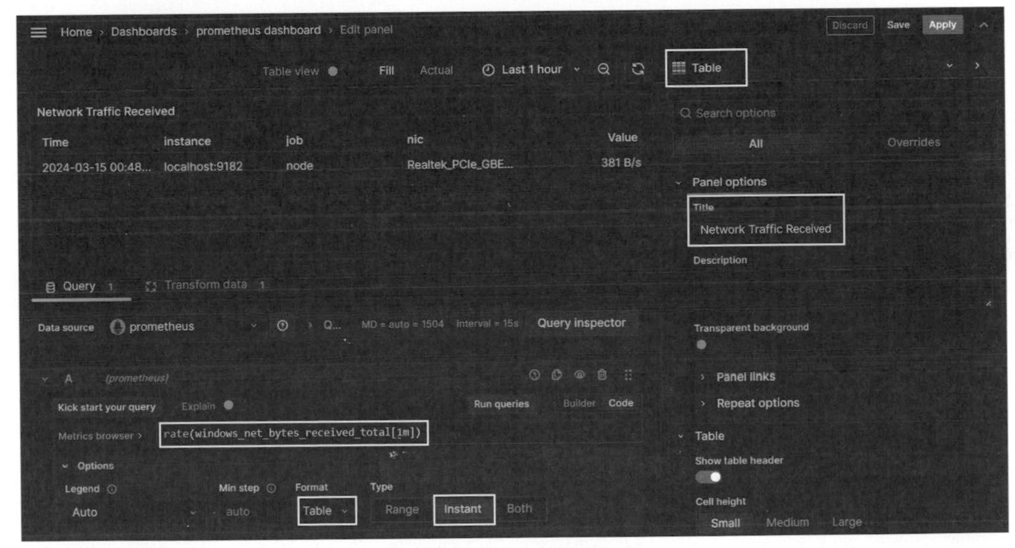

圖 18-25 加入表格面板

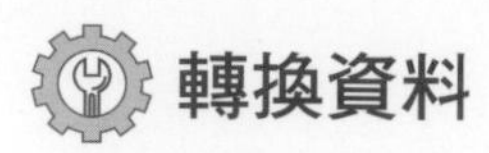

轉換資料

在圖 18-25 中，我們發現表格中有多個欄位，若我們想刪除某些欄位，讓表格的顯示更精簡，則可以進行資料的轉換。

STEP 01 選擇「Transform data」標籤，再按下「Add transformation」按鈕，會出現圖 18-26 的畫面，選擇「Oragnize fields by name」，以名稱組織欄位。

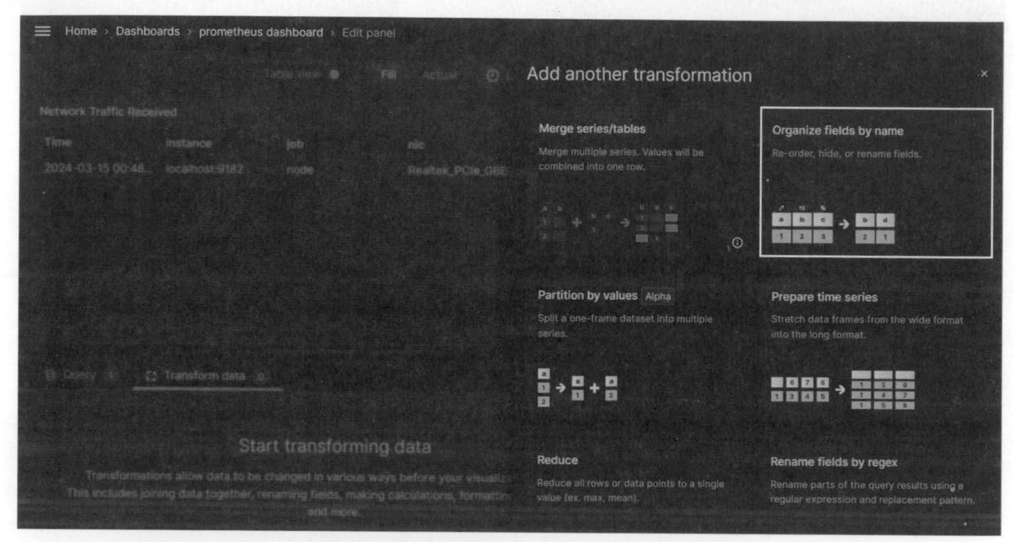

圖 18-26　加入 Organize fields by name 轉換

STEP 02 將不想顯示的表格欄位設為「看不見」，讓表格欄位只剩下 nic 及 Value 欄位。

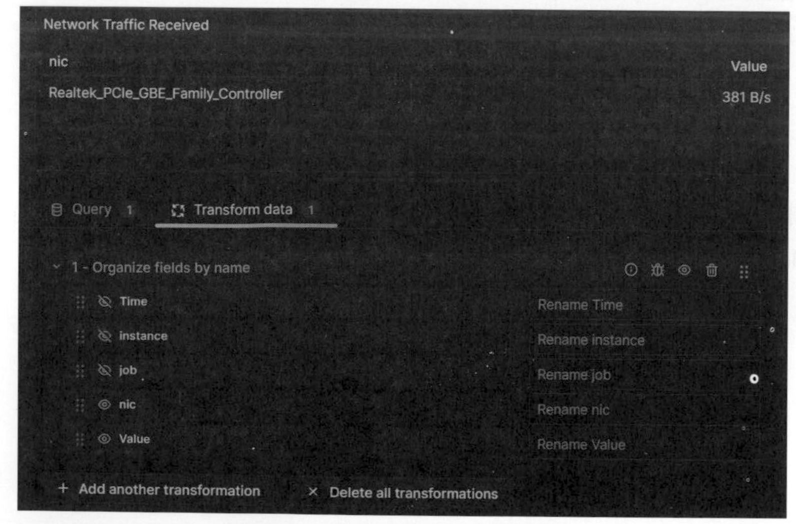

圖 18-27　設定不想顯示的表格欄位

STEP 03 設定完成後，請按下「Apply」按鈕，將表格面板加入儀表板中。調整表格面板位置，將其放在右上方。

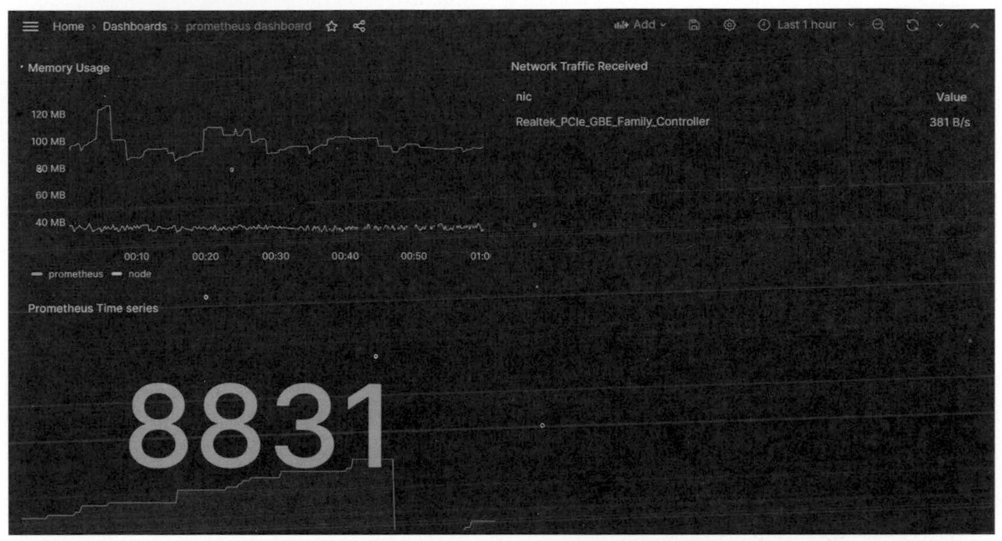

圖 18-28　prometheus 儀表板加入表格面板

18.9 加入狀態時間軸面板

Prometheus 監控目標的 up 指標是一個很重要指標，up 指標的狀態值表示監控目標的狀態是否有啓動。現在我們要加入狀態時間軸面板，方便我們得知監控目標的 up/down 狀態。

STEP 01 按下「Add / Visualization」按鈕，即可加入一個新面板，並進入 Edit panel 畫面。

STEP 02 圖表類型選擇「State timeline」。在 Query 標籤中，按下「Builder」按鈕，Metrics 欄位選擇「up」指標。

STEP 03 點選「Options」選項，在 Legend 下拉式清單中選擇「Custom」，並輸入「{{job}} / {{instance}}」，修改圖表圖例的顯示內容。

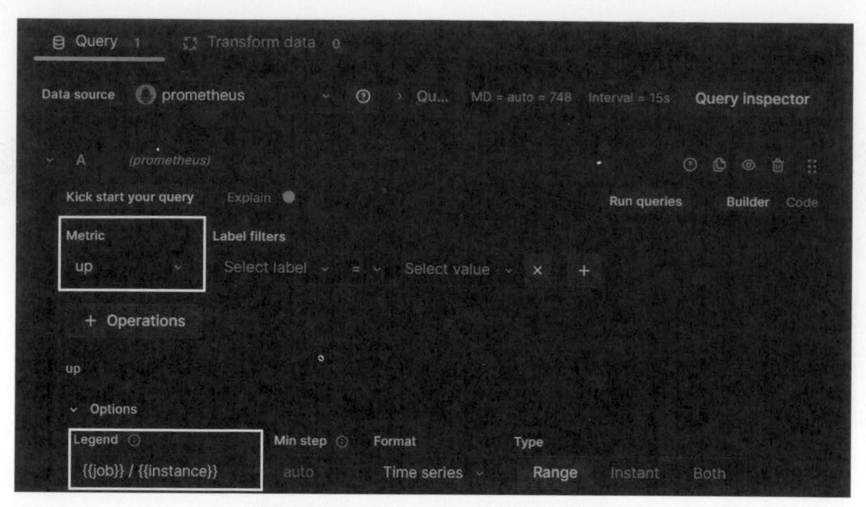

圖 18-29 加入 state timeline 面板

STEP 04 在面板屬性中，Title 欄位輸入「targets」，Color scheme 的下拉式清單中選擇「Single color」，顏色為「綠色」。將面板屬性向下捲動，找到 Value mappings 屬性，點選「Add value mappings」。

STEP 05 出現圖 18-30 的畫面，請按下「Add a new mapping」按鈕，加入二個 value mapping。Value 1 顯示 up 文字，顏色為綠色；Value 0 顯示 down 文字，顏色為紅色。

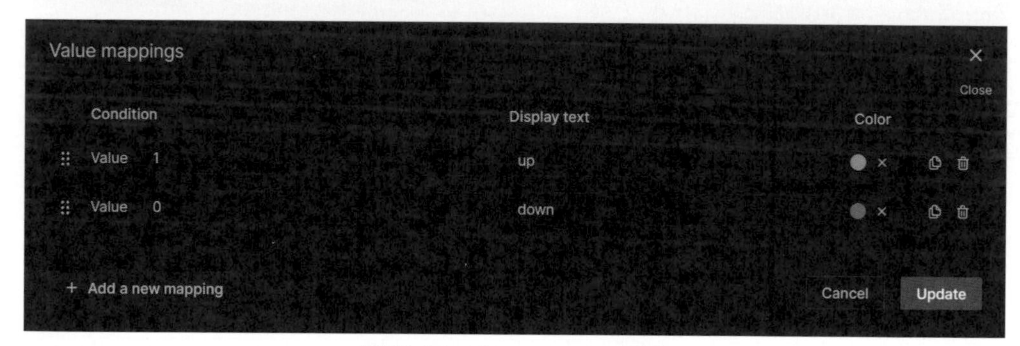

圖 18-30 Value mapping 畫面

STEP 06 輸入完成後，按下「Run queries」按鈕，即會顯示 prometheus 伺服器及 Window Exporter 的 up/down 狀態時間軸。

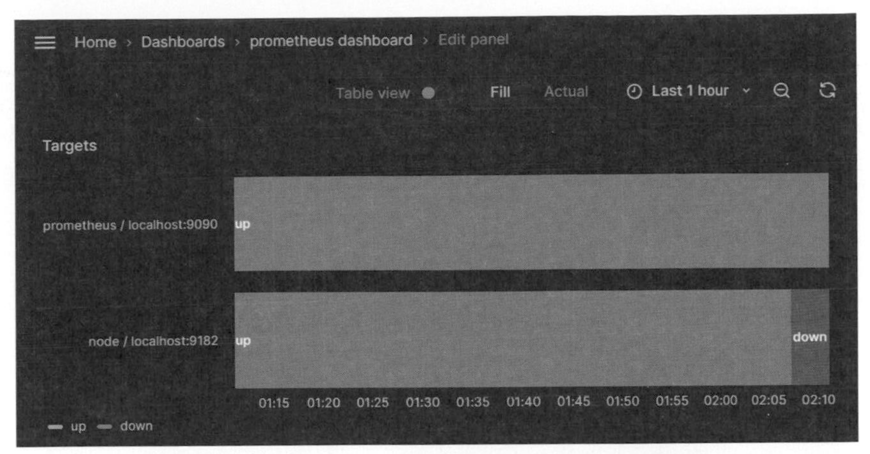

圖 18-31　Prometheus 監控目標的 up/down 時間軸面板

STEP 07 按下「Apply」按鈕，將狀態時間軸面板加入儀表板中，請調整狀態時間軸面板位置，如圖 18-32 所示。

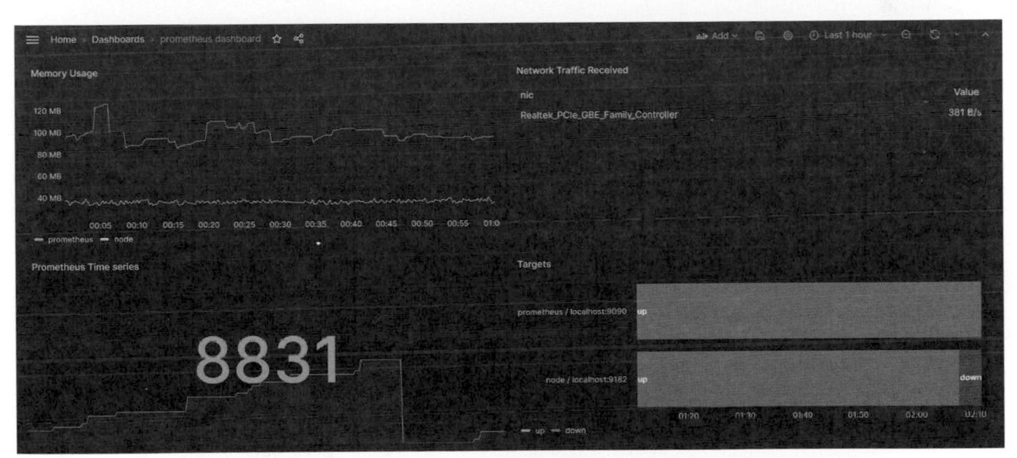

圖 18-32　prometheus 儀表板加入狀態時間軸面板

18.10　Grafana 連接至 InfluxDB

建立 InfluxDB 資料來源

建立 InfluxDB 資料來源的步驟如下：

STEP 01 進入 Grafana 使用者介面，選擇「Menu / Connections / Data sources」，並按下「Add new data source」按鈕，出現新增資料來源畫面後，請搜尋並選擇 InfluxDB 外掛程式。

STEP 02 出現圖 18-33 的畫面，在 Name 欄位輸入「influxdb」，Query language 欄位選擇「Flux」，HTTP URL 欄位輸入「http://localhost:8086」。

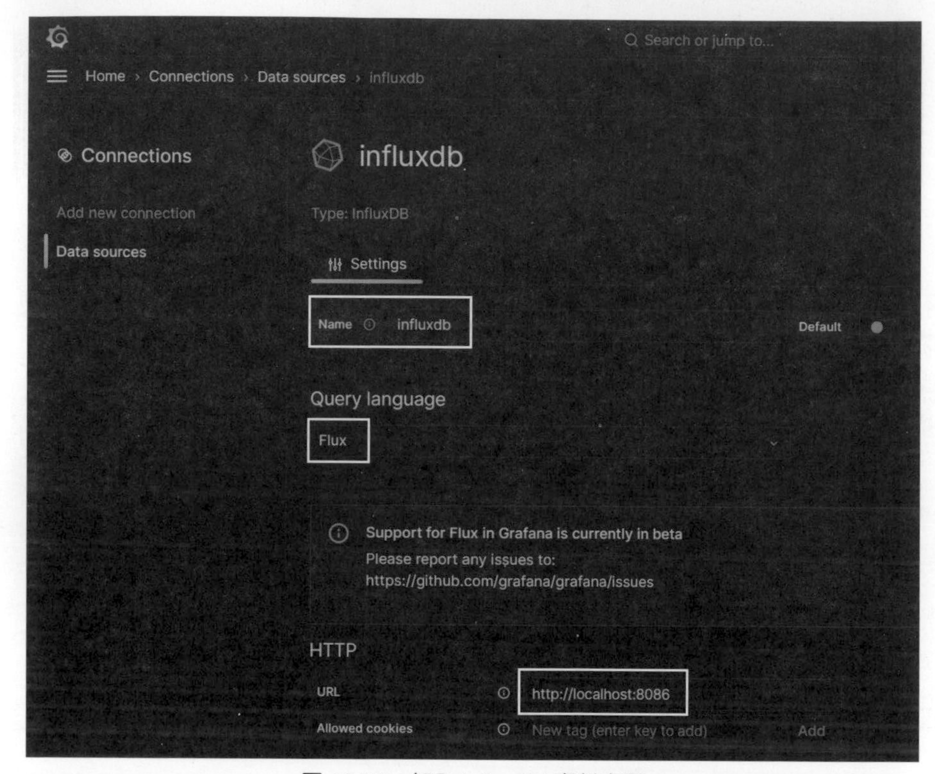

圖 18-33　加入 InfluxDB 資料來源

STEP 03 將畫面往下拉，會看到 Custom HTTP Header 標籤，按下「Add header」按鈕，在 Header 欄位輸入「Authorization」，Value 欄位輸入「Token <產生的 token>」；在 InfluxDB Details 標籤中，在 Organization 欄位輸入「iof」，Default Bucket 欄位輸入「mydb」。

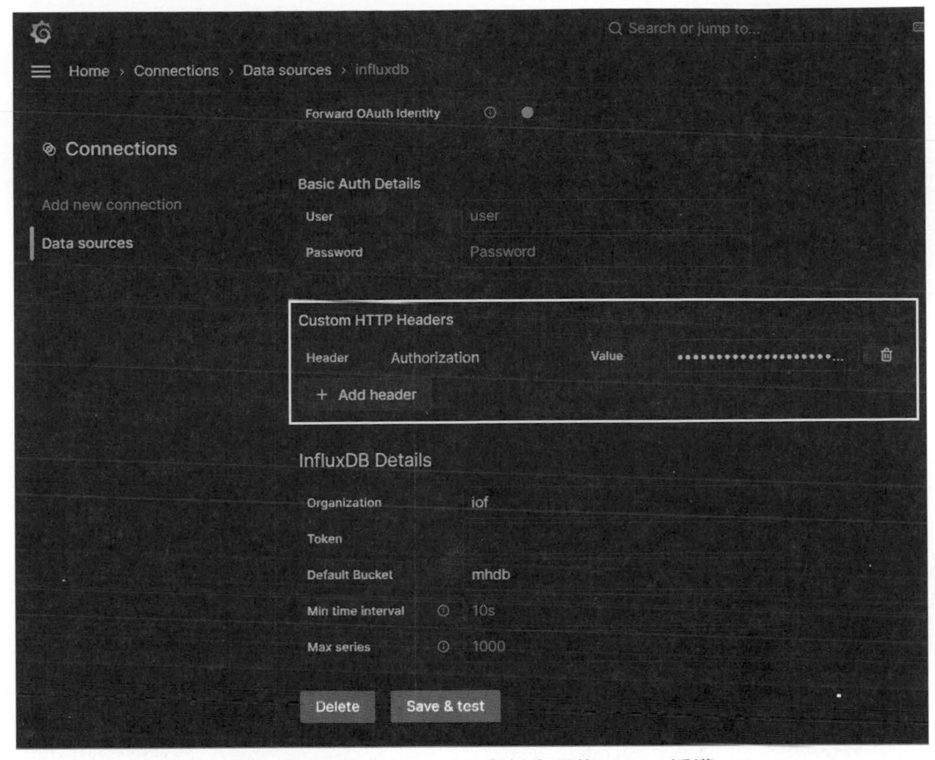

圖 18-34　設定 InfluxDB 資料來源的 Token 授權

STEP 04 輸入完成後，按下「Save & test」按鈕，若一切順利，可以看到「datasource is working.」的訊息。

 探索 influxDB 資料

加入 InfluxDB 的資料來源後，我們就可以探索 InfluxDB 中的資料，步驟如下：

STEP 01 點選「Data sources」選項，可以看到我們加入的 Influxdb 資料來源，請按下 influxdb 旁的「Explore」按鈕。

STEP 02 出現圖 18-35 的畫面，可以先按下「Sample query」按鈕，選擇「Simple query」，此時在查詢輸入欄會出現簡易查詢的 Flux 語言，將 Flux 語言修改成：

```
from(bucket: "mydb")
  |> range(start: v.timeRangeStart, stop:v.timeRangeStop)
  |> filter(fn: (r) =>
    r._measurement == "home"
  )
```

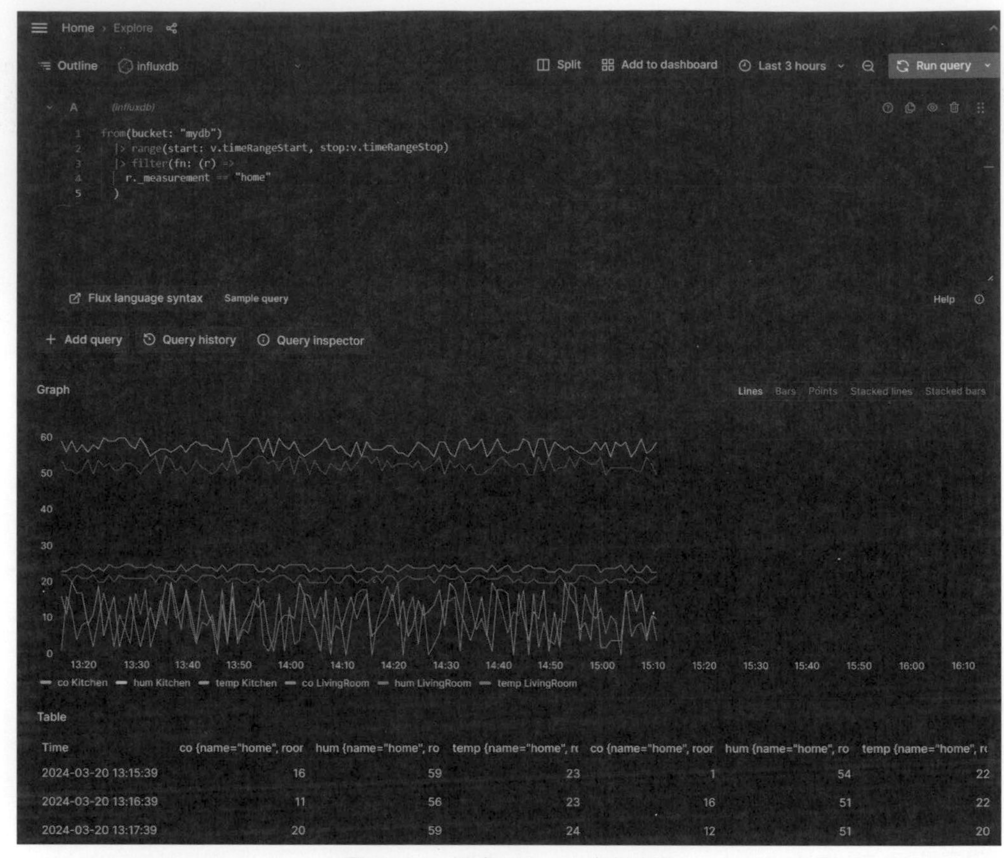

圖 18-35　探索 influxdb 資料來源

STEP 03 將時間區間改為「Last 3 hours」，再按下「Run query」按鈕，即會將 InfluxDB 中的資料以圖表顯示出來。

STEP 04 我們也可以將查詢後的面板加入儀表板。按下「Add to dashboard」按鈕，即會出現圖 18-36 的畫面，請選擇「New dashboard」，再按下「Open dashboard」按鈕。

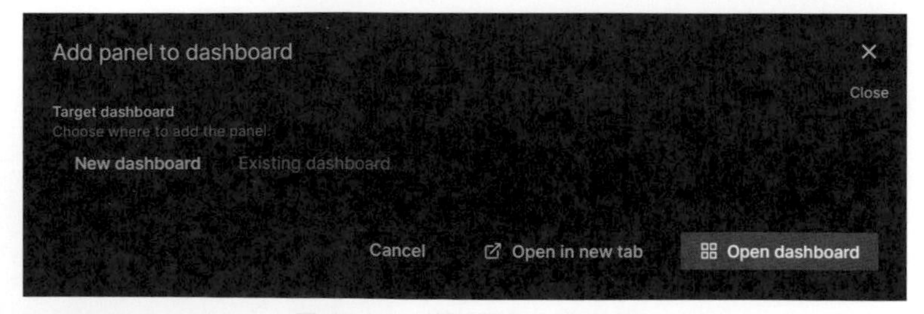

圖 18-36　將面板加入儀表板

STEP 05 出現圖 18-37 的畫面，我們將 Influxdb 面板加入新建的儀表板中。

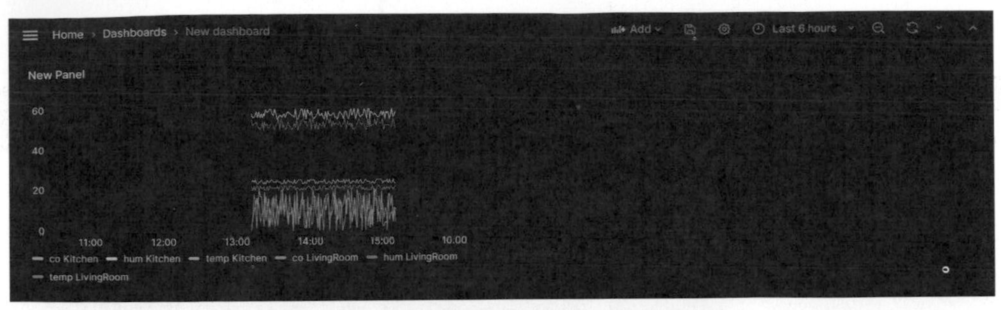

圖 18-37　將 Influxdb 面板加入新建的儀表板